职业院校工业机器人技术专业教材

Gongye Jiqiren Jiaju Sheji yu Yingyong

工业机器人夹具设计与应用

上海景格科技股份有限公司　组织编写
陶守成　周　平　主　编

人民交通出版社股份有限公司
China Communications Press Co.,Ltd.

内 容 提 要

本书为职业院校工业机器人技术专业教材,主要内容包括:工业机器人末端执行器概述、工业机器人末端执行器的分类与应用、工业机器人末端执行器的结构与特点、机电结合夹持式夹具实训、气压夹持式夹具的实训、吸附式夹具的实训、专用式夹具的实训。

本书可作为职业院校工业机器人等相关专业的教材,也可供工业机器人从业人员参考阅读。

图书在版编目(CIP)数据

工业机器人夹具设计与应用/陶守成,周平主编
.—北京:人民交通出版社股份有限公司,2019.6(2025.7重印)
ISBN 978-7-114-15523-9

Ⅰ.①工… Ⅱ.①陶…②周… Ⅲ.①工业机器人—夹具—设计 Ⅳ.①TP242.2

中国版本图书馆CIP数据核字(2019)第084385号

书　　名:工业机器人夹具设计与应用
著 作 者:陶守成　周　平
责任编辑:李　良
责任校对:尹　静
责任印制:张　凯
出版发行:人民交通出版社股份有限公司
地　　址:(100011)北京市朝阳区安定门外外馆斜街3号
网　　址:http://www.ccpcl.com.cn
销售电话:(010)85285911
总 经 销:人民交通出版社股份有限公司发行部
经　　销:各地新华书店
印　　刷:北京市密东印刷有限公司
开　　本:787×1092　1/16
印　　张:10.5
字　　数:233千
版　　次:2019年6月　第1版
印　　次:2025年7月　第5次印刷
书　　号:ISBN 978-7-114-15523-9
定　　价:26.00元

前 言

PREFACE

目前，我国的工业化水平不断提升，工业机器人在工业领域内的应用范围越来越广泛，各企业对于工业机器人技术人才的需求不断增加。为了推进工业机器人专业的职业教育课程改革和教材建设进程，人民交通出版社股份有限公司特组织相关院校与企业专家共同编写了职业院校工业机器人专业教材，以供职业院校教学使用。

本套教材在总结了众多职业院校工业机器人专业的培养方案与课程开设现状的基础上，根据《国家中长期教育改革和发展规划纲要(2010—2020年)》和《中国制造2025》的精神，注重以学生就业为导向，以培养能力为本位，教材内容符合工业机器人专业方向教学要求，适应相关智能制造类企业对技能型人才的要求。本套教材具有以下特色：

1. 本套教材注重实用性，体现先进性，保证科学性，突出实践性，贯穿可操作性，反映了工业机器人技术领域的新知识、新技术、新工艺和新标准，其工艺过程尽可能与实际工作情景一致。

2. 本套教材以理实一体化作为核心课程改革理念，教材理论内容浅显易懂，实操内容贴合生产一线，将知识传授、技能训练融为一体，体现"做中学、学中做"的职教思想。

3. 本套教材文字简洁，通俗易懂，以图代文，图文并茂，形象生动，容易培养学生的学习兴趣，提高学习效果。

4. 本套教材配套了立体化教学资源，对教学中重点、难点，以二维码的形式配备了数字资源。

《工业机器人夹具设计与应用》为本套教材之一，主要内容包括：工业机器人末端执行器概述、工业机器人末端执行器的分类与应用、工业机器人末端执行器的结构与特点、机电结合夹持式夹具的实训、气压夹持式夹具的实训、吸附式夹具的实训、专用式夹具的实训。

本书由上海景格科技股份有限公司组织编写，由上海景格科技高级产品经理陶守成、上海第二工业大学周平教授担任主编，参与本书编写的还有景格科技机器人工程师方崇村、景格科技课程设计师张玉莹等产品团队，教材中的美术图片由景格科技吉李平、钱伟、于恒等团队组织制作。在编写过程中，编者参考了很多资料，在此一并表示真挚的感谢。

由于编者水平、经验和掌握的资料有限，加之编写时间仓促，书中难免存在不妥或错误之处，请广大读者不吝赐教，提出宝贵意见。

编 者

2019年4月

目录
CONTENTS

项目一　工业机器人末端执行器概述

任务一　工业机器人末端执行器的定义

学习目标

1. 知识目标

(1)掌握工业机器人末端执行器的定义;

(2)掌握工业机器人常用末端执行器的种类。

2. 学习重点

工业机器人末端执行器的定义。

知识准备

随着机器人技术的飞速发展及其在各个领域的广泛应用,作为机器人与环境相互作用的最后执行部件,末端执行器对机器人智能化水平和作业水平的提高具有十分重要的作用,因此,对机器人末端执行器工作能力的研究受到了极大的重视。末端执行器是机器人直接用于抓取和握紧专用工具进行操作的部件,它具有模仿人手动作的功能,并安装于机器人手臂的前端。如图 1-1-1 所示,机器人末端执行器能根据电脑发出的命令执行相应的动作。

图 1-1-1　机器人与末端执行器的关系

常见的末端执行器如图 1-1-2 所示,有焊枪、激光头、拧螺母机、抛光头、电钻削头等。

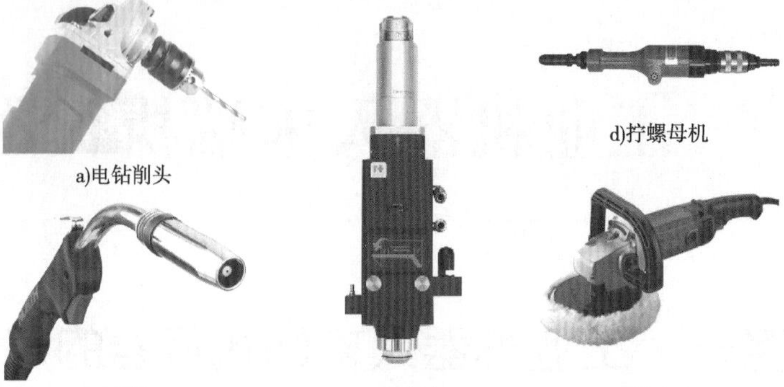

a)电钻削头　b)焊枪　c)激光头　d)拧螺母机　e)抛光头

图 1-1-2　常用末端执行器

任务实施

一、工业机器人末端执行器的定义

工业机器人的末端执行器是一个安装在移动设备或者机器人手臂上,使其能够拿起一个对象,并且具有处理、传输、夹持、放置和释放对象到一个准确的离散位置等功能的机构,如图 1-1-3 所示。

工业机器人末端执行器可能包含机器人抓手、机器人工具快换装置、机器人碰撞传感器、机器人旋转连接器、机器人压力工具、机器人喷涂枪、机器人毛刺清理工具、机器人弧焊焊枪以及机器人电焊焊枪等。

为了方便地更换末端执行器,可设计一种末端执行器的转换器来形成操作机上的机械接口。较简单的可用凸缘盘作为机械接口处的转换器,如图 1-1-4 所示。为了实现快速和自动更换末端执行器,可以采用电磁吸盘或者气动缩紧的转换器。机器人手爪是末端执行器的一种形式,机器人末端执行器是安装在机器人手腕上用来进行某种操作或作业的附加装置。

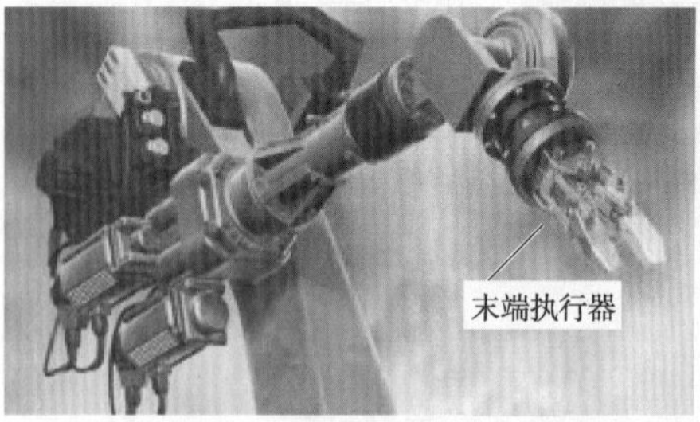

图 1-1-3　机器人末端执行器

图 1-1-4　机器人末端安装的凸缘盘

二、工业机器人末端执行器的种类

工业机器人末端执行器的种类有很多,以适应机器人的不同作业及操作要求。工业机器人末端执行器可分为搬运用末端执行器、加工用末端执行器和测量用末端执行器等。

(1)搬运用末端执行器是指各种夹持装置,用来抓取或吸附被搬运的物体。

(2)加工用末端执行器是带有喷枪、焊枪、砂轮、铣刀等加工工具的机器人附加装置,用来进行相应的加工作业。

(3)测量用末端执行器是装有测量头或传感器的附加装置,用来进行测量及检验作业。

主题讨论

1. 工业机器人常用的末端执行器都有哪些种类?

2. 工业机器人末端执行器的定义是什么?

任务二　工业机器人末端执行器的发展现状与趋势

学习目标

1. 知识目标

(1)了解工业机器人末端执行器的发展现状;

(2)了解工业机器人常用末端执行器的发展趋势。

2. 学习重点

工业机器人常用末端执行器的发展趋势。

知识准备

1962年,世界上创建了第一个工业机器人,到目前为止已经有了50多年的历史。随着国际上机器人的发展,以及工业机器人的开发和应用,机器人逐渐取代人工劳作成为一种时代发展的必然产物,并在全球范围内得以广泛推广与应用。

现今的工业机器人大量应用于物流、汽车制造业、重工业、检验检测等各种人力无法或者很难完成的危险项目。在制造业现代化迅速发展的今天,机器人以其高度发达的自动化、便捷的智能化、生产的模块化、使用的网络化得到越来越多的推广与使用。随着科技的进一步发展,工业机器人的功能也更加的强大,图1-2-1为我国工业机器人细分产品市场份额。

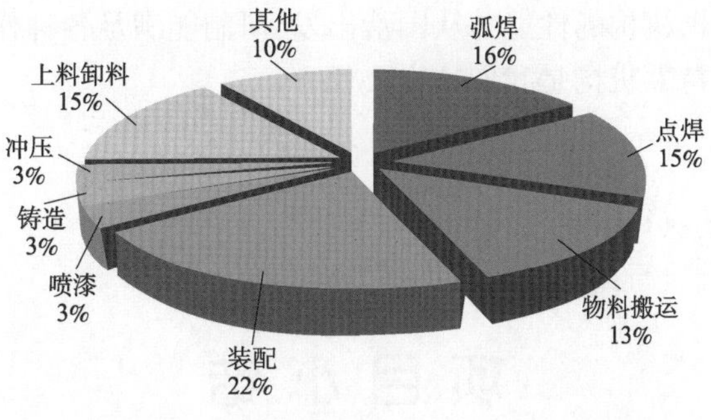

图1-2-1　我国工业机器人细分产品市场份额

机器人末端执行器是根据机器人作业要求来设计的,一个新的末端执行器的出现,就可以增加一种机器人新的应用场所。因此,根据作业的需要和人们的想象力而创造的新的机器人末端执行器,将不断地扩大机器人的应用领域。

任务实施

一、工业机器人末端执行器的发展现状

机器人末端执行器的质量、被抓取物体的质量及操作力的总和是机器人所容许的负荷力。因此,要求机器人末端执行器体积小、质量轻、结构紧凑。

机器人末端执行器的万能性与专用性是矛盾的。万能性的末端执行器在结构上很复杂,甚至很难实现。例如,仿人的万能机器人心灵巧手,至今尚未实用化。目前,能用于生产线上的机器人末端执行器还是那些结构简单、万能性不强的机器人末端执行器。

从工业实际应用出发,应着重开发各种专用的、高效率的机器人末端执行器,加之以末端执行器的快速更换装置,以实现机器人多种作业功能;而不主张用一个万能的末端执行器去完成多种作业,因为这种万能的执行器的结构复杂且造价昂贵。

通用性和万能性是两个概念,万能性是指一机多能。而通用性是指有限的末端执行器,可适用于不同的机器人。这就要求末端执行器要有标准的机械接口(如凸缘盘),使末端执行器实现标准化和积木化。机器人末端执行器要便于安装和维修,易于实现计算机控制。用计算机控制最方便的是电气式执行机构。因此,工业机器人执行机构的主流是电气式,其次是液压式和气压式(在驱动接口中需要增加电—液或电—气变换环节)。

二、工业机器人末端执行器的发展趋势

仿人手型夹持器机构的特点是它的机械结构与人手相似,具有多个可独立驱动的关节。在操作过程中可通过关节的动作使被抓拿物体在空间做有限度地移、转,调整被抓拿物体在空间的位姿。在作业过程中,这种小范围的调整是十分必要的,它对提高机器人作业的准确性有利,因此,仿人手型夹持器的应用前景十分广阔。但由于其结构和控制系统非常复杂,目前尚处于研究阶段,实际使用的寥若晨星。

总之,夹持器机构种类较多。但其中有些在技术上尚不成熟,有待进一步开发研究。因此,如何提高现有夹持器机构的性能并从国情出发,研制能满足各种作业要求、实用可靠、结构简单、造价低廉的夹持器机构是我们的主要任务。

主题讨论

1. 工业机器人末端执行器的发展现状如何?
2. 工业机器人末端执行器的发展趋势是怎样的?

项目小结

本项目内容主要讲述了工业机器人常用末端执行器的一些基础知识,在本项目的学习中,学生主要要了解工业机器人常用的末端执行器的种类、工业机器人末端执行器的定义、工业机器人末端执行器的发展现状以及工业机器人末端执行器的发展趋势。

项目二　工业机器人末端执行器的分类与应用

任务一　搬运机器人末端执行器的应用

学习目标

1. 知识目标

(1)掌握搬运机器人末端执行器的工作原理;

(2)掌握搬运机器人末端执行器的结构。

2. 学习重点

典型搬运机器人末端执行器的结构及各组成部分的作用。

知识准备

一、并联机器人基础知识

并联机器人又称“蜘蛛机器人”或“拳头机器人”。一般并联机器人为四自由度,如图 2-1-1 所示,其中前 3 个自由度,即第 1、2、3 轴实现机器人在 X、Y、Z 方向的平动,用来调整手爪的位置及高度。第 4 轴实现绕 Z 轴的旋转,用来调整抓具在水平面中的摆放角度。

并联机器人也可以是六自由度的,如图 2-1-2 所示,也就是在第 4 轴的基础上,增加 5、6 轴,可以实现抓手更多的姿态变化。

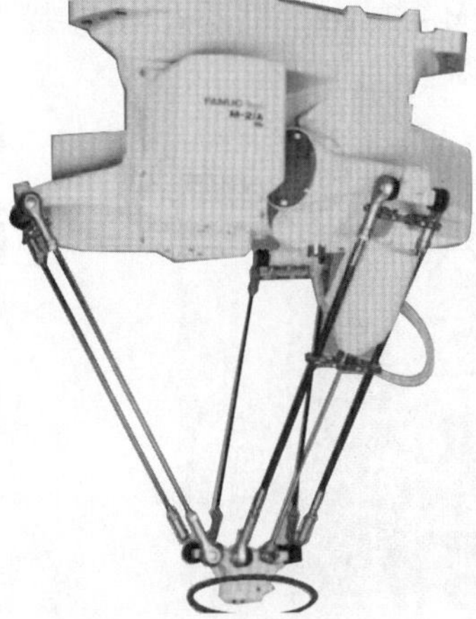

图 2-1-1　四自由度并联机器人

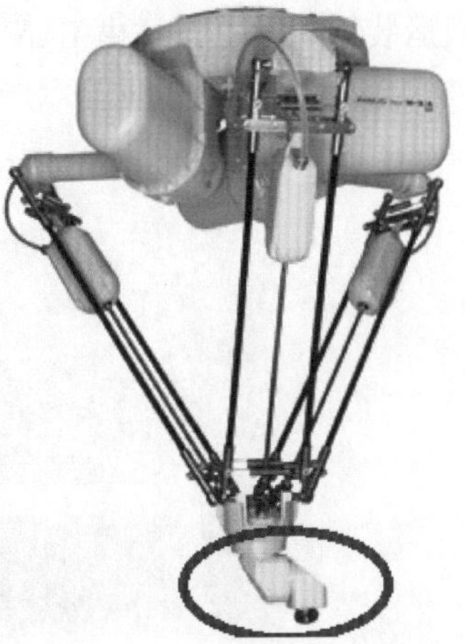

图 2-1-2　六自由度并联机器人

二、FANUC iA 系列并联机器人简介

FANUC iA 系列并联机器人包括 M-1iA、M-2iA、M-3iA 3 个型号，最大负重、动作范围都依次增大。可根据生产的实际需要，按照表 2-1-1 中参数选择机器人型号。选型时要注意，最大负重是产品质量和机器人末端执行器两者的质量之和。

FANUC iA 系列并联机器人型号及相关指标 表 2-1-1

型号		产品概述及相关指标			
	M-2iA	描述	最大负重	动作范围	应用
		2012 年新品机器人 拳头机器人二号 完全密封结构（IP69K），高压喷流清洗 高速搬运、装配机器人	3 ~ 6kg	M-2iA/3S 直径：800mm，高 300mm M-2iA/3SL 直径：1130mm，高 400mm M-2iA/6H/6HL 直径：1130mm，高 400mm	装配 拾取及包装 物流搬运 材料加工
	M-1iA	描述	最大负重	动作范围	应用
		2009 年新品机器人 拳头机器人一号 小型、灵活、高速	0.5 ~ 1kg	直径 280mm 高度 100mm	拾取及包装 装配 材料加工
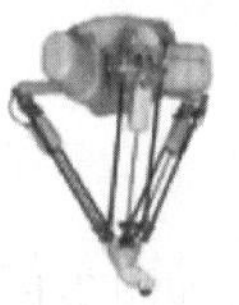	M-3iA	描述	最大负重	动作范围	应用
		2010 年新品机器人 拳头机器人三号 大型高速搬运、装配机器人	6 ~ 12kg	直径 1350mm 高度 500mm	装配 拾取及包装 物流搬运 材料加工

任务实施

一、搬运工作站的组成（视频案例）

视频中搬运装箱展示工作站由 FANUC Robot M－3iA/6S 机器人、上料装置、传送带、机器人控制柜、机器人示教器及视觉显示屏组成，如图 2-1-3 所示。

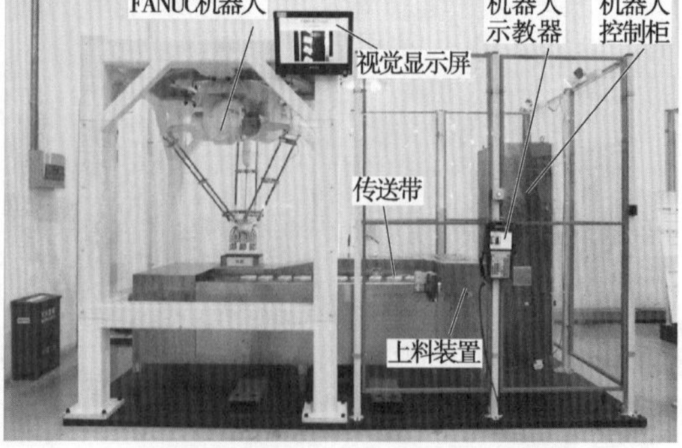

图 2-1-3 搬运装箱工作站的组成

其中 FANUC Robot M-3iA/6S 机器人负责将传送带上杂乱排放的物料进行整理排列，并码放到物料盒中。上料装置将料仓中的物料排放到传送带上，可以杂乱排放。传送带将杂乱排放的物料输送到机器人下方的工作区域中。机器人控制柜中容纳机器人的控制系统、伺服驱动系统等。机器人示教器是控制机器人工作及编程的操作终端。视觉显示屏实时显示目前机器人视觉系统捕获的零件图像。

二、FANUC Robot M-3iA/6S 机器人运动坐标系

FANUC Robot M-3iA/6S 并联机器人拥有 4 个运动关节，机器人的运动以全局坐标系(WORD)为基准，如图 2-1-4 所示。图 2-1-4 中 *X* 方向是从机器人出来，指向机器人的正前方；*Y* 方向是操作者面对机器人的右手方向；*Z* 方向垂直向上；3 个方向均符合右手螺旋定则。*X*、*Y*、*Z* 3 个旋转方向均按照右手螺旋定律，大拇指指向该轴的正方向，4 个手指方向就是绕该轴旋转的正方向。

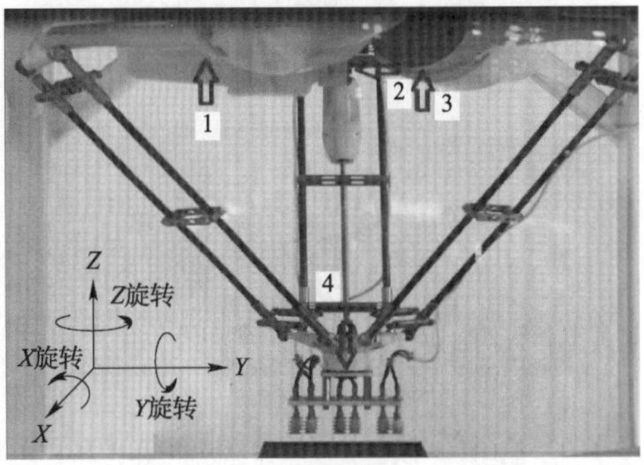

图 2-1-4 并联机器人运动坐标系(1,2,3,4-运动关节)

三、iRVision-2D(2D 视觉功能)视觉技术工作原理

iRVision-2D 视觉技术工作流程为设定特征—目标捕捉—计算偏移量—视觉编程。

(1)设定特征是取一个产品样件，将其图像存入机器人控制器，然后指定产品的典型特征，将产品不需要的特征隐去。

(2)目标捕捉是通过相机拍摄传送带上运行的零件，机器人会将这些图片与前面设定好的样件特征对照，如果特征吻合率达到规定的阈值，则认为捕捉到了目标。

(3)计算偏移量是计算目标产品位置(任意位置)与事先设定的产品基准位置之间的偏移量(offset 量)。

(4)视觉编程是将此偏移量附在机器人运动程序中，这样机器人就会准确识别到任意摆放的目标物体的位置。

通过视觉技术，在产品杂乱摆放的情况下，机器人能够准确识别其位置和摆放角度，不需要对零件进行准确定位，大大减少了对生产线工艺装配的要求，从而有效降低了设备成本。

例 2-1-1：要求：机器人将图 2-1-5 中传送带上任意排列的产品整齐摆放到纸箱中。

分析：

图 2-1-5 中产品为矩形白色不透明，边界整齐清晰，因此，指定矩形外轮廓为产品的典型特征，将产品其他特征隐去。相机拍摄传送带上运行的零件，机器人会将这些图片与前面设定好的样件特征对照，如果特征吻合率达到规定的阈值，则认为捕捉到了目标；如图 2-1-6 所示，图中有两个框，内框就是抓取到的零件特征，是该零件的矩形外轮廓，

而零件其他特征均被隐去,系统不识别,绿色外框是指示零件所处区域,不是零件特征。接下来视觉系统会计算目标产品位置(即拍摄到的产品位置)与事先设定的产品基准位置之间的偏移量(offset 量),并将此偏移量附在机器人运动程序中,这样在产品杂乱摆放的情况下,机器人便能够准确识别其位置和摆放角度,然后抓起产品将其摆放到盒中。

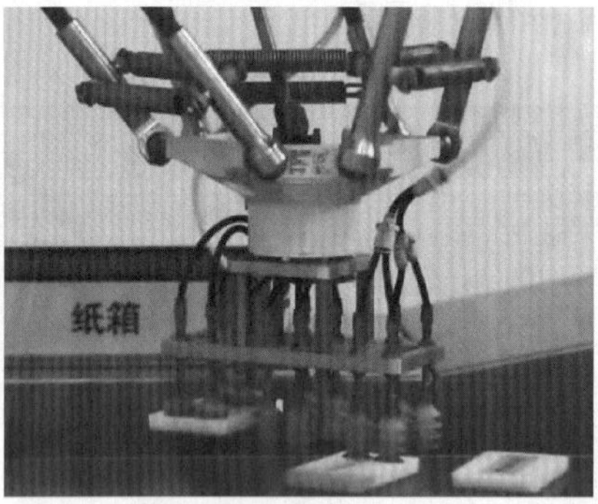

图 2-1-5　机器人搬运产品示意图

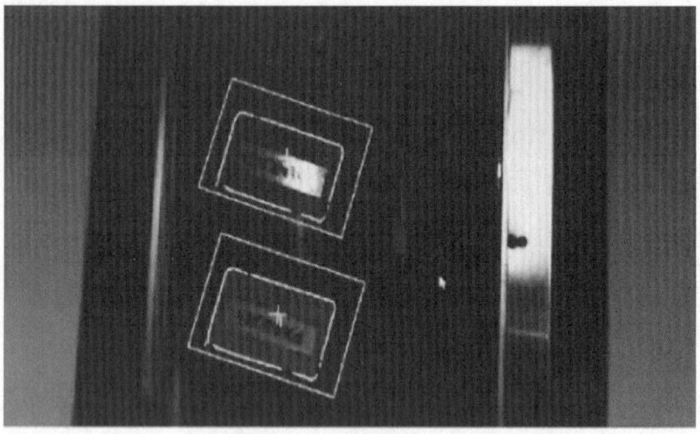

图 2-1-6　相机拍摄效果

四、Visual tracking(动态分拣功能)

使用动态分拣技术,通过编码器测量传送带的运行速度,传送给机器人,机器人就可以在其工作区域内与传送带同步运行,即与传送带上的零件相对静止,从而实现对动态零件的分拣。通过动态分拣技术,可以使传送带始终处于运行状态,不需要为了抓取零件而停止传送带运行,这对提高生产效率具有十分重要的意义。

比如在大批量、小零件的生产中,传送带运行速度快,零件摆放密集,要求机器人以极快的速度进行抓取,在这类企业中大量采用动态分拣功能技术。如图 2-1-7 所示,由于产品数量大,一套动态分拣系统同时控制 3 个机器人进行分拣,才能达到任务要求。

五、末端执行器的结构

如图 2-1-8 所示,FANUC Robot M-3iA/6S 采用复合手爪,一次抓取 3 个产品,大大提高了抓取效率。通过观察该末端执行器结构可知,如图 2-1-9 所示,安装凸缘通过螺栓与机器人末端连接,吸盘安装板通过 4 个连接柱与安装凸缘连接,吸盘是安装在吸盘安装板上的。在吸盘安装板上,吸盘分为 3 组,每组 4 个吸盘,连接到同一根真空接入管路上。因此,同一组 4 个吸盘同时产生吸力,吸附 1 个零件。三路真空分别由 3 个回路独立控制,分别对 3 个零件进行抓取。将这 3 个回路的控制信号以指令形式镶嵌在机器人程序中,就可以在吸盘运动到位后,由程序自动控制该组吸盘的真空管路接通,图 2-1-10 为吸盘及真空管路布置图。

图 2-1-7 机器人动态分拣工作站

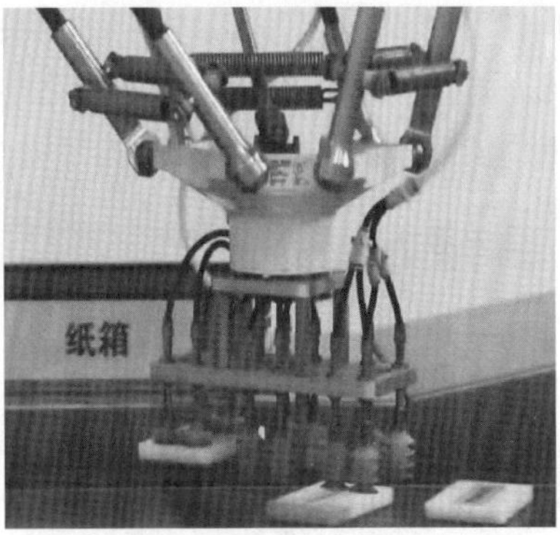

图 2-1-8 末端执行器工作方式图

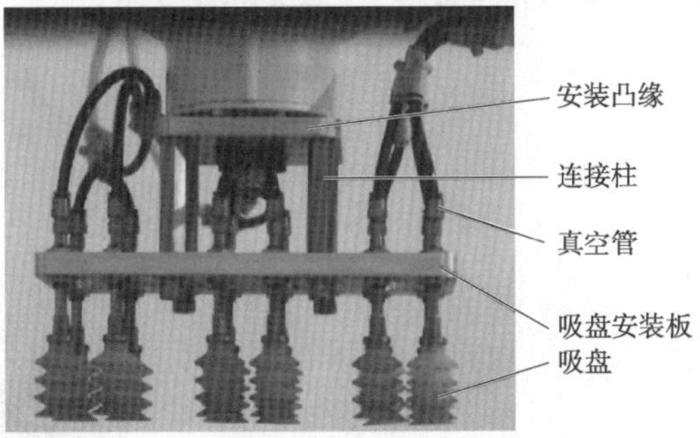

图 2-1-9 末端执行器结构

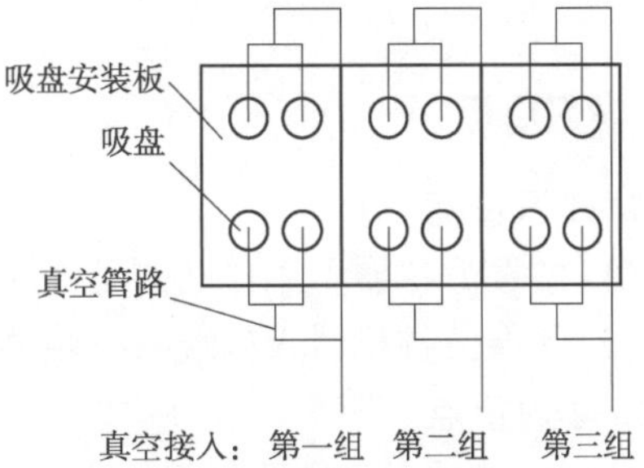

图 2-1-10 吸盘及真空管路布置

六、整列过程分析

物料装盒之前必须先将无序排列的物体按照整齐排列的方式进行抓取，如图 2-1-11 所示，然后才能整齐地码放于物料盒中。

a)抓取前

b)抓取后

图 2-1-11 物料整理过程

整列过程的动作分解如下：手爪的第一组吸盘到达第一个物体上方，并与传送带同步向前移动，同时通过转动第 4 轴，使手爪方向与第一个物体摆放角度一致；手爪下行，通过吸盘吸附第一个物体；手爪升起，使第二组吸盘到达下一个物体的正上方，转动第 4 轴，调整手爪方向与第二个物体摆放角度一致;手爪下行,通过吸盘吸附第二个物体;以此类推。

通过上述过程,3 个物体抓取之后的排列方向均与手爪方向一致,即达到整齐抓取的目的,上面所说的“手爪方向”指的是吸盘安装板的方向。

主题讨论

1. 并联机器人有哪些主要参数指标?
2. 机器人的全局坐标系是怎样定义的?
3. 常见的末端执行器由哪些零件组成?
4. 动态分拣系统的作用是什么?

任务二　分拣机器人末端执行器的应用

学习目标

1. 知识目标

(1)掌握分拣展示工作站的工作原理;

(2)掌握分拣机器人末端执行器的结构。

2. 学习重点

典型分拣展示工作站的工作原理。

知识准备

分拣作业是大多数流水生产线上的一个重要环节,基于智能视觉的工业机器人分拣与人工分拣作业相比,不但高效、准确,而且在质量保障、卫生保障等方面有着人工作业无法替代的优势。与传统的机械分拣作业相比,基于智能视觉的工业机器人分拣则有着适应范围广、随时能变换作业对象和变换分拣工序的优势。工业机器人分拣技术是工业机器人技术和智能视觉技术的有机组合,在机械、食品、医药、化妆品等生产领域应用工业机器人分拣已经相当普及。

FANUC iA 系列并联机器人包括 M-1iA、M-2iA、M-3iA 3 个型号,最大负重、动作范围都依次增大,这一系列的机器人是分拣系统经常采用的机器人,相关性能参数见表 2-2-1。

FANUC iA 系列并联机器人型号及相关指标　　表 2-2-1

型　号			产品概述及相关指标		
		描述	最大负重	动作范围	应用
	M-2iA	2012 年新品机器人 拳头机器人二号 完全密封结构(IP69K),高压喷流清洗 高速搬运、装配机器人	3 ~ 6kg	M-2iA/3S 直径:800mm,高 300mm M-2iA/3SL 直径:1130mm,高 400mm M-2iA/6H/6HL 直径:1130mm,高 400mm	装配 拾取及包装 物流搬运 材料加工

续上表

型　　号			产品概述及相关指标		
	M-1iA	描述	最大负重	动作范围	应用
		2009 年新品机器人 拳头机器人一号 小型、灵活、高速	0.50～1kg	直径 280mm 高度 100mm	拾取及包装 装配 材料加工
	M-3iA	描述	最大负重	动作范围	应用
		2010 年新品机器人 拳头机器人三号 大型高速搬运、装配机器人	6～12kg	直径 1350mm 高度 500mm	装配 拾取及包装 物流搬运 材料加工

关于机器人最大负重的定义(即表中的参数“最大负重”),通常有两种定义方法。第一种定义与机器人负载曲线有关,即机器人末端处于不同位置时所能承受的最大载荷,机器人负载曲线如图 2-2-1 所示,从图 2-2-1 中可见,为 6～10kg,手臂伸出越多,负载能力越弱。

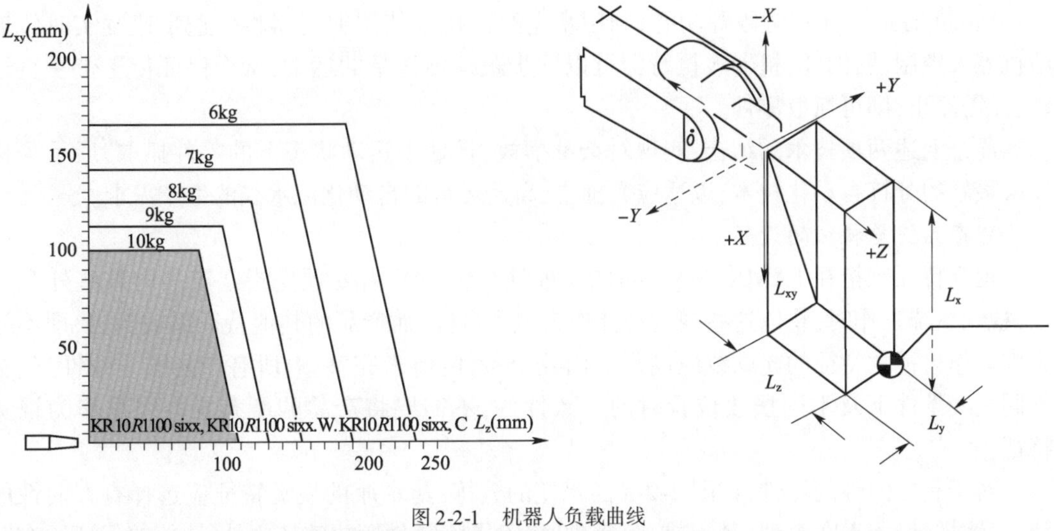

图 2-2-1　机器人负载曲线

第二种定义为单一数值,即机器人在工作范围内的任何位置姿态上所能承受的最大载荷,显然,该值是负载曲线中的最小值。“最大负重”是工件和末端执行器的质量之和。

任务实施

一、学习眼药水瓶分拣单元

1. 眼药水瓶分拣单元的组成

本单元硬件系统由 2 台 FANUC M-1iA 并联 4 轴机器人、2 套末端执行器、1 部视觉相机、1 条上料输送线和 1 条下料输送线几部分组成。软件系统包括 1 套 FANUC iRVision(2D 视觉系统)和 1 套 Visual Tracking(视觉跟踪系统)。在该单元中,2 台机器人共享 FANUC iRVision(2D 视觉系统)和 Visual Tracking(视觉跟踪功能)的数据,共用一个视觉相机及编码器数据,如图 2-2-2 所示。

图 2-2-2 中区分上料输送线和下料输送线的判断原则为:在上料输送线上,零件是杂乱摆放的;在下料输送线上,零件是经过整列(整齐排列)的。两条输送线的运动方向判断原则是:沿上料输送线的运动方向,零件是逐渐减少的;沿下料输送线的运动方向,零件是逐渐增多的。

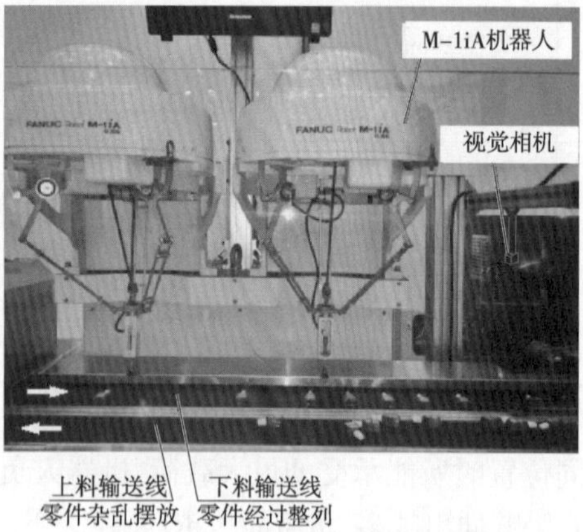

图 2-2-2　眼药水瓶分拣单元的组成

2. 视觉定位和视觉跟踪功能

利用 FANUC iRVision(2D 视觉系统)可以对杂乱摆放的零件进行视觉定位,该系统根据事先设定的零件特征,捕捉传送带上的零件,计算零件的位置和摆放角度,将这些位置和角度作为偏移量赋值给机器人程序,使机器人末端执行器能够准确达到目标零件上方,进行抓取。

Visual Tracking(视觉跟踪功能)利用视觉跟踪技术使用编码器将传送带速度实时传输给机器人控制器,因此,机器人执行器可以同步跟踪传送带的运动,从而保证传送带一直运动,无需停止,即可抓取零件。

通过上述两项技术的结合,实现对杂乱摆放、且处于运动状态下的零件抓取,展示了机器人最新的分拣自动化技术,以适应大批量、高速运行的自动化流水线的生产需求。

3. 产品视觉特征的设置

视觉特征是指在 FANUC iRVision(2D 视觉系统)中,需要预先指定产品的某些外观特征,视觉系统工作时,将以这些视觉特征作为识别目标,而产品的其他特征需被隐去,即不被识别。作为视觉特征的轮廓线应满足下面几个条件:清晰完整、对所有产品的一致性好、在不同光线条件下及不同摆放位置时的一致性好,不需要将产品的所有轮廓线都作为视觉特征。

对于有方向性的零件,如图 2-2-3 药水瓶的分拣,药水瓶的视觉特征应选择有方向性的特征,这样,机器人在整列(整齐排列)零件时,除了将零件摆放整齐之外,还能够保证所有零件方向一致。如果违反这一原则,整列时将不能做到方向一致。如图 2-2-4 所示,为一个有方向性的零件指定一个没有方向性的特征是错误的。

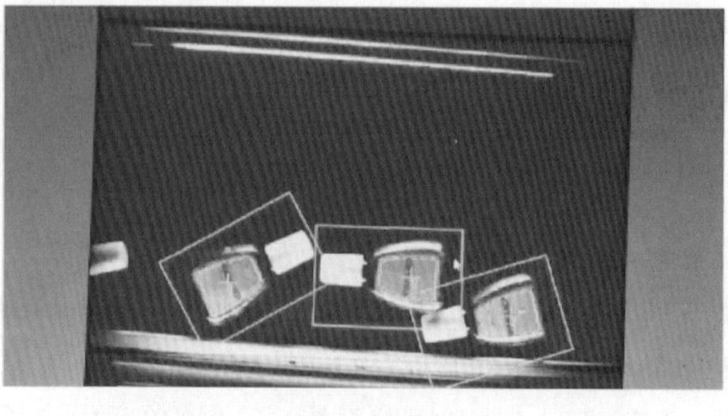

图 2-2-3　眼药水瓶的分拣

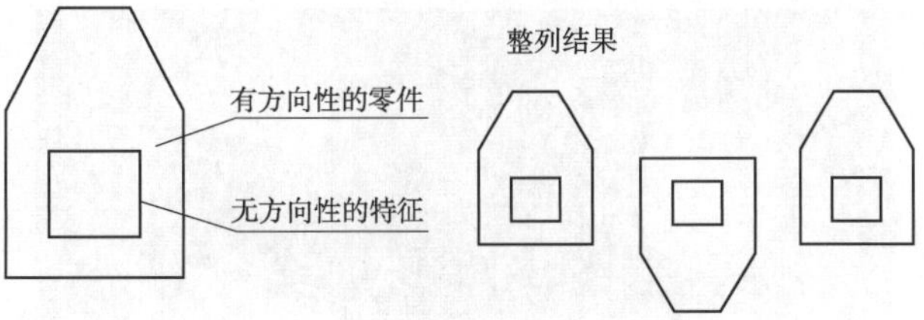

图 2-2-4 眼药水瓶的视觉特征

二、多种零件混线分拣单元

多种零件混线分拣单元的组成。本单元硬件系统由 1 台 FANUC M-2iA 并联 4 轴机器人、1 套末端执行器、1 部视觉相机、1 条上料输送线、2 条下料输送线组成,如图 2-2-5 所示。

图 2-2-5 多种零件混线分拣单元

软件系统包括:1 套 FANUC iRVision(2D 视觉系统)和 1 套 Visual Tracking(视觉跟踪系统)。两套软件系统共同控制 1 台机器人,同时完成视觉捕捉和动态跟踪的任务,两套软件系统的原理同上。

在上料输送线上,零件是杂乱摆放的;在下料输送线上,零件是经过整列的。沿上料输送线的运动方向,零件是减少或消失的;沿下料输送线的运动方向,零件是增多的。相机拍摄区域应处于上料输送线的最前端,相机捕捉到零件后,将位置数据传给机器人,机器人再根据编码器传来的输送带速度,叠加计算出零件的实时位置。

根据视觉特征的设置原则,两种产品均以清晰的外轮廓作为视觉特征,如图 2-2-6 所示。外轮廓的清晰度与传送带颜色有很大关系,应选择与零件灰度对比度大且亚光的材料制作传送带,反光材料在相机图像中会形成白色的高光,影响特征识别。除了外轮廓之外,还需增加带有方向性的特征,即“FANUC”字体轮廓。字体轮廓的清晰度和一致性较差,需要适当降低相似度的阈值,在本例中,阈值设为 70% 可达到零件捕捉的要求,低于该值的零件不被识别。

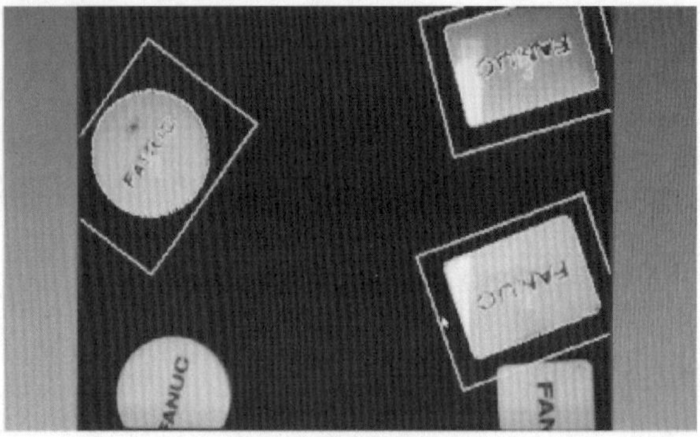

图 2-2-6　两种产品的视觉特征

两种分拣单元末端执行器的对比：如图 2-2-7 和图 2-2-8 所示，这两个执行器采用的都是真空吸盘，但在安装方式上有区别。前者通过连接架与机器人末端连接，因此，真空管可以连接在吸盘的尾端；后者吸盘的上端直接安装在机器人末端，因此，真空管只能连接在吸盘导管的侧面。

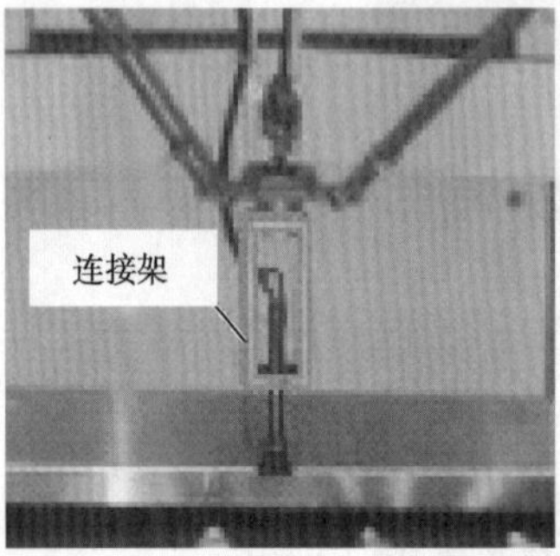

图 2-2-7　"眼药水瓶分拣单元"末端执行器

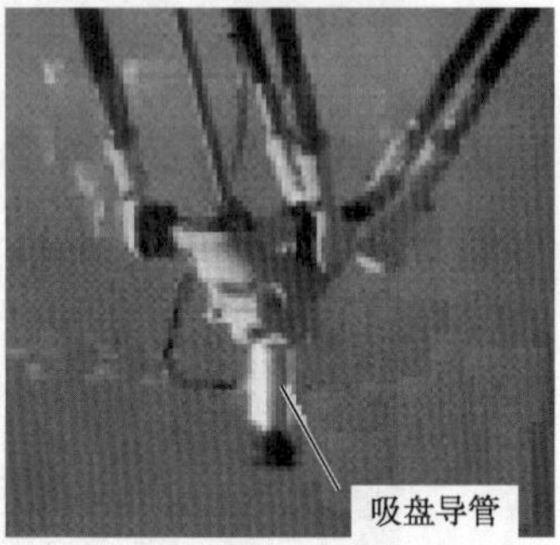

图 2-2-8　"多种零件混线分拣单元"末端执行器

主题讨论

1. 产品视觉特征的设置应遵循哪些原则？
2. 机器人最大负重是怎样定义的？
3. 上下料传送带的运行方向如何判断？

任务三　码垛机器人末端执行器的应用

学习目标

1. 知识目标

(1) 掌握码垛展示工作站的工作原理；
(2) 掌握码垛机器人末端执行器的结构。

2. 学习重点

典型码垛机器人末端执行器的结构。

知识准备

码垛机器人是用来堆放物品的一种机器人,根据不同的产品类型和实际需求,可以对码垛机器人进行编程,从而提高码垛工作的生产效率,码垛机器人操作范围大,安全性能好。码垛机器人大多数零件都是在底部,手臂灵活,用电量消耗得也慢,既节能又环保。而且就算是在高速运行的环境下,可靠性也是非常高的。码垛机器人种类多样,规格也十分齐全,可以适用于多种环境下的工作,因此,码垛机器人已经被应用于各行各业。图 2-3-1 所示为一款码垛机器人。

图 2-3-1　码垛机器人

FANUC M-410iB/140H 机器人是一款具有 5 自由度的高速码垛机器人:最大负载为 140kg,工作范围可达 2850mm,J1 轴有 360°旋转空间。该机器人具有本体小、手臂细长、手腕灵活的特点,这大大提高了码垛的生产效率。FANUC M-410iB 系列机器人参数如表 2-3-1 所示。

FANUC M-410iB 系列机器人参数　　表 2-3-1

型　号			产品概述及相关指标		
		描述	最大负重	可达半径	应用
	M-410iB/M-410iC	M-410iB/160 M-410iB/300 M-410iB/450 M-410iC/185 M-410iC/315	160kg 300kg 450kg 185kg 315kg	3143mm 3143mm 3130mm 3143mm 3143mm	物流搬运 码垛 拾取及包装 机床上下料 装配

任务实施

一、机器人高速码垛展示单元的组成

由图 2-3-2 可知,该工作站由码垛机器人、抓抱式末端执行器、滚筒式输送线和堆垛托盘组成。物料包由滚筒式输送线传送到机器人工作区域，码垛机器人将物料包按照规定的顺序在堆垛托盘上进行码垛。如图 2-3-3 所示，抓抱式末端执行器从滚筒式输送线上抓取物料包时，执行器的手指靠下，插入到滚筒间隙中，然后向上提升，将物料包托离滚筒，这种抓取方式避免了物料包被手指戳破的情况发生。

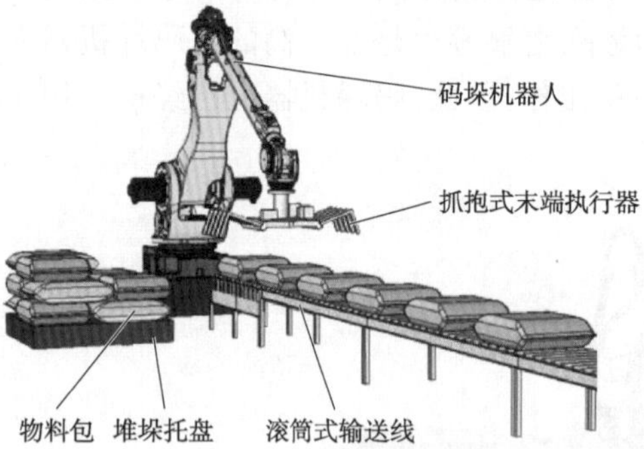

图 2-3-2　机器人高速码垛单元

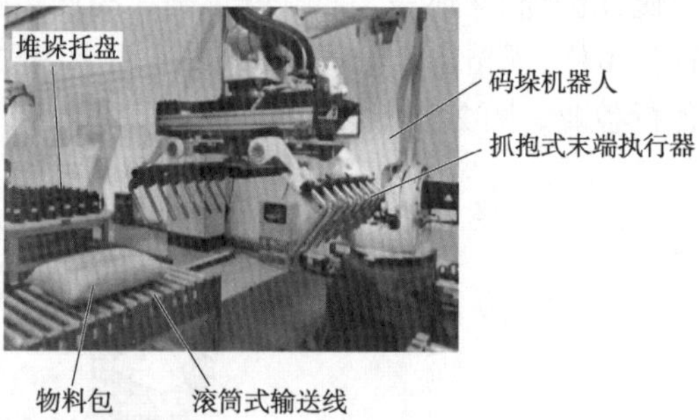

图 2-3-3　抓抱式末端执行器

二、码垛参数的设置

对于 FANUC 机器人的码垛功能模块，码垛一个 4 行、3 列、5 层的料垛（如图 2-3-4 所示），只需要在程序中指定料垛的 4 个典型位置即可：

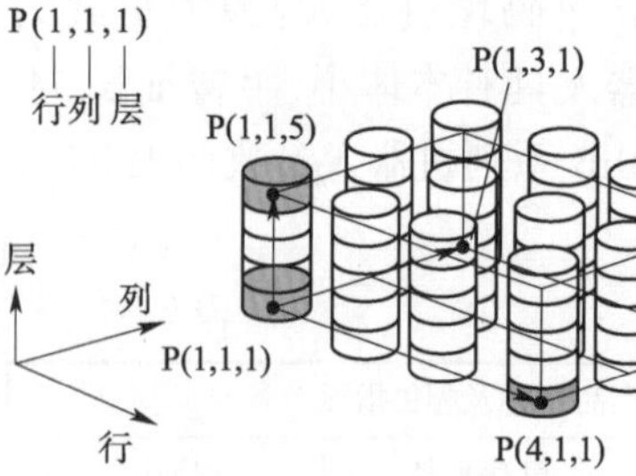

图 2-3-4　料垛的典型位置

P(1,1,1)——底层原点；

P(1,3,1)——底层 1 行 3 列点；

P(4,1,1)——底层 4 行 1 列点；

P(1,1,5)——5 层原点。

设定这 4 个典型位置之后，料垛中的其他位置全部由机器人自动运算得出，无需再人工示教。图 2-3-5 是在参数界面中指定行、列、层数；图 2-3-6 是在示教（即输入记录）4 个典型位置。

码垛B的情况

```
PRG1                                    JOINT 30β
PALLETIZING Configuration
  PALLETIZING_1  {                              }
  TYPE = {PALLET}            INCR  = { 1 }
  PAL REG  = {1}             ORDKR = { RCL }
    RONS     = {4}          ← 行
    COLUMNS ={3}            ← 列
    LAYKRS =  {5}           ← 层
    AUXILIARY POS =   {NO}
  APPR =  {2}  RTRT =  {2}
Prass  ENTER
PROG                                DONE
```

图 2-3-5　参数界面中指定行、列、层数

```
PROGRAM1                               JOINT 30β
PALLETIZING  Bottom  Points

  1:  *P{  1,  1,  1  }
  2:  *P{  4,  1,  1  }
  3:  *P{  1,  3,  1  }
  4:  *P{  1,  1,  5  }

BACK                      RECORD      DONE >
```

图 2-3-6　示教（即输入记录）4 个典型位置

三、抓抱式末端执行器的结构

例 2-3-1：图 2-3-7 和图 2-3-8 所示分别为抓抱式末端执行器的工作原理及结构。

当末端执行器到达抓取位置后，程序指令给气缸左腔供气，活塞杆伸出，推动摇臂绕翻转轴顺时针旋转。摇臂、翻转轴和爪臂三者刚性连接，由此带动手爪绕翻转轴中心顺时针转动；同理，另一侧手爪反向旋转，两侧手爪相对运动，实现对料包的抓抱。

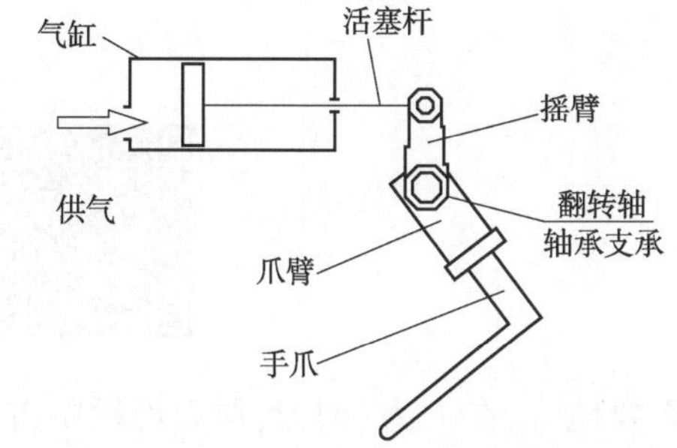

图 2-3-7 抓抱式末端执行器的结构简图

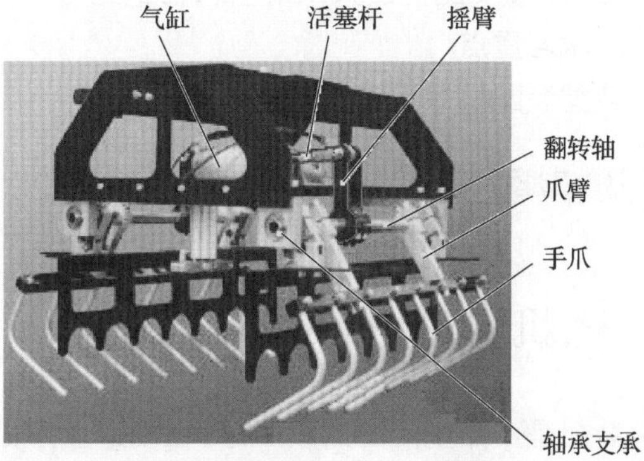

图 2-3-8 抓抱式末端执行器的结构

例 2-3-2：图 2-3-9 和图 2-3-10 所示分别为抓抱式末端执行器的工作原理及结构。

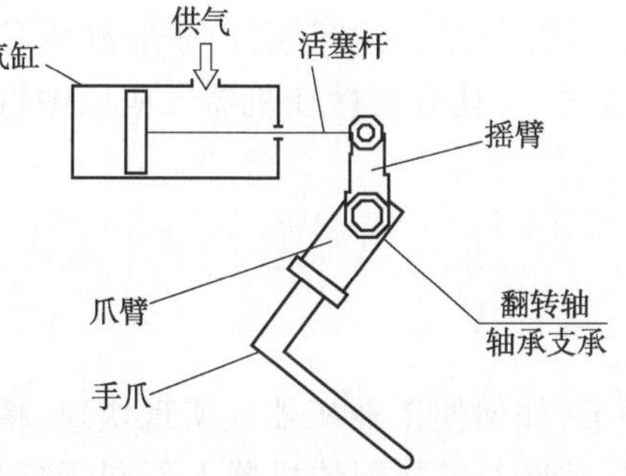

图 2-3-9 抓抱式末端执行器的结构简图

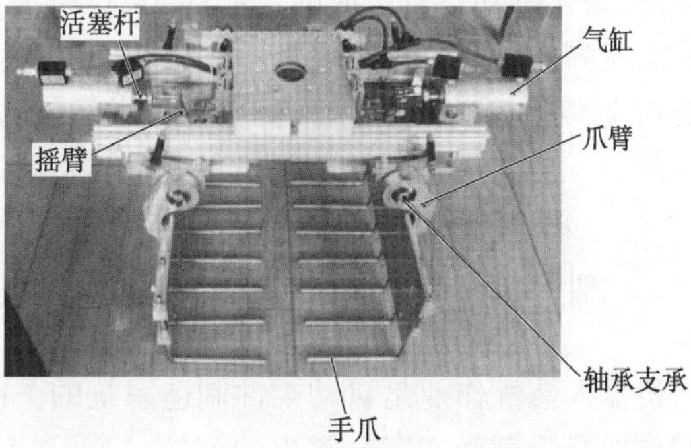

图 2-3-10 抓抱式末端执行器的结构

当末端执行器到达抓取位置后，程序指令给气缸右腔供气，活塞杆缩回，带动摇臂绕翻转轴逆时针旋转。摇臂、翻转轴和爪臂三者刚性连接，由此带动手爪绕翻转轴中心逆时针转动；同理，另一侧手爪反向旋转，两侧手爪相对运动，实现对料包的抓抱。

主题讨论

1. 抓抱式末端执行器由哪些部分组成？
2. 码垛的主要参数有哪些？

任务四　装配机器人末端执行器的应用

学习目标

1. 知识目标

(1)掌握装配展示工作站的工作原理;

(2)掌握装配机器人末端执行器的结构。

2. 学习重点

典型装配机器人末端执行器的结构。

知识准备

一、机器人装配概述

装配是产品生产的后续工序,在制造业中占有重要地位,在人力、物力、财力消耗中占有很大比例,作为一项新兴的工业技术,机器人装配应运而生。在机器人应用各领域中,机器人装配只占很小的份额,究其原因,一方面是由于装配操作本身比焊接、喷涂、搬运等复杂;另一方面,机器人装配技术目前还存在一些亟待解决的问题。如:对装配环境要求高,装配效率低,缺乏感知与自适应的控制能力,难以完成变动环境中的复杂装配,对于机器人的精度要求较高,否则,经常出现装不上或“卡死”现象。尽管存在上述问题,由于装配所具有的重要意义,装配领域将是未来机器人技术发展的焦点之一,其重要性在机器人应用中将跃居第一位。

二、机器人柔性装配

机器人装配作业是自动柔性制造系统的关键环节,如何使工业机器人实现快速、精密的装配作业是目前尚未完全解决的问题。普遍应用于工业生产装配的机器人不同于喷漆、焊接机器人,它的特点是机器人工作时机械手末端所操作的工件与实际环境相接触,产生力或力矩。如果采用位置控制机器人来实现装配作业,则由于机器人本身存在的位置分辨率和重复定位精度以及机器人所处的各种环境的不确定性,是难以完成复杂的装配作业的。

柔顺装配方法大致可分三类:一类是被动装配的方法,如被动柔顺手腕(RCC 等)和被动柔顺工作台、气流法、磁力法、振动法等。第二类是主动装配方法,如通过力觉伺服的主动柔顺手腕和主动柔顺工作台。通过视觉的伺服法,通过接近觉伺服的方法等。第三类是被动和主动相结合的装配方法。

1. 被动柔顺手腕 RCC 机构

被动柔顺手腕 RCC 机构是一种纯机械式的装置,通过弹性变形或构件微小位移,克服装配机器人定位误差造成的配对装配件间的顶卡、阻滞现象,达到柔顺装配。这种机构完成插入操作的时间短，不要求信息处理，但允许定位误差受零件倒角限制，可能产生大的插入力，对工作环境的适应能力受到限制。各种柔顺手腕机构将继续得到研究和发展，主要是努力提高柔顺手腕对装配环境的适应能力。

2. 主动柔顺手腕

主动柔顺手腕，通过力觉直接获取接触信息和力（力矩）信息，反馈给机器人手臂或手腕，通过微小的柔顺运动或校正力的施加方向和大小，达到柔顺装配。被动柔顺手腕只适合小的定位误差，并有一定的局限性，而主动柔顺手腕可以适应于大的定位误差以及零件无倒角的情况。但是主动柔顺手腕搜索运动和信息处理时间长，所以插入时间较长。

3. 智能手爪

装配机器人进行各种装配作业，最后都是通过末端执行器来完成的，末端执行器包括各种装配工具，如拧螺钉螺母、钻、焊、软焊、粘配、测量等和各种手爪，其中应用最多的是各种手爪。二指、三指、多指，多功能的手爪系列的开发和研究，对扩大装配机器人的应用是非常关键的。装配机器人智能化在很大程度上可以在手爪上得到体现。在手爪机构中可以配置各种传感器，如接近传感器、触觉传感器、力（力矩）觉、物体光学辨识系统、位移传感器等。通过这些传感系统就有可能使手爪本身或机器人实现自适应控制和智能控制，进行柔顺装配，以及判断或识别被抓物品的位置、形状等功能，完成更复杂更细微的装配作业。

FANUC Robot M-710iC 机器人是一款具有 6 自由度的高速装配机器人，最大负载为 70kg，工作范围可达 2050mm，J1 轴有 360°旋转空间。该机器人具有体积小、手臂细长、手腕灵活的特点，大大提高了装配的生产效率，其相关参数如表 2-4-1 所示。

FANUC Robot M-710iC 机器人参数 表 2-4-1

<table>
<tr><th colspan="3">型 号</th><th colspan="3">产品概述及相关指标</th></tr>
<tr><td rowspan="9">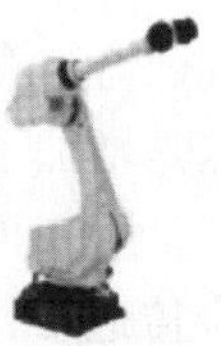</td><td rowspan="9">M-710iC</td><td>描述</td><td>最大负重</td><td>可达半径</td><td>应用</td></tr>
<tr><td>M-710iC/45M</td><td>45kg</td><td>2606mm</td><td rowspan="8">物流搬运
机床上下料
码垛、材料加工
装配、点焊
弧焊、拾取及包装</td></tr>
<tr><td>M-710iC/50</td><td>50kg</td><td>2050mm</td></tr>
<tr><td>M-710iC/70</td><td>70kg</td><td>2050mm</td></tr>
<tr><td>M-710iC/12L</td><td>12kg</td><td>3123mm</td></tr>
<tr><td>M-710iC/20L</td><td>20kg</td><td>3110mm</td></tr>
<tr><td>M-710iC/20M</td><td>20kg</td><td>2852mm</td></tr>
<tr><td>M-710iC/50S</td><td>50kg</td><td>1359mm</td></tr>
<tr><td>M-710iC/50H</td><td>50kg</td><td>2003mm</td></tr>
</table>

任务实施

一、“空调外壳压缩机装配展示单元”的组成

如图 2-4-1 所示，机器人抓取原料库的压缩机外壳，放置到装配工位，在装配工位上与其他零件组装后，再由机器人将装成品移放到成品库。原料库、装配工位、成品库的支架均由工业铝型材制成，支架下端必须通过工作台固定角座与工作站底板固定，而底板是一块整体钢板，机器人底座也固定在这块钢板上。这样，原料库、装配工位、成品库、机器人 4 者的位置关系完全固定，不可移动，保证机器人搬运产品时，拿、放位置准确。

图 2-4-1 “空调外壳压缩机装配展示单元”的组成

二、iRVision 视觉软件

机器人系统利用内置的 iRVision 视觉软件,通过移动装在机械手臂的 2D 相机,可对摆放不同位置的压缩机实现拍照定位,然后抓取,有效降低了人工劳动强度,降低了对原料库供料位置的精度要求。

三、视觉相机的安装方式

视觉相机有两种安装方式,一种是相机安装在机器人手臂末端,即与末端执行器装在一起,如图 2-4-2 所示,相机随机器人移动。这样相机可以有较大的视觉范围,缺点是增加了末端执行器的复杂程度,并且机器人的运动速度不能太快,一般用在串联机器人上。第二种安装方式是相机安装在固定支架上,如图 2-4-3 所示。这一般用在并联机器人配合传送带,进

图 2-4-2 串联机器人相机的安装

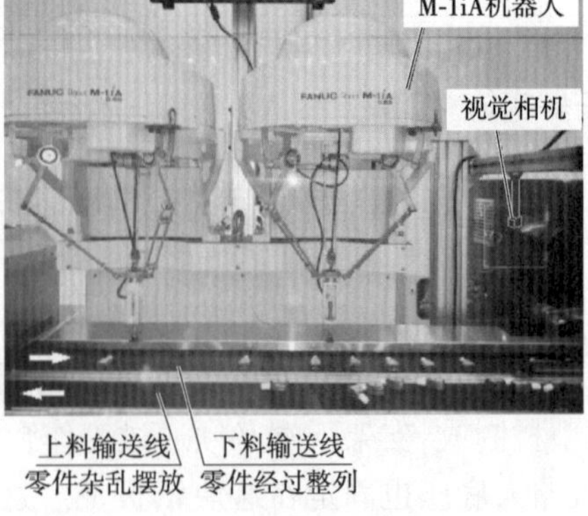

图 2-4-3 并联机器人相机的安装

行零件快速分拣的情况。因为并联机器人一般运行速度较快,如果带相机一起运动对相机的工作有影响,另外,高速运动要求末端执行器的质量尽可能轻,因此,相机一般用支架固定,不装在机器人上。在传送带上分拣零件时,由于传送带宽度一般不宽,相机的视野范围完全可以覆盖,因此,固定相机就可以满足要求。

四、末端执行器的组成及结构

末端执行器通过安装凸缘固定在机器人的末端,如图2-4-4所示。夹具体与安装凸缘一体,两个夹爪安装在夹具体上,通过驱动机构和导向机构(见项目三)实现张开与合拢的动作。每个夹爪上固定有2个手指,这样4个手指合拢时,将圆柱形的压缩机外壳夹紧。

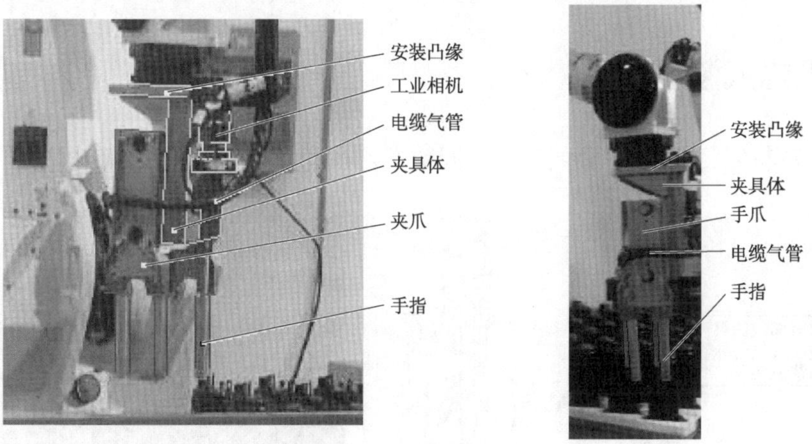

图2-4-4　末端执行器的组成

电缆由三部分组成:一是视觉相机的数据电缆,包括相机照明灯电缆;二是为驱动夹爪开合的气缸提供压缩空气的管路;三是夹爪抓空信号线,用于当夹爪未抓到零件时(如补料不及时等),机器人通过该信号,控制程序反复进行抓取动作,直到抓到零件为止,或反复一定次数后,向监控人员报错。

五、两爪四指气缸的结构特点

两爪气缸(图2-4-5a)是最常用的气动元件,它的优点是结构简单,价格便宜。但两爪气缸最大的缺点是,只能对被抓工件进行一个方向(Y)的定位,并且只能抓取工件的平面部位。在需要抓取圆形工件,或者需要对工件进行2个方向(X,Y)定位时,可以在两爪气缸的基础上进行改进,将每个手爪上固定2个手指,这样,4个手指就可以对圆形或曲面零件进行抓取,如图2-4-5b)、c)所示。这种结构还有类似V形块的自定心作用,即工件有自动滑向同爪两个手指中间的趋势。

两爪4指气缸有卧式和立式两种。卧式的手指方向与夹具的长度方向垂直(图2-4-5c);立式的手指方向与夹具的长度方向一致(图2-4-5b),即本任务视频案例。

注意,同一手爪上的两个手指的间距是固定的,必须按照零件上与两手指接触部位的间距进行设计,因此,这种执行器对不同种零件的适应性较差。

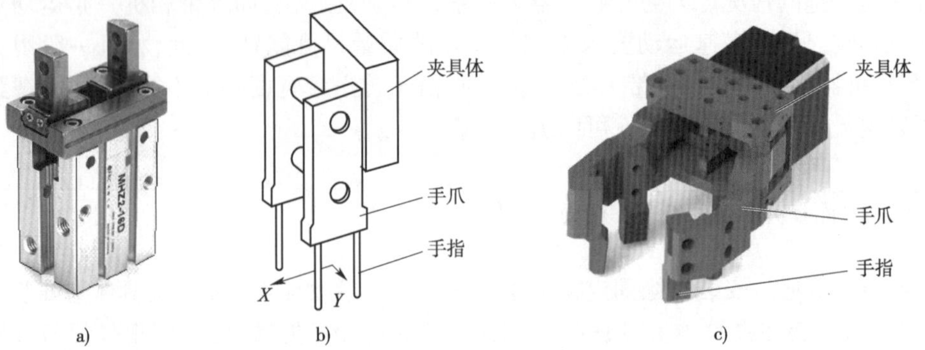

图 2-4-5　两爪气缸及两爪 4 指气缸

六、机器人装配实例

例 2-4-1：将气门装入气门导管：配合间隙通常在 0.2 ~ 0.25mm 之间，如图 2-4-6 所示。

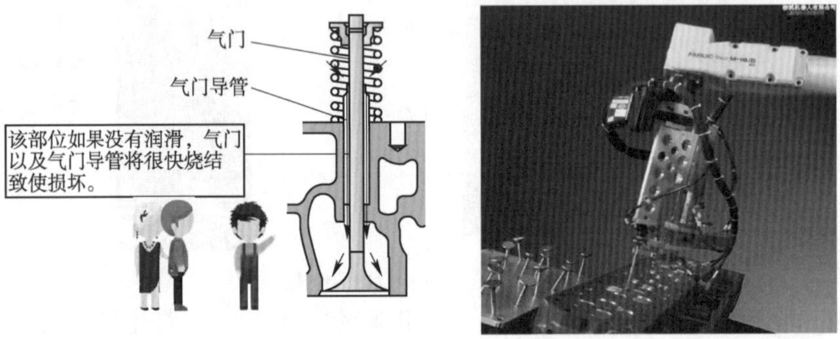

图 2-4-6　将气门装入气门导管

例 2-4-2：安装轮胎螺栓：4 个螺栓同时拧紧，并且可以设定拧紧力矩大小，如图 2-4-7 所示。

图 2-4-7　安装轮胎螺栓

例 2-4-3：装配电动机转子：将电动机转子轴插入轴承座孔，如图 2-4-8 所示。

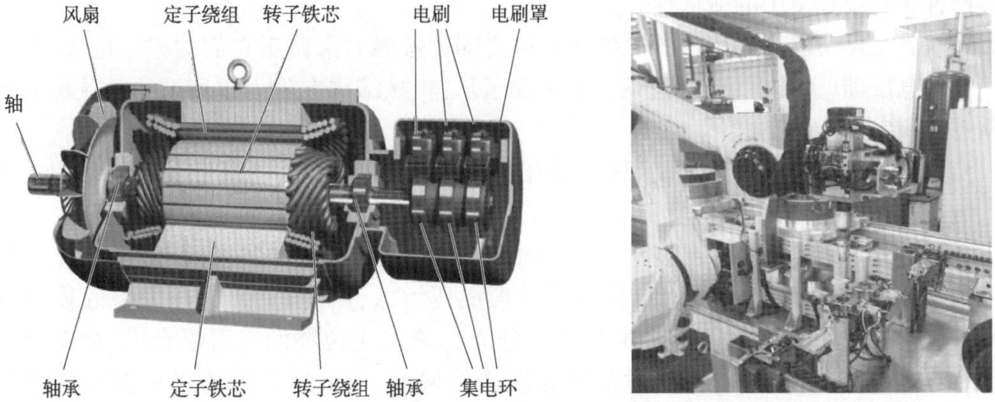

图 2-4-8　装配电动机转子轴

例 2-4-4:装配发动机:将活塞装入汽缸套中,如图 2-4-9 所示。

图 2-4-9　装配发动机活塞

七、柔性装配

机器人进行装配作业时会遇到装配零件之间位置关系的误差和不确定性,这是由于机器人本身的定位误差、末端执行器的定位误差、工作台上被安装零件的定位误差、零件的形状误差等原因,使得机器人将零件移送到工作台上零件附近,准备进行装配时,两者相对位置误差没有达到装配时的精度要求,出现图 2-4-10 中所示情况。图 2-4-10a)所示,轴与孔的轴线平行,但不重合,存在偏移量 X;图 2-4-10b)所示,由于定位精度不够,造成轴未插入孔中时,两轴线存在夹角 α。

具有精确位置伺服以及刚度很大的机器人不适合执行装配过程中频繁产生接触的场合,因为很小的位置偏差将产生巨大的接触力,对于机械手和装配件都是非常有害的。克服刚体之间相互接触而产生巨大接触力的有效途径,就是增加机械手

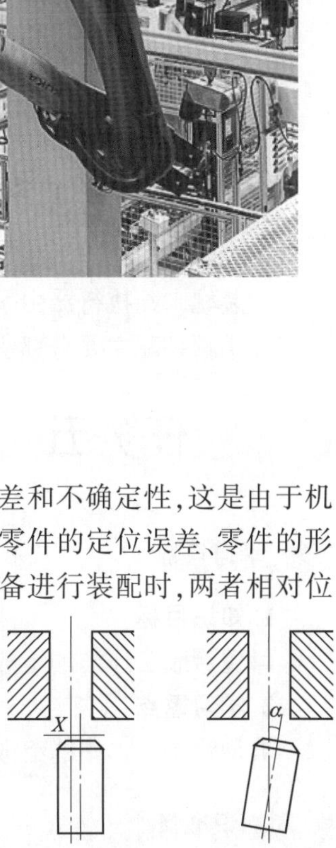

a)偏移　　b)偏角

图 2-4-10　装配时产生的安装误差

和装配件在约束环境中的适从性。

适从就是用机器人所操作的工件和环境之间的接触力来修正它们的相对位置和运动。采用力信息反馈(力传感器)的适从称为主动适从;机械结构在外力作用下的适从称为被动适从;另外有自动寻找法。

所谓自动寻找法就是使待装配的零件自动寻找正确的位置,待装配的零件按照随机或预想的轨迹运动,直到一个偶然的机会与配合对象对准重合。如图 2-4-11a)所示,由于轴线偏差的存在,气流流过待装轴左右两侧时受到的阻力不同(左侧大,右侧小),在工件两侧的流速也就不同,$v_2 > v_1$,因此,在轴周围形成压力差,$F_1 > F_2$,通过压力差的作用将轴修正并吸入孔中。图 2-4-11b)是通过磁场分力 f_1 来修正位姿的。可以看出,自动寻找法是一种以安装对象作为基准,通过某种介质修正偏差,一般适合于质量比较轻的零件装配。采用自动寻找法,机器人不需将待装工件装入配合零件,只要将其送到安装孔附近即可。

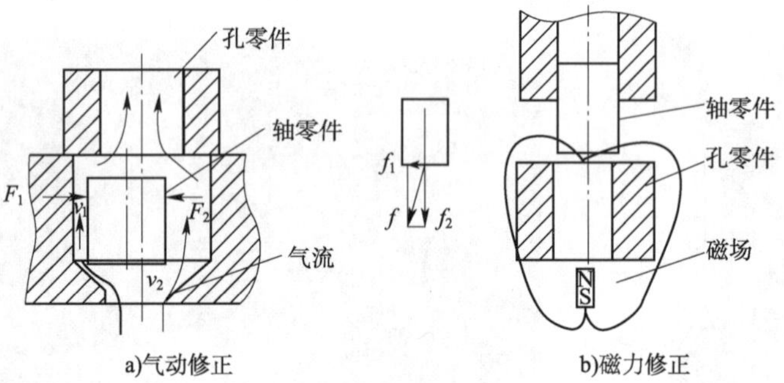

图 2-4-11　自动寻找法

主题讨论

1. 装配末端执行器由哪些部分组成?
2. 柔顺装配主要有哪些措施?

任务五　涂胶机器人末端执行器的应用

学习目标

1. 知识目标

掌握涂胶工作站的组成及工作过程。

2. 学习重点

典型涂胶工作站的组成。

知识准备

喷涂机器人(图 2-5-1)选型时要考虑以下几方面因素:

(1)机器人的工作轨迹范围:在选择机器人时需保证机器人的工作轨迹范围必须能够完

全覆盖所需施工的工件的相关表面或内腔。

(2)机器人的重复精度：对于涂胶机器人而言，一般重复精度达到0.5mm即可。

(3)机器人的运动速度及加速度：机器人的最大运动速度或最大加速度越大，则意味着机器人在空行程所需的时间越短，则在一定节拍内机器人的绝对施工时间越长，可提高机器人的使用率。但需注意的问题是，在喷涂过程中(涂胶或喷涂)，喷涂工具的运动速度与喷涂工具的特性及材料等因素直接相关，需要根据工艺要求设定。

图2-5-1　涂胶机器人

(4)机器人手臂可承受的最大荷载：对于不同的喷涂场合，喷涂(涂胶或喷漆)过程中配置的喷具不同，则要求机器人手臂的最大承载载荷也不同。

FANUC Robot M-710iC机器人是一款具有6自由度的串联机器人；最大负载为70kg，工作范围可达2050mm，J1轴有360°旋转空间。该机器人具有体积小、手臂细长、手腕灵活的特点，可用于喷涂、装配等，大大提高了工作效率。表2-5-1为FANUC Robot M-710iC机器人参数。

FANUC Robot M-710iC 机器人参数　　表2-5-1

型号			产品概述及相关指标		
		描述	最大负重	可达半径	应用
	M-710iC	M-710iC/45M M-710iC/50 M-710iC/70 M-710iC/12L M-710iC/20L M-710iC/20M M-710iC/50S M-710iC/50H	45kg 50kg 70kg 12kg 20kg 20kg 50kg 50kg	2606mm 2050mm 2050mm 3123mm 3110mm 2852mm 1359mm 2003mm	物流搬运 机床上下料 码垛、材料加工 装配、点焊 弧焊、拾取及包装

任务实施

一、机器人涂胶工作站的组成

如图2-5-2所示，机器人涂胶工作站由以下几部分组成。

1.翻转工作台

用于前后挡风玻璃涂胶前定位夹紧、工件吸附和涂胶后翻转180°置放工件。

2.固定工作台

用于侧窗玻璃涂胶前定位夹紧。由于左右侧窗玻璃为对称结构，形状不同，所以固定工作台分为左右两侧，分别适用于两种侧窗玻璃。

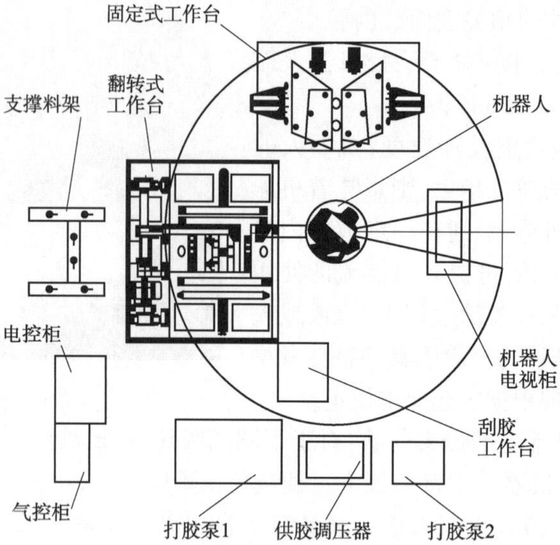

图 2-5-2　机器人涂胶工作站的组成

3. 刮胶工作台

由于胶黏度较大，且在空气中容易凝固，枪嘴出胶口处会被堵住，这样会影响出胶量的均匀和胶形的稳定。因此，涂胶进行一段时间后，需要进行枪嘴的清理，即将枪嘴的胶刮掉。机器人在涂胶若干循环后，将枪嘴移至刮胶工作台的钢丝上将多余的胶刮到下面的小桶中即可，留在钢丝上凝固的胶由气缸驱动的刮板往复动作若干次刮掉，以保持钢丝的清洁。

图 2-5-3　打胶泵组

4. 自动供胶系统

本系统由 55USgal（加仑）打胶泵组（用于大批量生产用）、5USagl（加仑）打胶泵组（适用于小批量生产）、自动涂胶枪、供胶调压器等组成。两个泵组可根据需求互相切换使用。供胶调压器是空气辅助式调压器，也就是通过调整空气调压器的空气压力来调整调压器出口处胶的压力，出口胶压随空气压力增大而增大。打胶泵组如图 2-5-3 所示。

5. 电控柜与气控柜

电控柜（图 2-5-4a）内设备主要包括：工作站控制器 PLC、直流电源、通信系统交换机、继电器、保护器等。气控柜（图 2-5-4b）内设备主要包括：各种电磁阀、油水分离器、压缩空气及真空管路。

二、机器人涂胶工作站的组成及工作过程

1. 组成

如图 2-5-5 所示，汽车挡风玻璃通过输送带被送到定位装置，首先被托起，离开输送带，然后通过尼龙支撑头、推靠定位轮进行定位，通过真空吸盘固定位置。

玻璃位置正确后，由机器人按照预定轨迹进行涂胶，最后托举机构下移，将玻璃重新放回输送带上，被送至下一个工位。

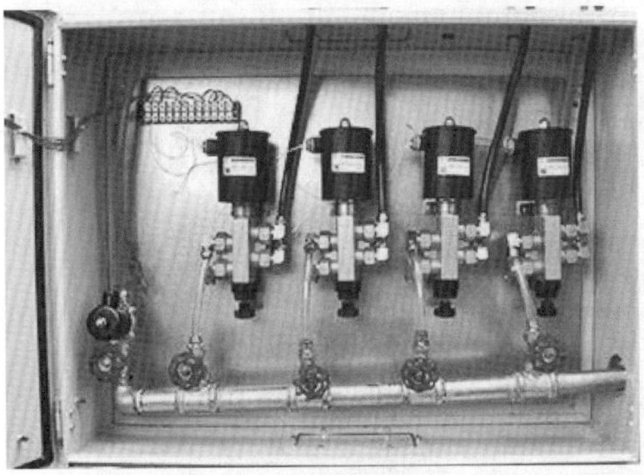

a)电控柜

b)气控柜

图 2-5-4　电控柜与气控柜

图 2-5-5　机器人涂胶工作站的组成

2. 工作过程

(1)送达(图 2-5-6)。

挡风玻璃被输送带送到涂胶工位。

图 2-5-6　送达

(2)升起(图2-5-7)。

尼龙支撑头和吸盘升起将挡风玻璃托离输送带。

图2-5-7　升起

(3)推靠(图2-5-8)。

相互垂直的两个方向的推靠定位轮向内收拢,将挡风玻璃推至正确位置(在平面内 X,Y 方向上)。

图2-5-8　推靠

(4)下吸(图2-5-9)。

机器人程序控制真空系统向吸盘提供真空,将玻璃位置吸附固定;推靠定位轮张开,离开玻璃。

图2-5-9　下吸

(5)涂胶(图2-5-10)。

机器人按照预定轨迹涂胶。

图2-5-10 涂胶

(6)回落,送出(图2-5-11)。

尼龙支撑头和吸盘下移,将玻璃放回输送带,被送至下一个工位。

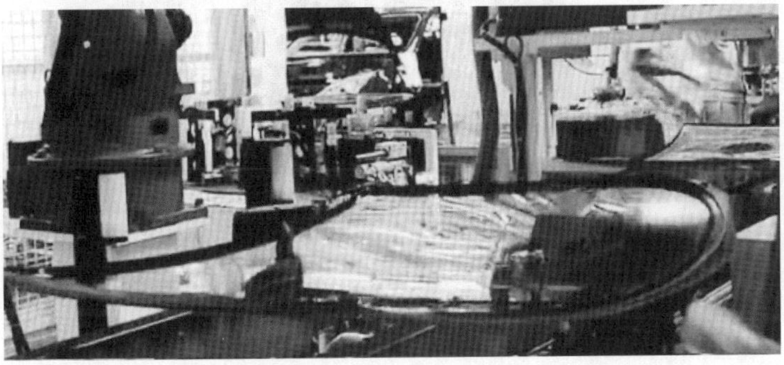

图2-5-11 回落并送出

主题讨论

1. 供胶系统由哪些部分组成?
2. 机器人涂胶的工作过程有哪些步骤?

任务六 焊接机器人末端执行器的应用

学习目标

1. 知识目标

(1)掌握机器人焊接工作站的组成;

(2)熟悉工作站主要设备的作用。

2. 学习重点

掌握机器人焊接工作站的组成。

知识准备

焊接机器人是一种高度自动化的焊接设备,采用机器人代替手工焊接作业是焊接制造业的发展趋势,是提高焊接质量、降低成本、改善工作环境的重要手段。机器人焊接作为现代制造技术发展的重要标志已被国内许多工厂所接受,并且越来越多的企业首选焊接机器人作为技术改造的方案。

焊接机器人是装上了焊钳或各种焊枪的工业机器人。工业机器人的运动控制系统涉及数学、自动控制理论等,内容很多。采用机器人进行焊接,光有一台机器人是不够的,还必须配备外围设备,如图 2-6-1 所示。

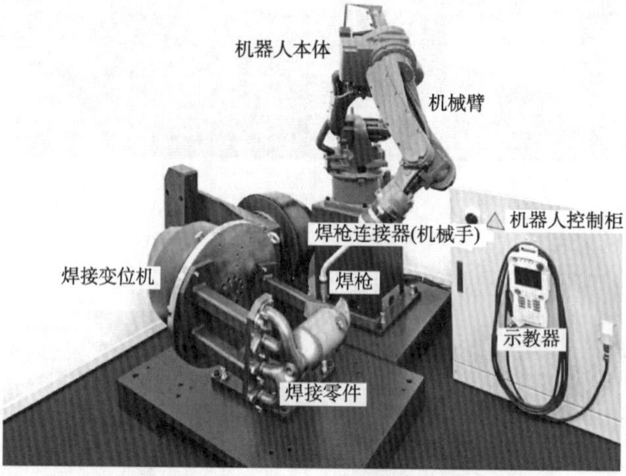

图 2-6-1　焊接机器人及其外围设备

一、弧焊机器人系统组成

(1)机器人本体,一般是伺服电动机驱动的 6 轴关节式操作机,它由驱动器、传动机构、机械手臂、关节以及内部传感器等组成。它的任务是精确地保证机械手末端(焊枪)所要求的位置、姿态和运动轨迹。

(2)机器人控制柜,它是机器人系统的神经中枢,包括计算机硬件、软件和一些专用电路,负责处理机器人工作过程中的全部信息和控制其全部动作。

(3)焊接电源系统,包括焊接电源、专用焊枪等。

(4)焊枪夹持部分。

(5)辅助装置。

二、机器人焊接的特点

机器人是由计算机控制的、具有高度柔性的可编程自动化装置,因此,利用机器人焊接具有以下特点:

(1)机器人能适应产品多样化,有柔性,在一条生产线上可以混流生产若干种类型产品。同时对于生产量的变动和型号的更改,能迅速地改进生产线的编组更替,这是专用的自动化生产线不能比拟的,能发挥投资的长期效果。

(2)使用机器人焊接,可提高产品质量。为了使焊接作业机器人化,需要改变装配方法和加工工序，所以要提高诸如供给设备的零件、夹具、搬运工具等的精度，这些关系到产品的精度和焊接质量的提高，机器人化的结果，可得到稳定的高质量产品。

(3)使用机器人焊接可提高生产率。机器人的作业效率，不随作业者变动，可以稳定生产计划，从而提高生产率。

三、焊枪与机器人的连接方式

焊枪与机器人本体有多种连接方式，常见方式如图 2-6-2 ~ 图 2-6-4 所示。

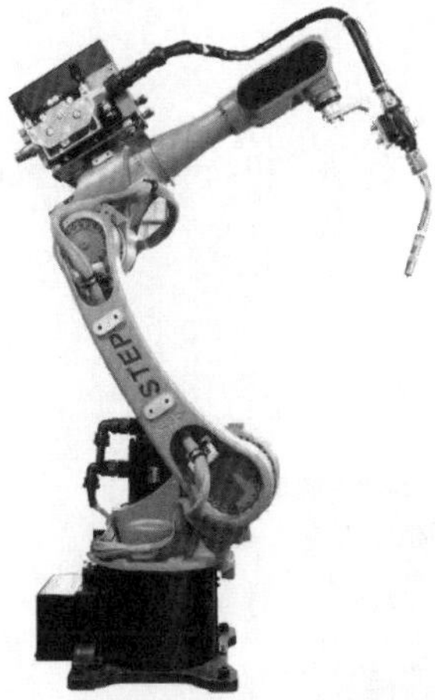

图 2-6-2 固定支架连接焊枪夹持方式

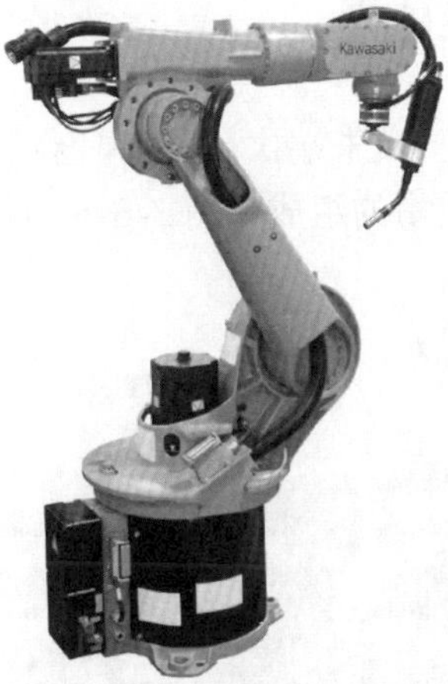

图 2-6-3 焊枪焊丝一体夹持方式

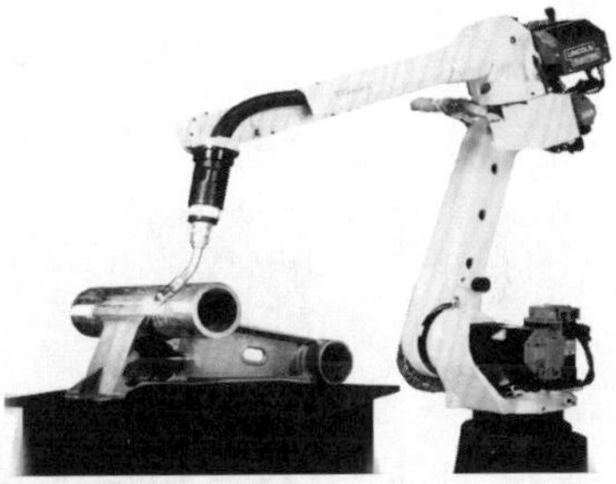

图 2-6-4 快换连接焊枪夹持方式

四、FANUC Robot M-10iA 机器人简介

FANUC Robot M-10iA 型机器人可以在搬运、码垛、装配、喷涂、焊接等多领域应用。配置所需的焊接设备及软件后，该机器人可作为焊接机器人使用，如图 2-6-5 所示。

<table>
<tr><th colspan="3">发那科弧焊机器人</th></tr>
<tr><td rowspan="5">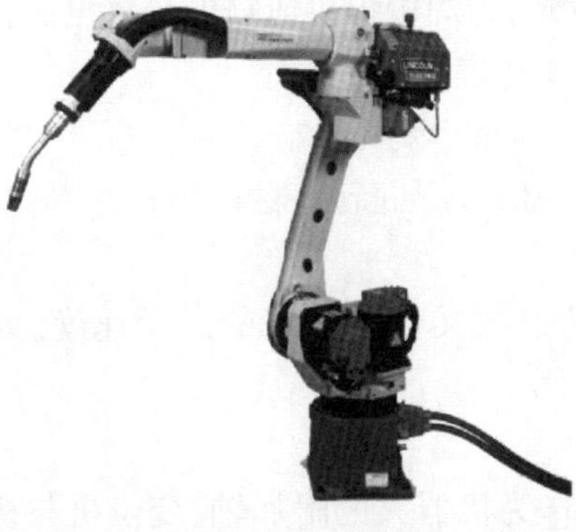</td><td>型号</td><td>Arc Mate 100iC
M-10iA</td></tr>
<tr><td>标准轴数</td><td>6 轴</td></tr>
<tr><td>手臂负载</td><td>10kg</td></tr>
<tr><td>操作半径</td><td>1420mm</td></tr>
<tr><td>重复精度</td><td>±0.08mm</td></tr>
</table>

图 2-6-5 FANUC Robot M-10iA 机器人

需要强调的是，焊接机器人与普通机器人是有区别的，在硬件方面焊接机器人配备所需的焊接设备(如焊枪、焊接电源等);在软件方面焊接机器人控制系统中必须安装专用的焊接软件(ARC TOOL),该软件主要有以下3方面功能:

(1)设定焊接工艺参数;

(2)建立与焊接电源等外围设备的通信,以便传输焊接电流、电压等工艺参数;

(3)软件中包含所有焊接指令(如起弧、收弧、摆焊等)。

任务实施

一、焊接机器人工作站的组成

焊接机器人必须配备各种外围设备及末端执行器(焊枪),构成一个完整的焊接工作站,才能够完成焊接任务,焊接机器人工作站的组成如图2-6-6所示。

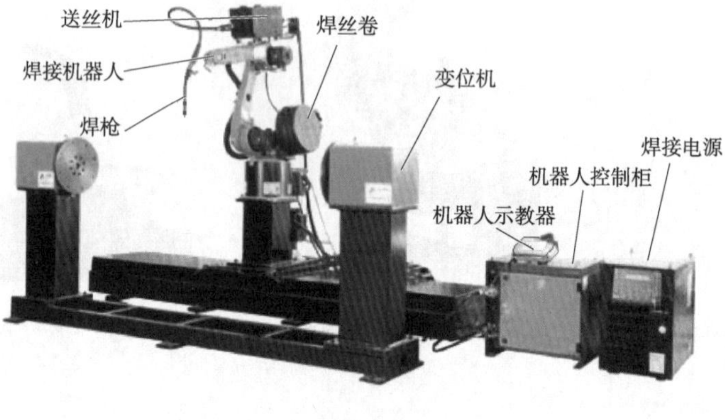

图2-6-6　焊接机器人工作站的组成

二、焊接机器人工作站主要设备的作用

1. 焊接电源(图2-6-7)

(1)根据机器人焊接程序及工艺参数文件的设定,为焊枪提供所需的焊接电流;

(2)控制送丝机的送丝速度;

(3)控制供气系统供气量的大小;

(4)向机器人反馈各种信号(如断弧、粘丝等)。

图2-6-7　焊接电源

2. 送丝机(图2-6-8)

根据机器人焊接工艺参数文件中设定的送丝速度,为焊枪提供焊丝。

3. 变位机(图2-6-9)

可以有1轴或2轴,作为机器人的附加轴,变位机与机器人协同动作,完成具有空间复杂轨迹的焊缝焊接。附加轴的运动在机器人程序中通过专门附加轴指令控制。

图 2-6-8　送丝机

4. 清枪装置(图 2-6-10)

机器人焊枪经过一段时间焊接后,在高温电弧的作用下,会出现堵塞、粘丝、烧蚀等情况。因此,在机器人工作程序中,需要设置专门指令,控制机器人将焊枪送至清枪装置,对焊枪头部进行清理。

图 2-6-9　变位机

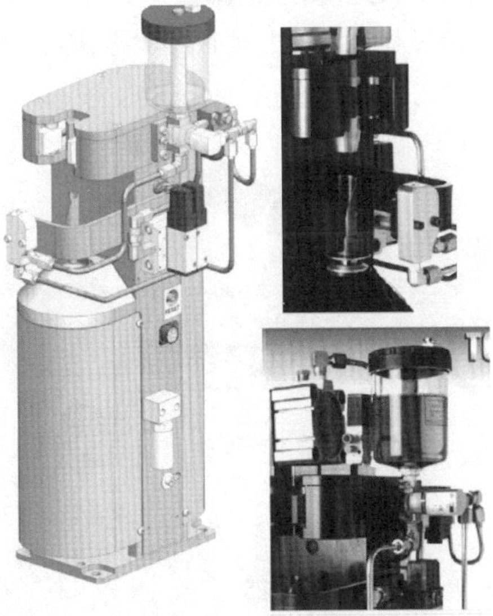

图 2-6-10　清枪装置

5. 送气系统(图 2-6-11)

目前机器人气体保护焊主要采用的是富氩气体,即 90% 氩气加 10% 二氧化碳。该气体通过瓶装,由专业工业气体供应商提供。

6. 焊丝卷(图 2-6-12)

焊接机器人所用的焊丝一般有直径 0.8,1.0,1.2,1.6mm 等几种,由焊丝供应商成卷提供。焊丝直径根据被焊接材料的厚度及焊接速度的要求选择。

7. 焊枪(图 2-6-13)

作为焊接机器人的末端执行器,焊枪集提供焊接电流、送丝、供气于一体。焊枪安装在焊接机器人末端的安装凸缘上。

一般焊枪与机器人安装凸缘之间装有碰撞传感器,当焊枪与工件或设备发生碰撞时,碰撞传感器会发出信号,使焊接中断。

图 2-6-11　送气系统

图 2-6-12　焊丝卷

8. 排烟系统(图 2-6-14)

焊接过程会产生大量有毒烟雾,因此,焊接车间必须安装大功率通风排烟系统。

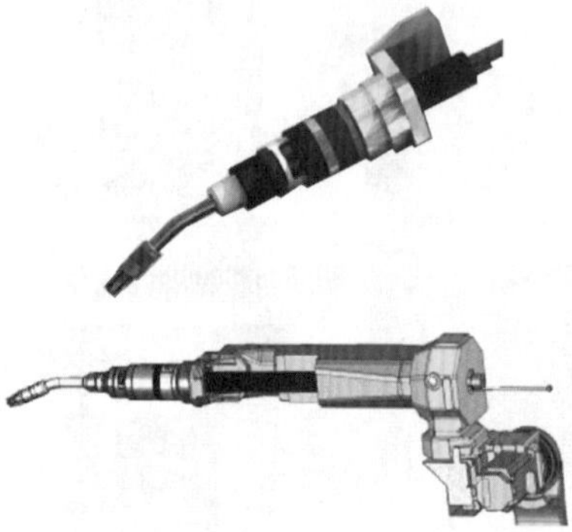

图 2-6-13　焊枪

图 2-6-14　排烟系统

9. 遮光屏(图 2-6-15)

当焊接工作站与其他生产工位共用同一生产现场时,需安装遮光屏,避免影响其他工位生产。同时遮光屏也便于操作人员对焊接过程进行观察。

图 2-6-15　遮光屏

主题讨论

1. 机器人焊接工作站由哪些设备组成?
2. 这些设备的作用是什么?

项 目 小 结

本项目内容主要讲述了工业机器人常用末端执行器的分类以及应用,在本项目的学习中,学生主要了解搬运机器人末端执行器的应用、分拣机器人末端执行器的应用、码垛机器人末端执行器的应用、装配机器人末端执行器的应用、涂胶机器人末端执行器的应用以及焊接机器人末端执行器的应用。

项目三　工业机器人末端执行器的结构与特点

任务一　机电结合夹持式末端执行器

学习目标

1. 知识目标

(1) 掌握典型机电结合夹持式末端执行器的工作原理；

(2) 掌握典型机电结合夹持式末端执行器的结构。

2. 学习重点

典型机电结合夹持式末端执行器的结构及各组成部分的作用。

知识准备

一、机电结合夹持式末端执行器概述

1. 机电一体化系统的组成

机电结合夹持末端执行器是一款机电一体化装置，机电一体化系统通常由 5 大要素构成，即动力源、传感器、机械结构、执行元件和电子计算机，系统的各组成部分必须无缝地协同工作以执行其职能，图 3-1-1 为一款机电一体化产品示意图。对系统各组成部分的选择必须考虑到工程和经济两方面，机电一体化产品在材料处理设备、机床刀具中心、化学品和药品生产线、检查站、机器人、注塑机等各领域得到了广泛应用。

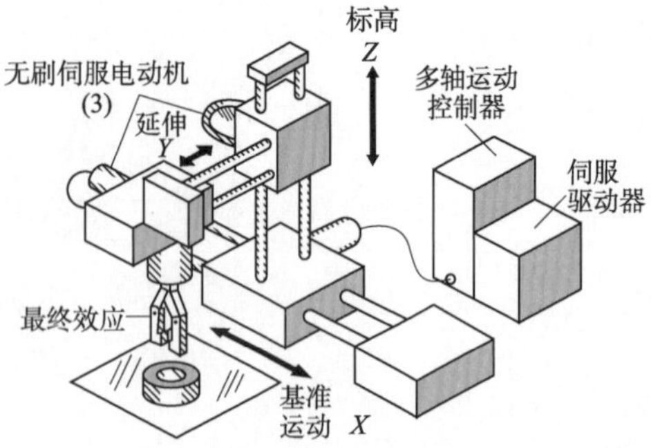

图 3-1-1　机电一体化产品示意图

2. 运动控制系统的分类

机电结合产品的运动控制系统可分为开环或闭环运动控制系统。

如图 3-1-2 所示是一种闭环运动控制系统，系统中有一个或多个反馈回路不断地比较系统的响应与输入命令，设置电动机的负载速度、负载位置或电动机转矩的修正偏差。反馈传感器提供的电子信号用于校正相对于输入命令的偏离，闭环系统也叫做伺服系统。

如图 3-1-3 所示为一个开环运动控制系统，此系统并不需要反馈传感器，因为负载的位置和速度由从控制器发送到电动机驱动器的数字脉冲预定数目和方向控制。由于负载位置是通过反馈传感器不连续采样的(如在一个闭环伺服系统中),负载的定位精度较低,位置误差(通常被称为步骤错误)是随时间而累积的。

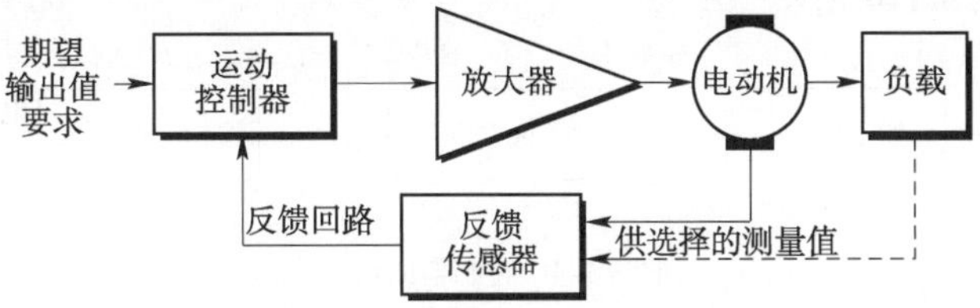

图 3-1-2 一个基本的闭环控制系统框图

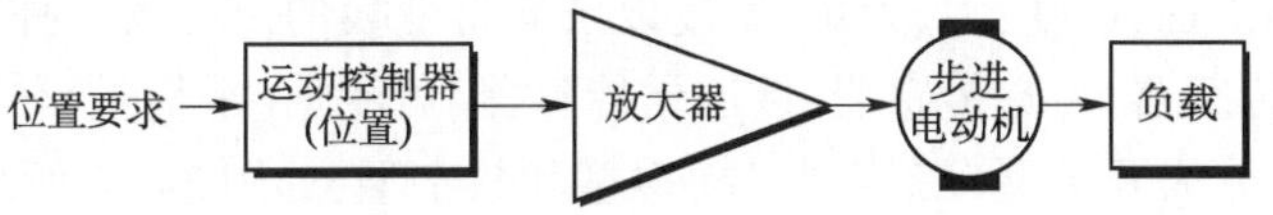

图 3-1-3 开环运动控制系统框图

二、机电结合夹持式末端执行器的组成

1. 驱动电动机

电动机是传动以及控制系统中的重要组成部分,是系统的动力源装置。随着现代科学技术的发展,电动机在实际应用中的重点已经开始从过去简单的传动向复杂的控制转移;尤其是对电动机的速度、位置、转矩的精确控制。电动机按结构及工作原理可分为直流电动机、异步电动机和同步电动机。直流电动机按结构及工作原理可分为无刷直流电动机和有刷直流电动机。

直流无刷电动机是由电动机主体和驱动器组成,是一种典型的机电一体化产品。因其一系列强大的性能特点和独特优势,已逐步成为工业用电动机的发展主流。围绕降低生产成本和提高运行效率而展开的研究与尝试已取得显著的效益,各大厂商也提供不同型号的电动机以满足不同驱动系统的需求。现阶段在纺织、冶金、印刷、自动化生产流水线、数控机床等工业生产方面,无刷直流电动机都有涉猎。

直流无刷电动机可替代直流电动机调速、变频器 + 变频电动机调速、异步电动机 + 减速机调速;具有传统直流电动机的优点,同时又取消了碳刷、滑环结构;可以低速大功率运行,可以省去减速机直接驱动大的负载;体积小、质量轻、输出转矩大;转矩特性优异,中、低速转矩性能好,启动转矩大,启动电流小;无级调速,调速范围广,过载能力强;软启软停、制动特性好,可省去原有的机械制动或电磁制动装置。

另外,直流无刷电动机效率高,电动机本身没有励磁损耗和碳刷损耗,消除了多级减速损耗,综合节电率可达 20% ~60%。可靠性高,稳定性好,适应性强,维修简单;耐颠簸振动、噪声低、振动小、运转平滑、寿命长;不产生火花,特别适合爆炸性场所,有防爆型。

2. 传感器

传感器是按一定规律实现信号检测并将被测量(物理的、化学的和生物的信息)变换为另一种物理量(通常是电量)的器件或仪表。传感器一般由敏感元件、转换元件、基本转换电路三部分组成,如图 3-1-4 所示。

图 3-1-4　传感器的组成

传感器种类很多,可以按不同的方式进行分类,按传感器作用可分为检测机电一体化系统内部状态的内部信息传感器和检测外部对象和外部环境状态的外部信息传感器。内部信息传感器包括检测位置、速度、力、力矩、温度以及异常变换的传感器。外部信息传感器包括视觉传感器、触觉传感器、力觉传感器、接近觉传感器、角度觉(平衡觉)传感器等。传感器按输出信号的性质可分为开关型(二值型)、模拟型和数字型,如图 3-1-5 所示。

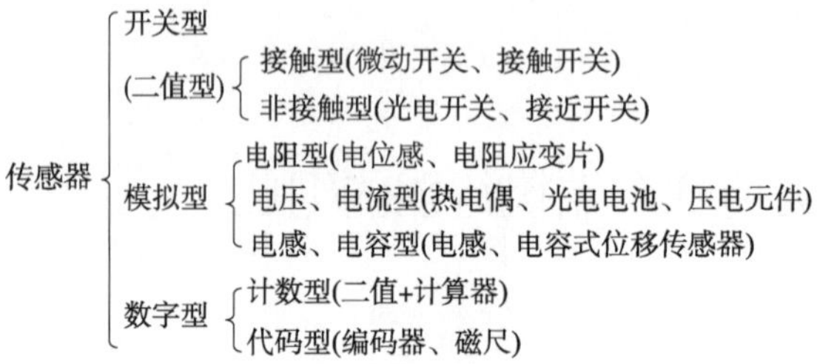

图 3-1-5　传感器类型

机电一体化系统对检测传感器的基本要求为:①体积小、质量轻、对整机的适应性好;②精度和灵敏度高、响应快、稳定性好、信噪比高;③安全可靠、寿命长;④便于与计算机连接;⑤不易受被测对象(如电阻、磁导率)的影响,也不影响外部环境;⑥对环境条件适应能力强;⑦现场处理简单、操作性能好;⑧价格便宜。

位置传感器是机电一体化系统中常用的一种传感器,这种传感器是通过检测,确定是否到达某一个位置的传感器,它可以用一个开关量来表示。

位置传感器可分为接触式和非接触式两种,微动开关是一类接触式位置传感器,当规定的位移或力作用到可动部分(执行器)时,开关的接点断开或接通而发出相应的信号。如图 3-1-6 所示为执行器形状不同的几种限位开关,为保证传感器的精度,执行机构可在 4 ~ 7N 力的作用下产生动作,其中销键按钮式精度最高。

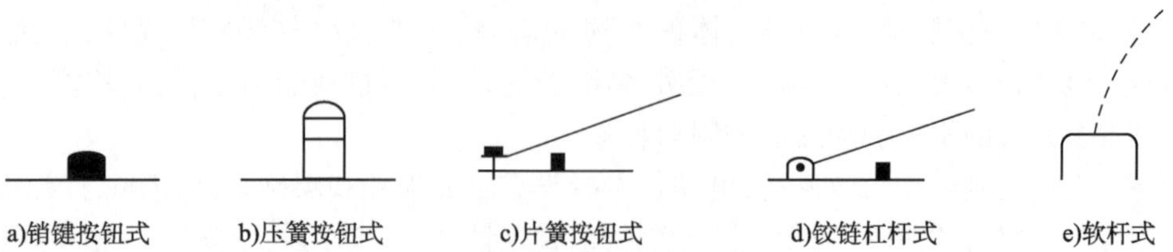

图 3-1-6　几种限位开关

3. 机械结构

机电一体化产品中的机械结构是除了执行元件的所有机械部分的总称，机械结构可以包括传动机构、导向机构和限位机构等。

(1)传动机构：螺旋传动和带传动是较为常用的传动机构，螺旋传动可以将旋转运动转变为直线运动，包括丝杠(螺杆)与螺母组成普通螺旋传动如图 3-1-7 所示，滚珠螺旋传动如图 3-1-8 所示。

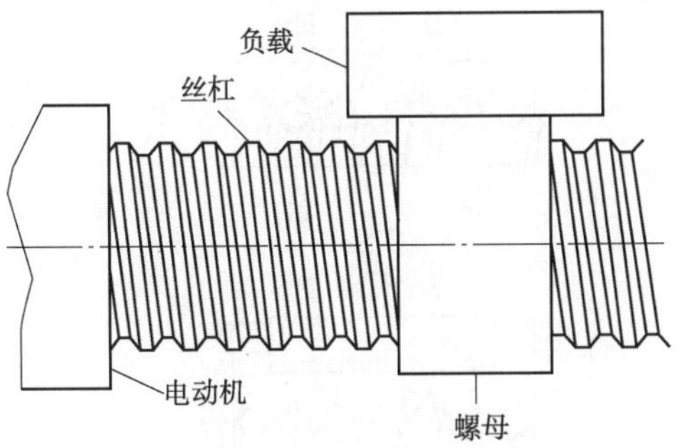

图 3-1-7 丝杠(螺杆)与螺母组成螺旋传动

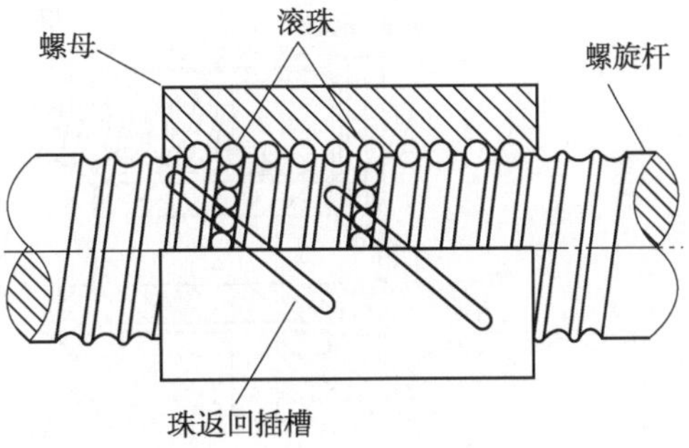

图 3-1-8 滚珠螺旋传动

普通螺旋传动中螺杆与螺母之间为滑动摩擦，按使用要求不同可以分为 3 类。

传力螺旋：以传递动力为主，要求用较小的力矩转动螺杆(或螺母)而使螺母(或螺杆)产生轴向运动和较大的轴向力。

传导螺旋：以传递运动为主，并要求具有很高的运动精度。

调整螺旋：用于调整并固定零件或部件之间的相对位置，调整螺旋不经常转动。

由于普通螺旋传动中螺杆与螺母之间为滑动摩擦，在磨损和精度等方面不能满足一些高精度机电一体化系统的要求。滚珠丝杠螺母副是一种为了克服普通螺旋传动的缺点而发展起来的新型螺旋传动机构。它用滚动摩擦螺旋代替滑动摩擦螺旋，具有磨损小、传动效率高、传动平稳、寿命长、精度高、温升低和便于消除传动间隙等优点。

滚珠螺旋传动是在具有螺旋槽的丝杆与螺母之间装有中间传动元件——滚珠，使丝杠与螺母之间的摩擦由普通螺旋的滑动摩擦变换为滚动摩擦，如图 3-1-9 所示，它由丝杠 3、螺母 2、滚珠 4 和滚珠循环返回装置 1 等 4 个部分组成，当丝杆转动时，带动滚珠沿螺纹滚道滚动。为了防止滚珠沿滚道端面排出，在螺母的螺旋槽两端设有滚珠回程引导装置，构成滚珠的循环返回通道，从而形成滚珠流动的闭合通路。

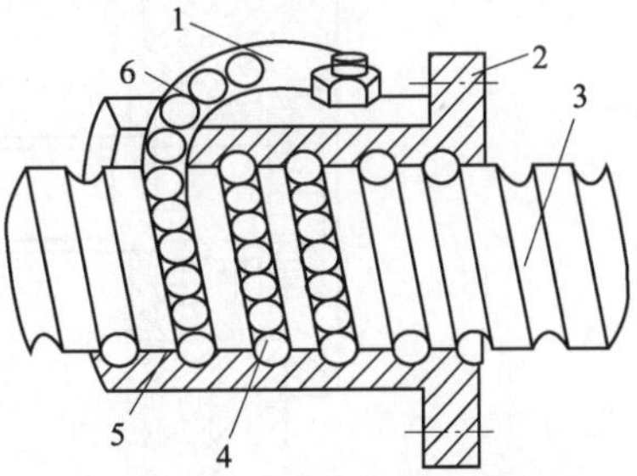

图 3-1-9 滚珠螺旋的传动原理

1-滚珠循环返还装置；2-螺母；3-丝杠；4-滚珠；5-内滚道；6-外滚道

滚珠丝杠副的结构类型如图 3-1-10 所示，可以从螺旋滚道的截面形状、滚珠的循环方式和消除轴向间隙的调整方法进行区别，图 3-1-11 为滚珠丝杠副实物。

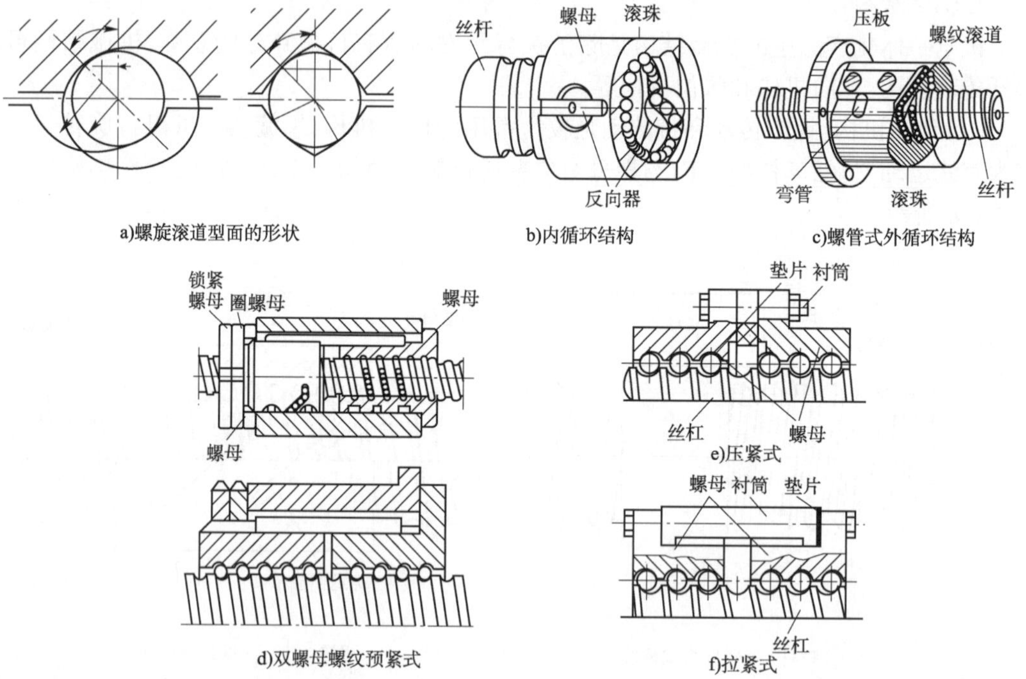

图 3-1-10　滚珠丝杠副的结构类型

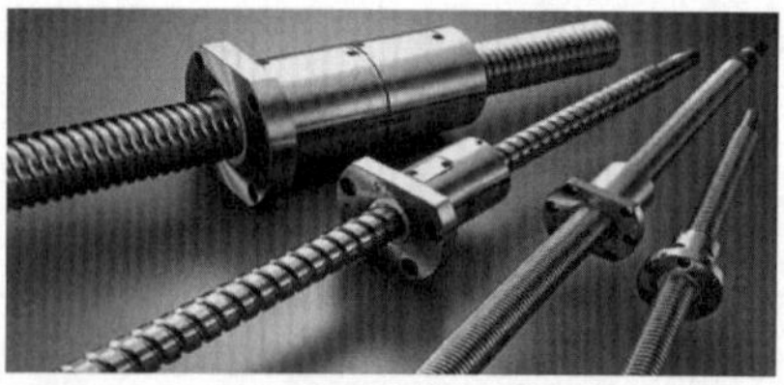

图 3-1-11　滚珠丝杠副

实践证明，丝杠的轴承组合、轴承座以及其他零件的连接刚性不足，将严重影响滚动螺旋副的传动精度和刚度。为了提高轴向刚度，常用推力轴承为主的轴承组合来支撑丝杠。当轴向载荷较小时，也可用角接触球轴承来支撑丝杠，滚动螺旋副支撑方式如图 3-1-12 所示。

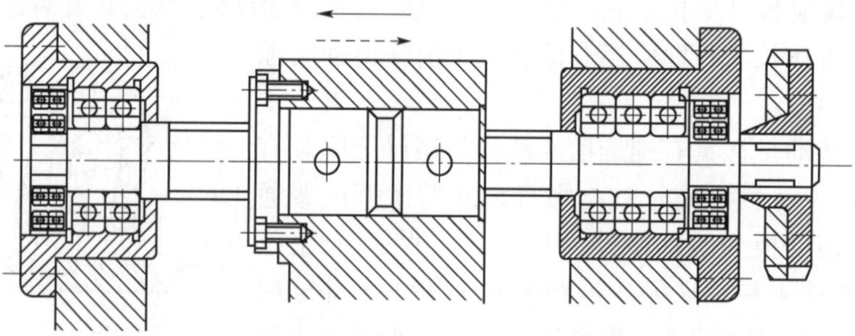

图 3-1-12　轴承组合支撑安装

带传动是另一种常用的、成本较低的动力传动装置，如图 3-1-13 所示。这种传动具有运动平稳、清洁（无需润滑）、噪声低的特点，同时具有缓冲、减振、过载保护的作用，且维修方便。带传动一般是由主动轮、从动轮、紧套在两轮上的传动带及机架组成，利用中间挠性件（传动带），靠摩擦力（或啮合力）传递运动和动力。带传动通常分为平带传动、普通 V 带传动、多楔带传动和同步带传动。

在带传动中，同步带传动靠啮合传递动力和运动。同步带是横截面为矩形、其工作面具有等距横向齿的环形传动带，带轮轮面也制成相应的齿形，工作时靠带齿与轮齿啮合传动，如图3-1-13d）所示。由于带与带轮无相对滑动，能保持两轮的圆周速度同步，故称为同步带传动。

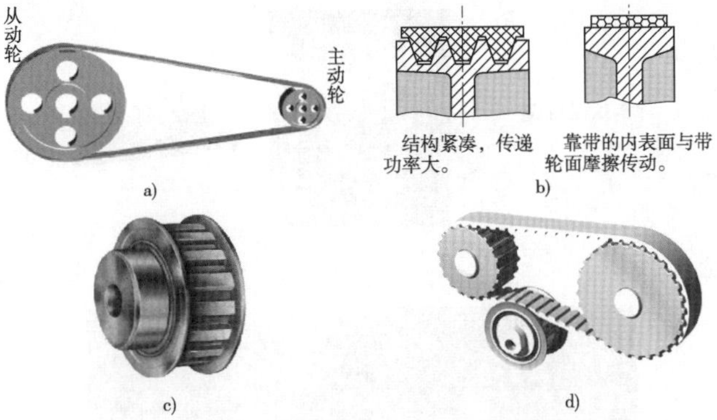

图3-1-13　带传动

它具有如下优点：①传动比恒定；②结构紧凑；③由于带薄而轻、抗拉强度高，故带速可达40m/s，传动比可达10，传递功率可达20.0kW；④效率较高，约为0.98，因而应用日益广泛。它的缺点是带及带轮价格较高，对制造、安装要求高。

（2）导向机构：机电一体化产品的机械结构中导向机构也是重要的组成部分，导向机构的类型很多，如图3-1-14所示。其中直线轴承是一种以低成本生产的直线运动系统，广泛用于电子设备、拉力试验机及数字化三维坐标测量设备等精密设备，以及多轴机床、冲床、工具磨床、自动气割机、打印机、卡片分选机、食品包装机等工业机械的滑动部件。

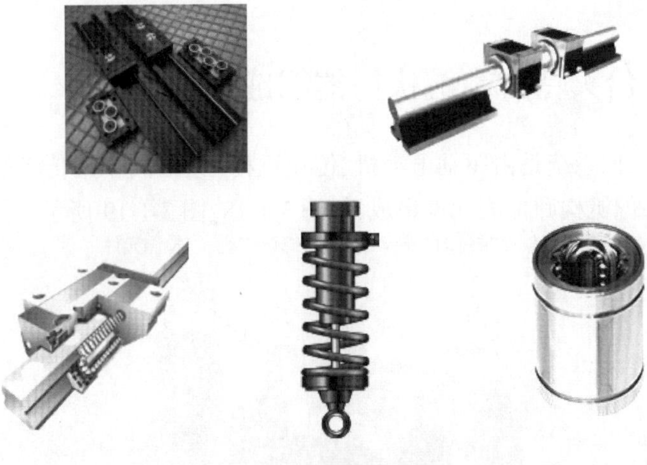
图3-1-14　常见导向机构

如图3-1-15所示，直线轴承在外圈之内装有钢球保持架，保持架装有多个滚珠，滚珠作无限循环运动。保持架的两端以密封垫挡圈固定，在各钢球受力工作的直线轨道方向上设有缺口窗，此部分使受载荷的钢球与轴作滚动接触，用非常低的摩擦系数作相对移动。

4. 执行元件

末端执行器中直接参与定位夹持工件的部分称为执行元件，是系统中的夹持机构。这类元件通常有V块、滑块、电磁铁、真空吸盘、电磁吸盘、电永磁吸盘、三爪卡盘、自适应机构、双臂并联操作等，如图3-1-16所示。另外也可以尽情发挥想象力，想象装满咖啡豆的气球，把气球抽真空，咖啡豆就会互相咬合，可以抓起物体，再进气时物体就可以被放下，如图3-1-17所示。

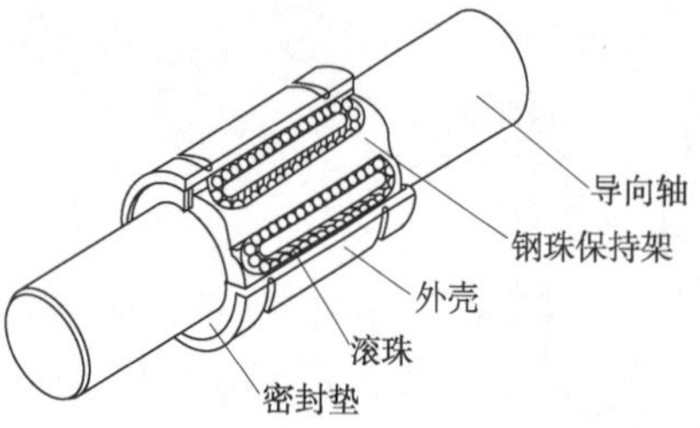

图3-1-15　直线轴承的结构

图3-1-16　夹持机构

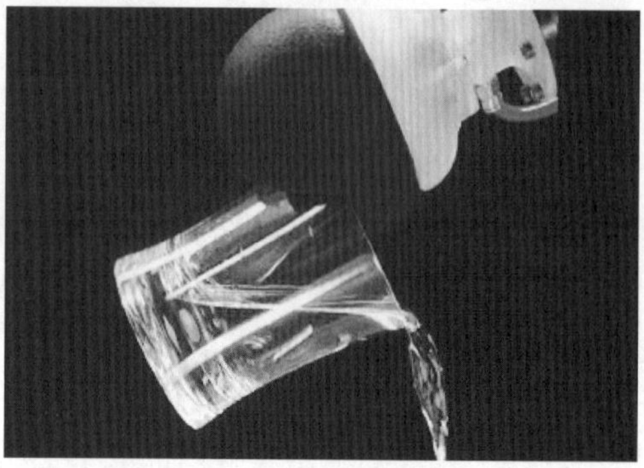

图3-1-17　创意夹持机构

任务实施

一、机电结合夹持式末端执行器组成及结构

观察视频可知，该系统是由驱动电动机、传动机构（包括同步带传动和螺旋传动）、导向机构、夹持机构、限位机构和检测元件组成，如图3-1-18、图3-1-19所示。

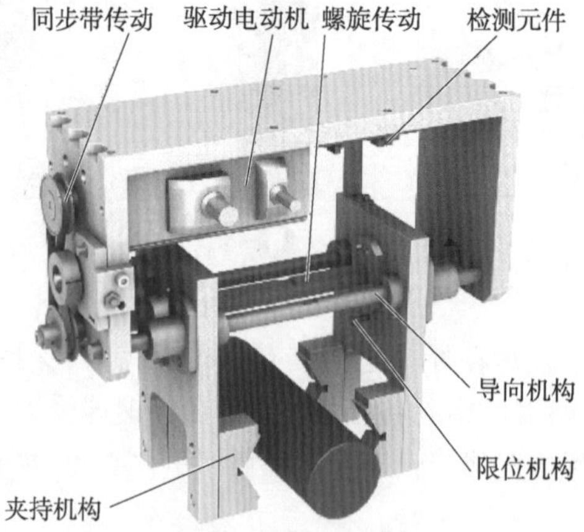

图3-1-18　机电结合夹持式末端执行器组成

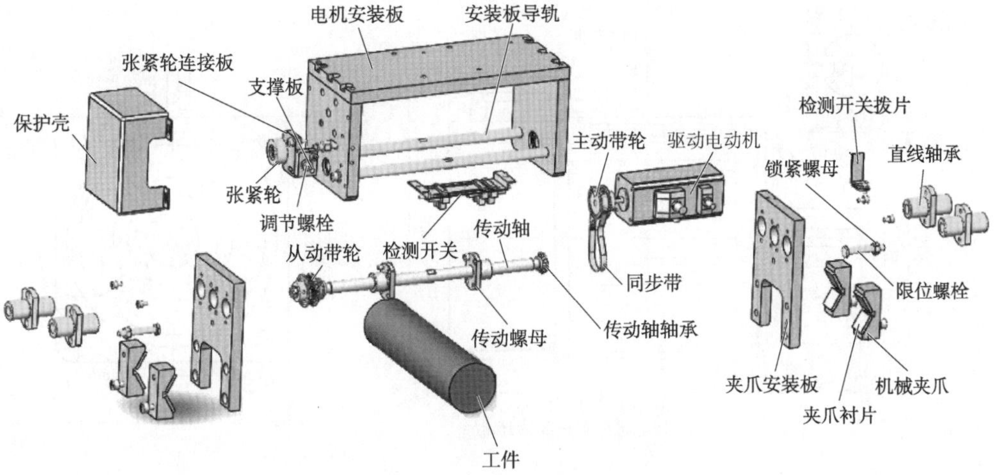

图 3-1-19　机电结合夹持式末端执行器零件名称

二、机电结合夹持式末端执行器各组成部分

1. 驱动电动机

由视频可知驱动电动机驱动带传动的主动轮产生旋转运动，两者之间的位置关系如图 3-1-20 所示，驱动电动机安装部分如图 3-1-21 所示。

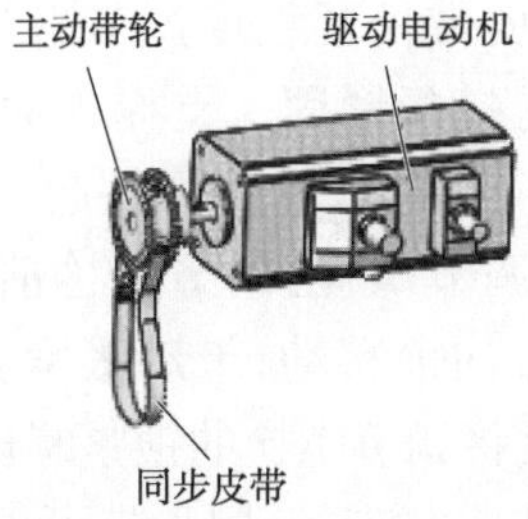

图 3-1-20　驱动电动机与带轮之间的位置关系

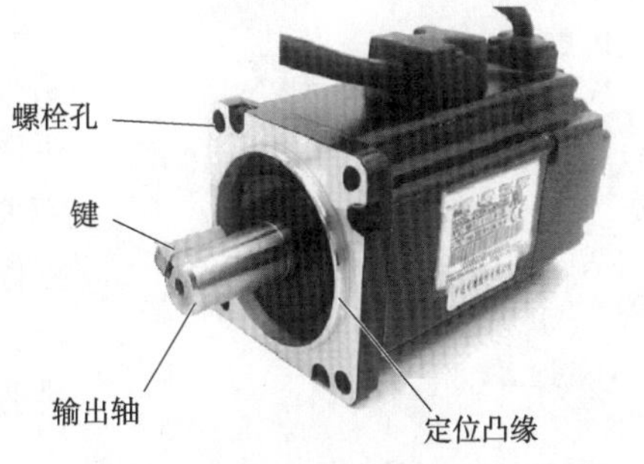

图 3-1-21　驱动电动机安装部分示意图

驱动电动机安装尺寸（图 3-1-22）：

螺栓孔径：4 － ϕ6mm

输出轴直径：ϕ19h7

螺栓孔分布圆直径：ϕ90mm

轴头螺纹孔：M5 ×22mm

定位凸缘直径：ϕ70h7

定位凸缘高度：3mm

键尺寸：见 *A*—*A* 视图

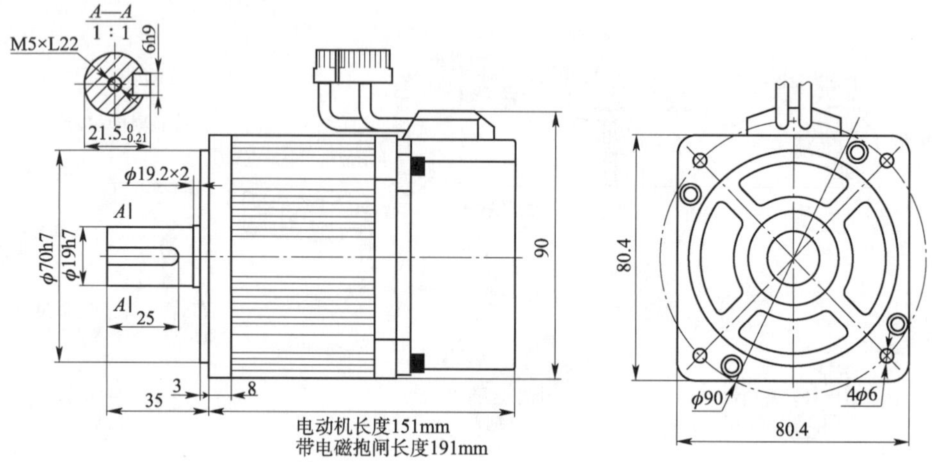

图 3-1-22　驱动电动机安装示意图(尺寸单位:mm)

2. 同步带传动

(1)张紧机构:张紧机构需要根据执行器的结构要求进行设计,观察视频可知,该机构由张紧轮、张紧轮连接板、支撑板、调节螺栓组成。如图 3-1-23 所示,张紧轮安装在张紧轮连接板上,张紧轮连接板上有两个长孔,通过螺栓与夹具体上对应的螺纹孔拧在一起,这样就将连接板固定在夹具体上。采用长孔的目的是为了使连接板沿长孔方向有一定的串动量,通过调节螺栓可带动张紧轮前后移动,调节皮带的松紧程度。当皮带松紧程度调节合适后,拧紧连接螺栓,将连接板紧固。支撑板通过两个螺栓与夹具体对应的螺纹孔拧在一起。张紧时拧进支撑板上的调节螺栓,调节螺栓前端顶动连接板,使连接板向前移动,带动张紧轮前移,将皮带张紧,然后将调节螺栓的锁紧螺母拧紧。

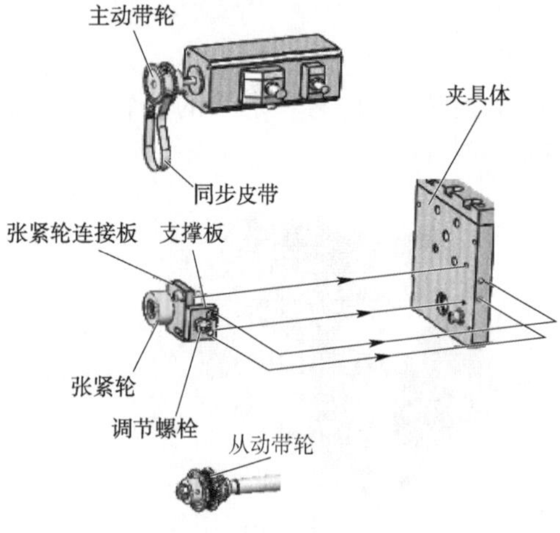

图 3-1-23　张紧机构

(2)同步带与带轮:同步带可以分为单面齿带和双面齿带,如图 3-1-24、图 3-1-25 所示。单面齿带用于张紧轮采用光面轮的情况,双面齿带用于张紧轮采用同步带轮的情况。

图 3-1-24　单面齿带

图 3-1-25　双面齿带

按照齿形分类可以分为圆弧齿和T型齿，参数为Pb（节距）、ht（齿高）、hs（齿厚），如图3-1-26所示。

图3-1-27为带轮参数（示例）：

外径：ϕ162mm

齿面宽度：11mm

总长：25mm

内孔直径：ϕ10mm

台阶直径：ϕ50mm

顶丝：2×M5-90°（间隔90°）

带轮两侧有挡边，防止同步带在运转过程中从带轮上脱出。带轮台阶部分钻有顶丝螺纹孔，可通过顶丝将带轮与电动机输出轴固定。

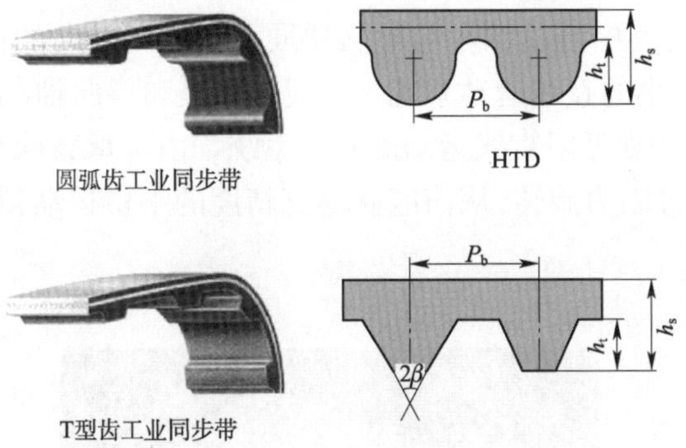

图3-1-26　同步带参数

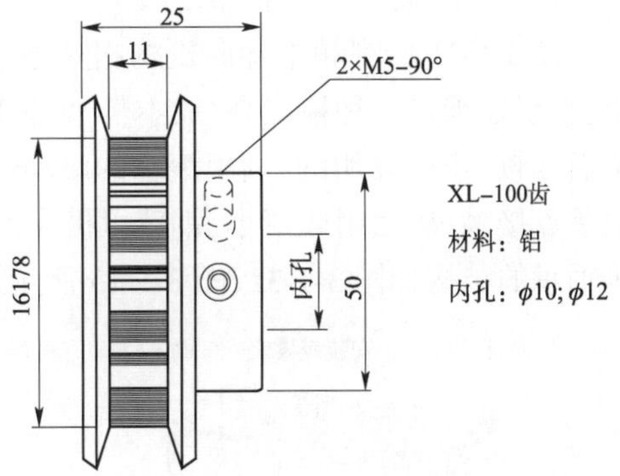

图3-1-27　带轮参数（尺寸单位：mm）

3. 螺旋传动

该系统采用滚珠螺旋传动，图3-1-28为视频案例中滚珠螺旋传动机构。

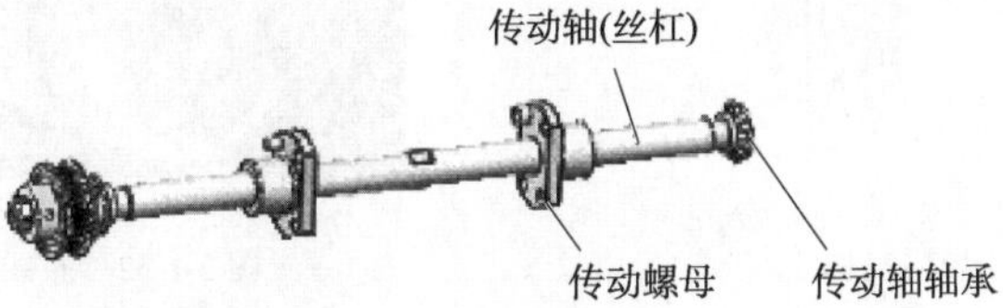

图3-1-28　滚珠螺旋传动机构

图3-1-29为传动螺母的结构，在螺母2的外圆柱表面上，铣出螺旋凹槽，槽的两端钻出两个通孔，与螺旋滚道相切，螺旋滚道内装入两个挡珠器4，引导滚珠3通过这两个孔，同时用套筒1盖住凹槽，构成滚珠的循环回路。

由视频可知，在执行器的螺旋传动机构中，要求两个螺母产生方向相反的运动，带动两个夹爪相向运动，产生夹紧动作。因此，在丝杠的两端，分别做出两个反向的滚珠螺旋传动机构，如图3-1-28所示，当丝杠按照同一方向旋转时，可以使两个移动的螺母产生对中夹紧动作。该机构的工作原理如图3-1-30所示，丝杠两端螺旋方向相反，左端为右旋方向，右端为左旋方向，因此，当丝杠顺时针旋转时，左边螺母向右运动，右边螺母向左运动。

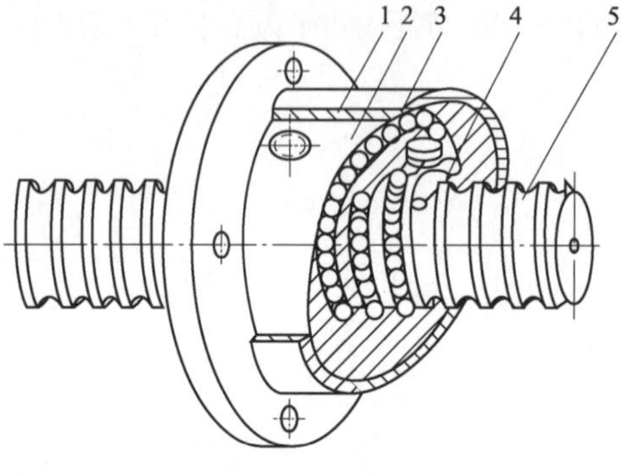

图 3-1-29　传动螺母的结构(螺旋槽式外循环结构)
1-套筒;2-螺母;3-滚珠;4-挡珠器;5-丝杆

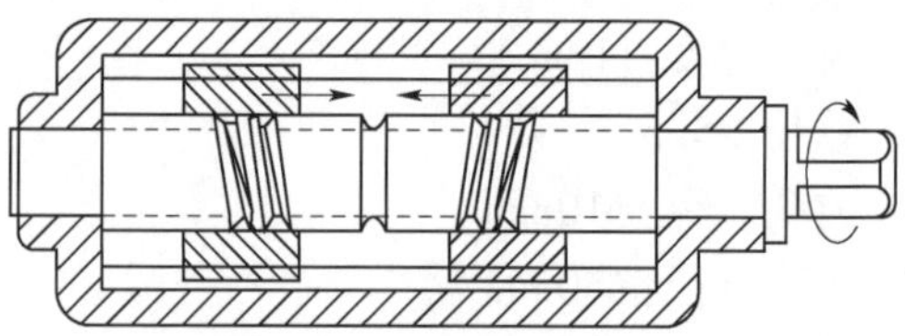

图 3-1-30　反向双螺旋传动工作原理

4. 导向机构——直线轴承

图 3-1-31 为视频中导向机构相关零部件,其中直线轴承与导轨协同工作起到导向的作用,直线轴承是一种精度高、成本低、摩擦阻力小的直线运动系统。直线轴承是和导向轴(安装板导轨)组合使用的,利用滚珠的滚动运动实现无限直线运动的直动系统。由于承载球与轴呈点接触,故使用载荷小,钢球以极小的摩擦阻力旋转,从而能获得高精度的平稳运动,直线轴承的结构如图 3-1-32、图 3-1-15 所示。

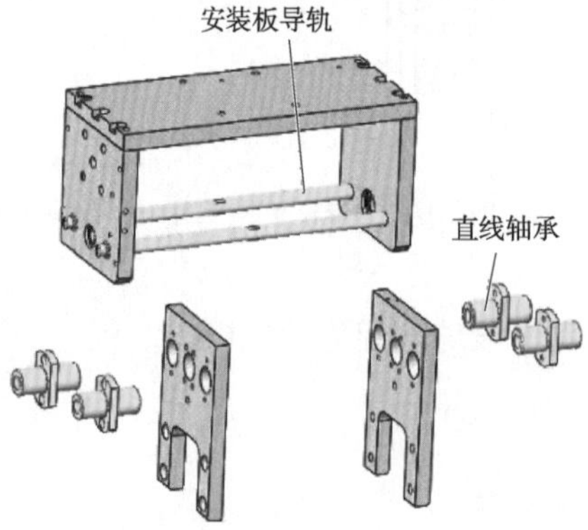

图 3-1-31　导向机构

图 3-1-32　直线轴承内部结构

5. 夹持机构

夹持机构有多种类型,较常用的有直线平行开合型、圆弧平行开合型、圆弧开合型等。直线平行开合型这类夹持器两手指的运动轨迹为直线,且两指夹持面始终保持平行,如图 3-1-33 所示(视频案例)。

圆弧平行开合型两手指工作时作平行开合运动,而指端运动轨迹为一圆弧如图 3-1-34 所示,采用平行四边形传动机构带动手指,在夹持时,推杆向下运动,指端在夹紧的同时向上后退;圆弧开合型如图 3-1-35 所示,活塞杆向右伸出,在杠杆带动下,手指指端的夹紧运动轨迹为圆弧;选择何种夹持机构要依据所夹持工件的特点及工作要求。

6. 限位机构

有时,由于机器人程序出错,或者被抓取的工件没有及时补料,会导致执行器抓空的情况(未抓到工件)。为了防止在这种情况下,夹爪直接碰撞造成损伤,需设计限位机构,如图 3-1-36 所示。

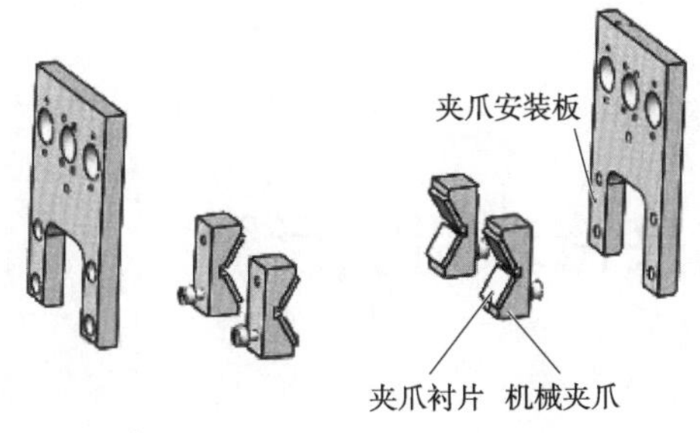

图 3-1-33 直线平行开合型夹持机构

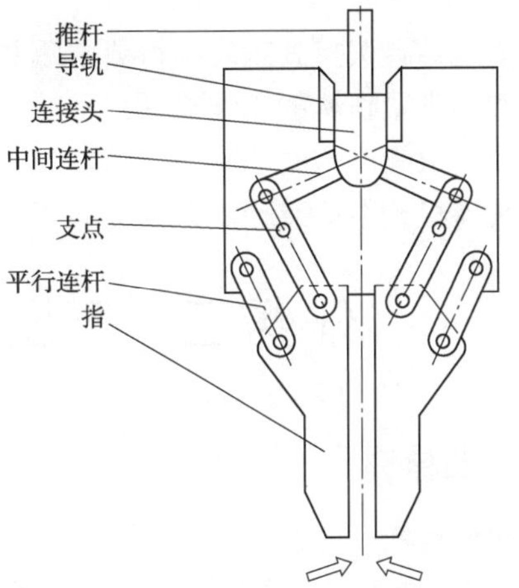

图 3-1-34 圆弧平行开合型夹持机构

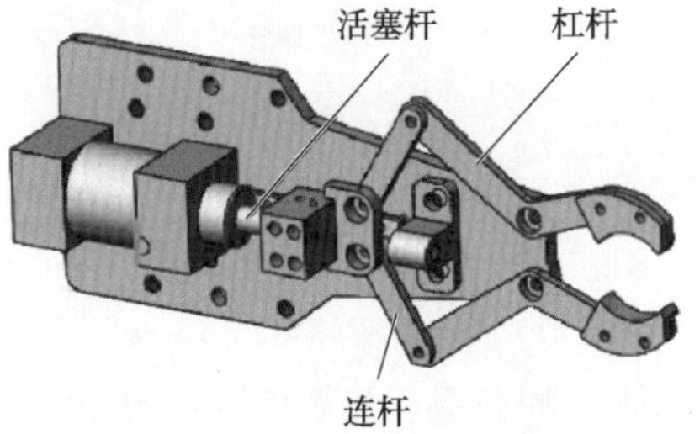

图 3-1-35 圆弧开合型夹持机构

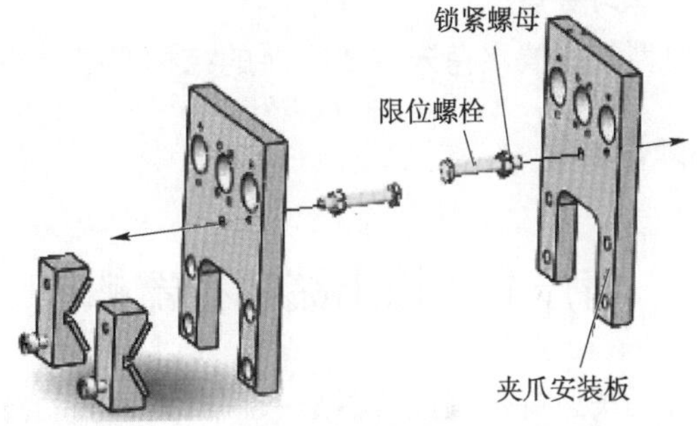

图 3-1-36 限位机构

视频案例中,限位螺栓分别固定在两侧夹爪安装板上,当出现抓空情况时,螺栓端部接触止动,从而防止夹爪直接碰撞。通过调整螺栓伸出长度,来调整两侧夹爪在抓空时的限位间距。

7. 检测元件

有时,由于机器人程序出错,或者被抓取的工件没有及时补料,会导致执行器抓空的情况(未抓到工件)。在这种情况下,需要通知上位机(控制器 PLC),控制机器人重复抓取动作,直到抓到工件为止,或者重复一定次数后,若还未抓到工件,程序停止运行并报错,检测元件如图 3-1-37 所示。

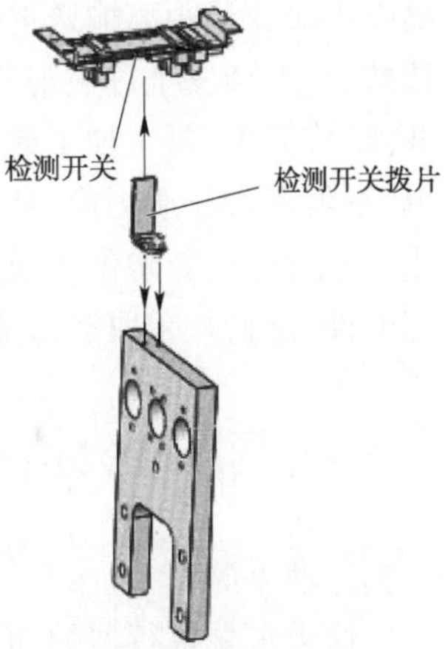

图 3-1-37 检测元件

视频案例中,将检测开关拨片与一侧夹爪安装板固定在一起,随夹爪安装板一起移动。当出现抓空情况时,夹爪安装板运动距离就会超出行程,此时,检测开关拨片触碰检测开关触点,使检测电路闭合,给控制器送去一个抓空(超程)信号,控制器随后控制机器人进行补救动作,或者报错。

主题讨论

1. 机电结合夹持式末端执行器由哪些部分组成?
2. 叙述张紧机构的工作原理。
3. 反向双螺旋传动的作用有哪些?
4. 夹持机构中安装检测元件的必要性有哪些?

任务二　气压式夹持末端执行器

学习目标

1. 知识目标

(1)掌握典型气压式夹持末端执行器的工作原理;

(2)掌握典型气压式夹持末端执行器的结构。

2. 学习重点

典型气压式夹持末端执行器的结构及各组成部分的作用。

知识准备

一、气压式夹持末端执行器概述

气压式夹持末端执行器是一款机械和气动技术一体化的产品,这类产品一般由动力源、传感器、机械结构、执行元件组成。系统的各组成部分必须无缝地协同工作,以执行其职能,对它们的选择必须考虑工程和经济两方面。

气压传动的优点是工作介质取之不尽,无污染;环境适应性好,安全性高;工作介质易于集中供应及远距离输送;控制动作迅速,反应快,可短时间达到所需压力与速度,允许一定超载情况,不会发生过热现象;当工件被夹紧后,执行元件持续保持作用力不易产生位移,耗能低;结构简单,易于加工制造,使用寿命长,可靠性高,适于标准化、系统化、通用化;维护简单,不需考虑介质更换、补充等问题。缺点是空气压缩性大,导致气缸速度随负载变化而变化,稳定性差,影响位置及速度控制精度;气动系统压力级不高,总输出力不大;工作介质无润滑性,需另外采取润滑措施;噪声大。

二、气压式夹持末端执行器组成

1. 动力源

这类末端执行器的动力源是气缸,气缸是气压传动系统的执行元件,气压传动系统(如图 3-2-1 所示)包括以下 4 个部分:气源处理部分、气动控制部分、执行元件部分、辅助部分。

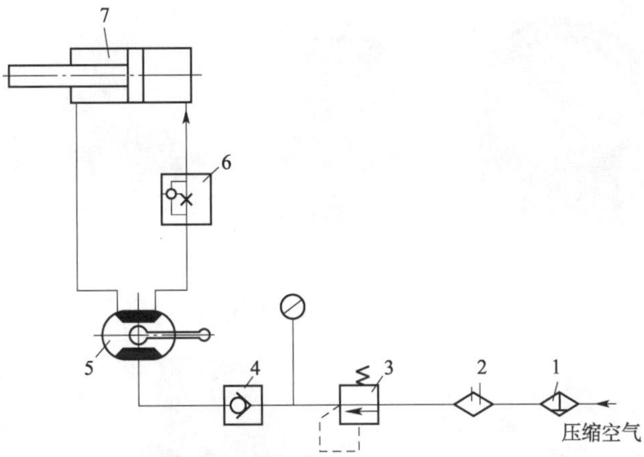

图 3-2-1 气压传动系统的组成

1-水分过滤器;2-油雾器;3-调压阀;4-单向阀;5-分配阀;6-节流阀;7-气缸

气源处理部分包括水分过滤器、调压阀和油雾器,俗称气动三大件。其目的是将由空气压缩机站通过管道传来的压缩空气,进行过滤、调整压力、加入油雾,以使气缸润滑。气动三大件由专业的气动元件厂生产,设计中选用即可,如图 3-2-2 所示。

对于气动控制部分,若气动系统上有多个气缸(如各气缸有顺序、压力或换向等要求)时,才需要各种控制阀。如系统上只有 1、2 个气缸,则不需要此部分或结构也极为简单,各种控制阀选用后均可到专业的气动元件厂采购,如图 3-2-3 所示。

图 3-2-2 气动三大件

图 3-2-3 气动控制阀

气动系统的执行元件即气缸如图 3-2-4 所示,是气动系统设计中的核心部分,也是气动系统设计的重点。气动系统的辅助部分包括管路、接头、压力表及消声器等,主要起连接、测量、消声等作用。由于气动夹具的气压传动较为简单,且上述元件均能由市场采购或公司订购,如图 3-2-5 所示,所以设计和安装上都不会有什么不易解决的问题。

2. 机械结构

机械结构负责将动力源产生的运动传递到系统的执行元件最终实现工件的抓取。常用的机械结构有齿轮传动、连杆机构、导向机构、同步运动机构等,如图 3-2-6 所示。

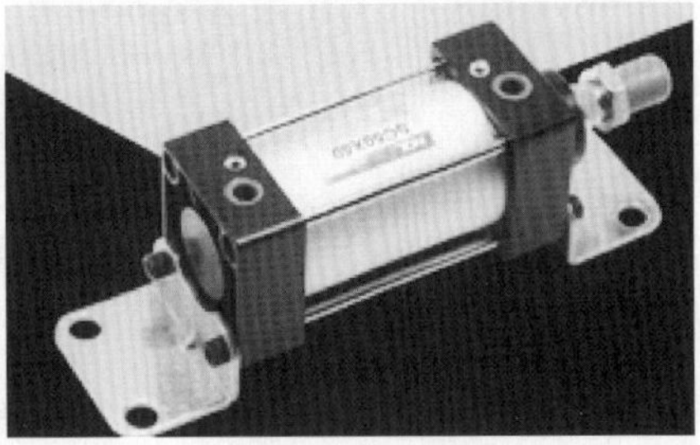

图 3-2-4 气缸

a)普通压力表　　b)管接头　　c)NSL 铜质消声器

图 3-2-5　辅助元件

a)导向机构　　b)齿轮齿条传动　　c)连杆机构

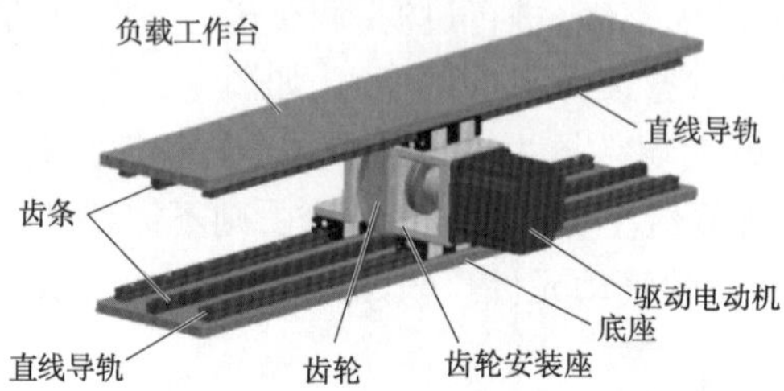

d)带导向的同步运动机构

图 3-2-6　常见机械结构

3. 执行元件

末端执行器中直接参与定位夹持工件的部分称为执行元件。这类元件通常有 V 块、滑块、电磁铁、真空吸盘、电磁吸盘、电永磁吸盘、三爪卡盘、自适应机构、双臂并联操作(图 3-2-7)等,另外也可以尽情发挥想象力(图 3-2-8)。

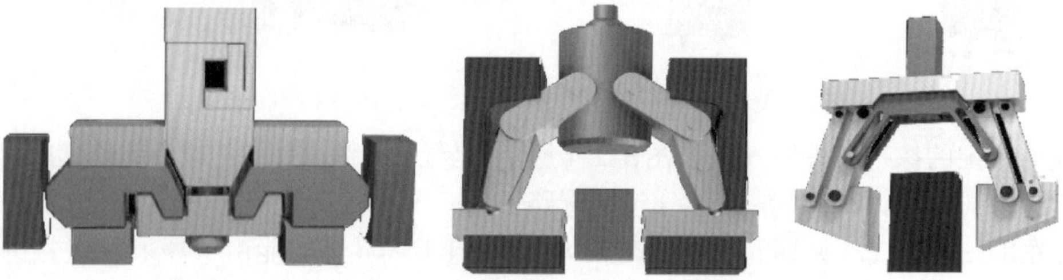

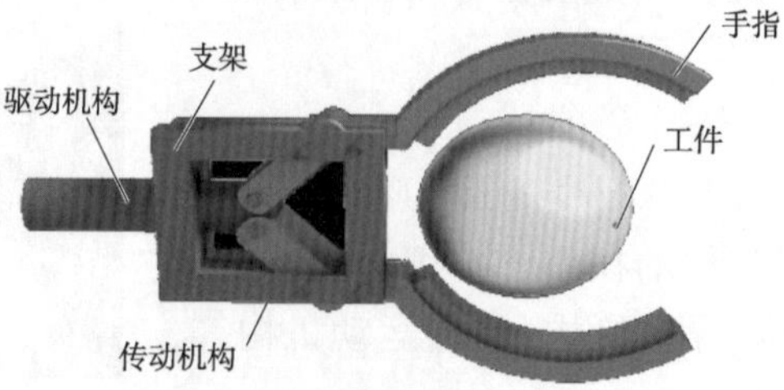

图 3-2-7　双臂并联操作机构

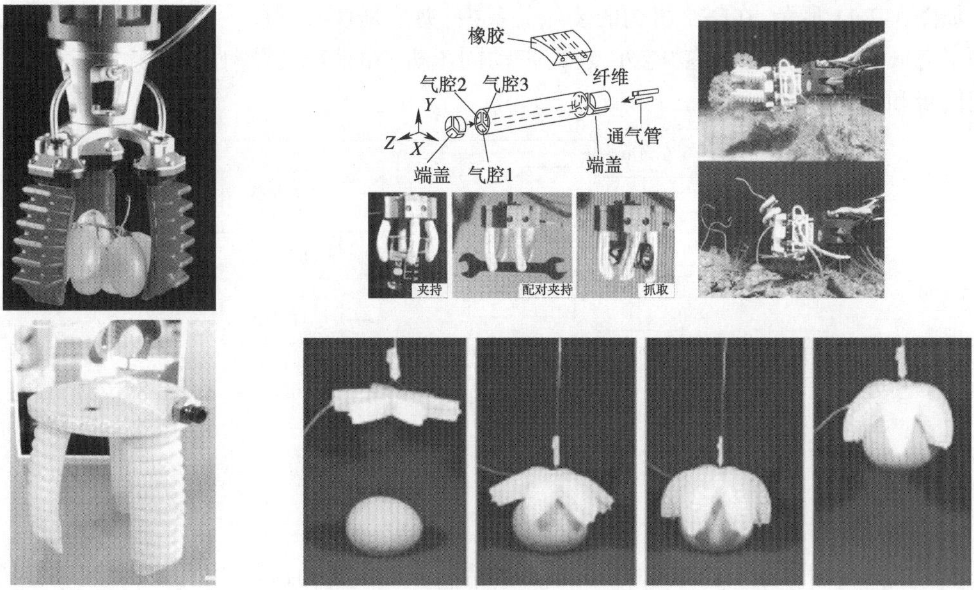

图 3-2-8 软体抓手

任务实施

一、气压式夹持末端执行器的组成及结构

该末端执行器包括气动元件、夹持机构、同步机构、导向机构 4 部分，如图 3-2-9 所示。气动元件即气缸，是系统的动力源；夹持机构在气缸的带动下，完成夹持动作，与工件直接接触，俗称“夹爪”；同步机构保证左右夹爪同步合拢，完成对工件的夹紧；导向机构对夹爪起到支撑和运动导向作用。各部分所包含的零件如图 3-2-10 所示，分别为：气动元件即气缸；夹持机构包括夹爪，锁紧螺母；同步机构包括齿轮（1 个），齿条（2 个）；导向机构包括滑板和直线导轨（2 套）。

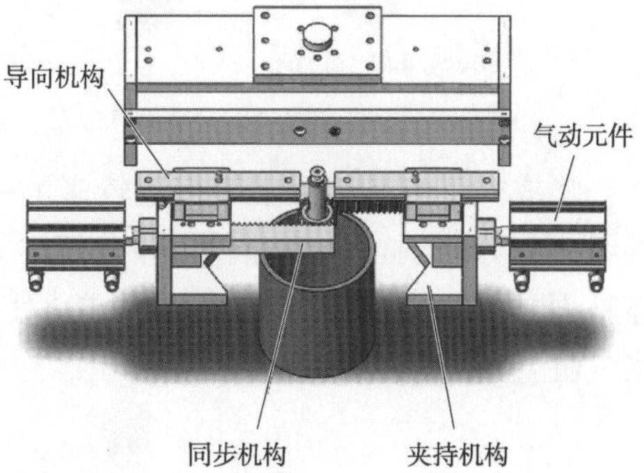

图 3-2-9 气压式夹持末端执行器的组成

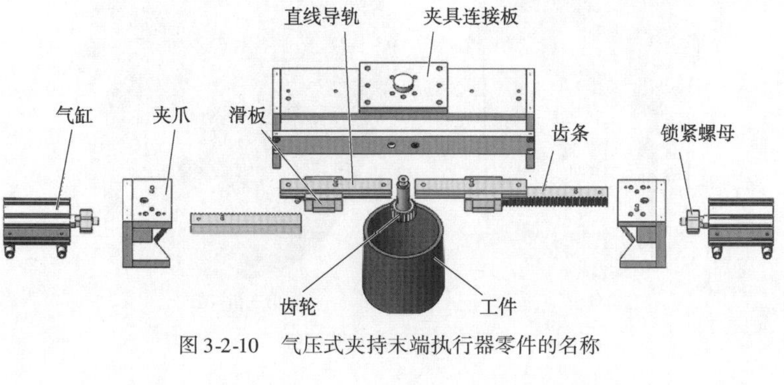

图 3-2-10 气压式夹持末端执行器零件的名称

如图 3-2-11 所示，在整个机构的装配关系中，夹爪是核心零件。气缸推动夹爪运动，夹爪除了完成本身承担的夹持功能外，还需带动同步机构的齿条、导向机构的滑板运动，从而实现同步和导向功能。

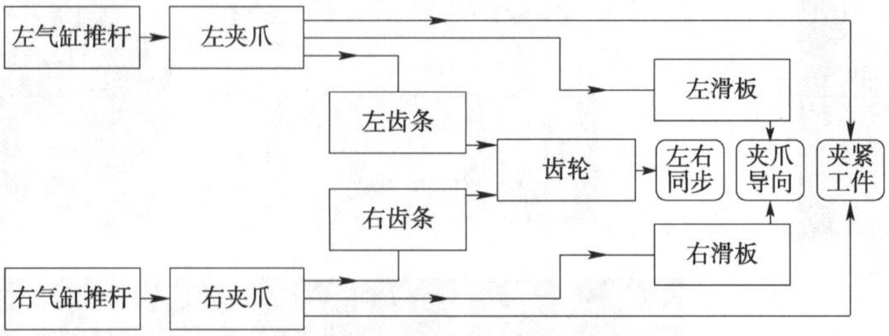

图 3-2-11　机构的装配关系

二、气缸

气缸气压传动中将压缩气体的压力能转换为机械能的气动执行元件，应用最多的是往复直线运动气缸。比较典型的气缸是标准气缸和双杆气缸，如图 3-2-12 所示。单活塞杆是标准气缸，可以产生往复直线运动；双杆气缸，由于有两根活塞杆，因此直线运动的导向性好，用于要求推送位置精确的场合。拧紧锁紧螺母，将活塞杆与夹爪紧固在一起，如图 3-2-13 所示。

a)单活塞杆气缸　　b)双杆气缸

图 3-2-12　典型气缸图

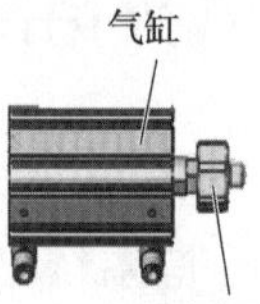

图 3-2-13　活塞杆的固定

集成式气缸是工程上用得比较多的一种气缸，这类气缸是将气压式夹持末端执行器的各组成部分（气缸、夹持、同步、导向机构等）集成在一个很小的壳体中，只有夹爪部分露在壳体外面，体积小、安装简便，高度集成化使得执行器的故障率低，成本下降。比较典型的有两指气缸、三指气缸，如图 3-2-14 所示。三指气缸主要用于夹持圆形工件。目前，一般气缸都

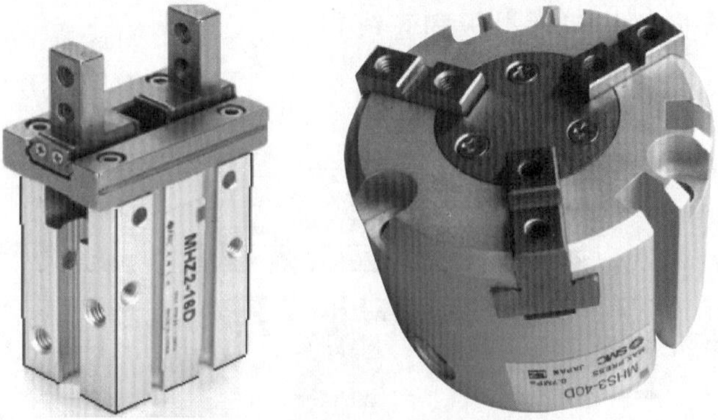

a)二指气缸　　b)三指气缸

图 3-2-14　集成式气缸

实现了双向进、排气，也就是可以完成向内夹紧和向外撑开的两种夹持动作，集成式气缸型号及参数如图 3-2-15 所示。

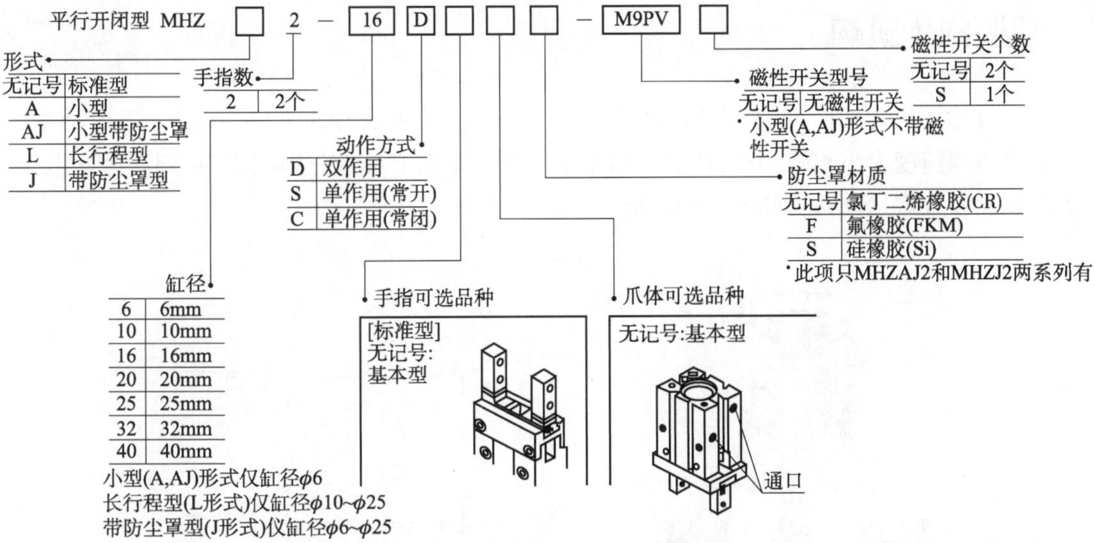

图 3-2-15 集成式气缸型号及参数

参数中磁性开关的作用是当活塞运动到极限位置时，发出信号给控制器，说明夹爪抓空，没有抓到工件，磁性开关如图 3-2-16 所示。

三、夹持机构

1. 双气缸夹持机构

在本项目视频案例中，如图 3-2-17 所示，左右夹爪分别由各自的气缸推动，这适合于夹持体积或质量较大的圆形零件，需要较大夹持力的情况。

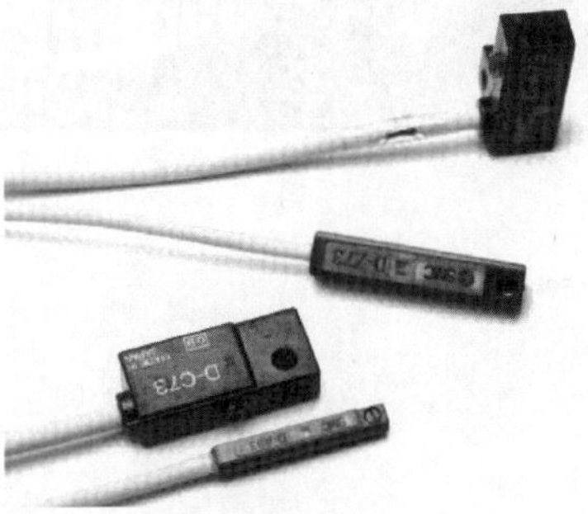

图 3-2-16 磁性开关

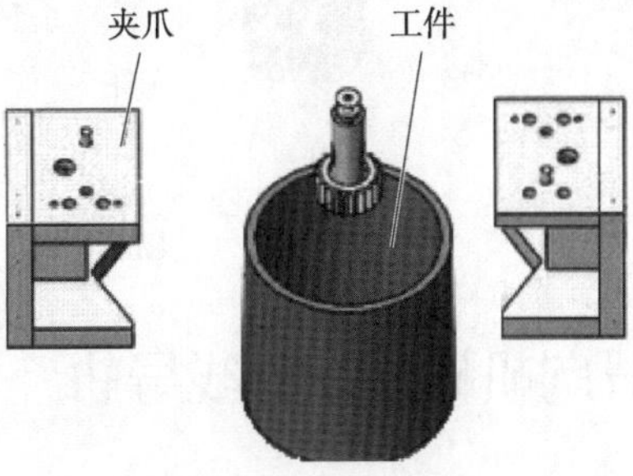

图 3-2-17 双气缸夹持机构

2. 单气缸夹持机构

在夹持体积质量较小的工件时，夹持机构可由一个气缸推动，如图 3-2-18 所示。活塞 1

向上运动时,通过齿轮齿条机构带动左右齿轮 3 分别逆时针和顺时针旋转,再通过连杆机构 4 带动左右夹爪 5 向里收拢。

四、同步机构

设齿轮转速为 n(r/min),齿条直线运动速度 v_1,v_2,两齿条的运动方向如图 3-2-19 所示,上下齿条的速度大小相等,方向相反。由于上下齿条与上下夹爪分别固定在一起,因此上下夹爪以同样方式运动,达到同步目的,如图 3-2-20 所示。

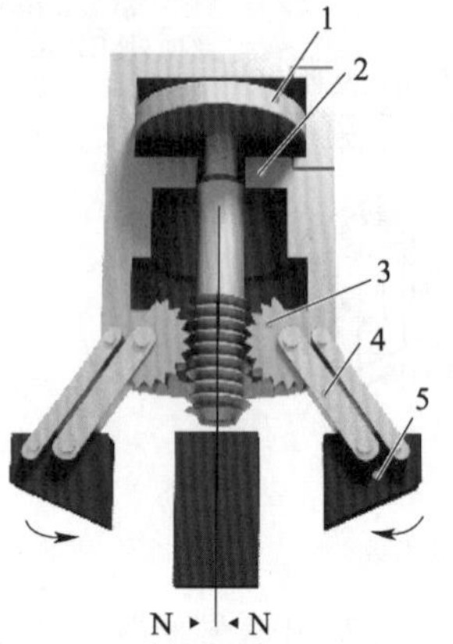

图 3-2-18　单气缸夹持机构

1-活塞;2-夹持机构;3-左、右齿轮;4-连杆机构;5-左、右夹爪

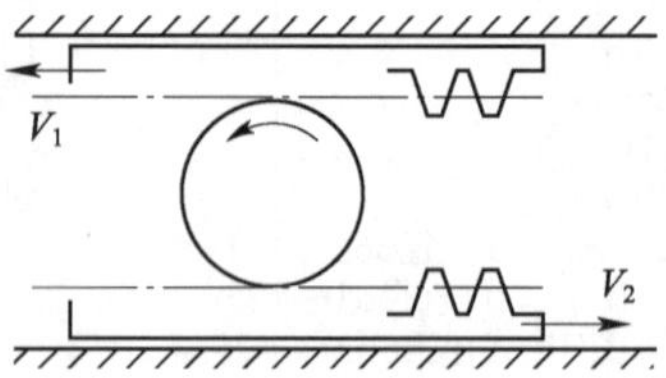

图 3-2-19　同步机构工作原理

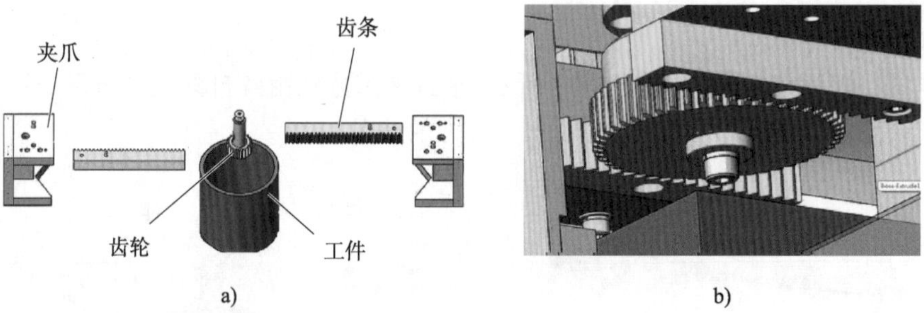

图 3-2-20　同步机构结构图

五、导向机构——直线导轨

直线导轨一般采用滚动导引形式,由钢珠在滑块和导轨之间无限滚动循环, 从而使负载平台沿着导轨轻松地高精度线性运动,将摩擦系数降至传统滑动导引机构的 1/50,具体结构如图 3-2-21 所示,图 3-2-22 为常用的直线导轨形式,图 3-2-23 和表 3-2-1 为直线导轨的主要安装尺寸及主要参数。

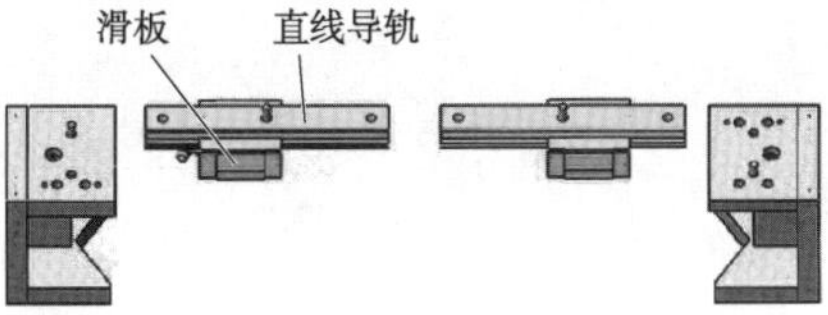

图 3-2-21　导向机构

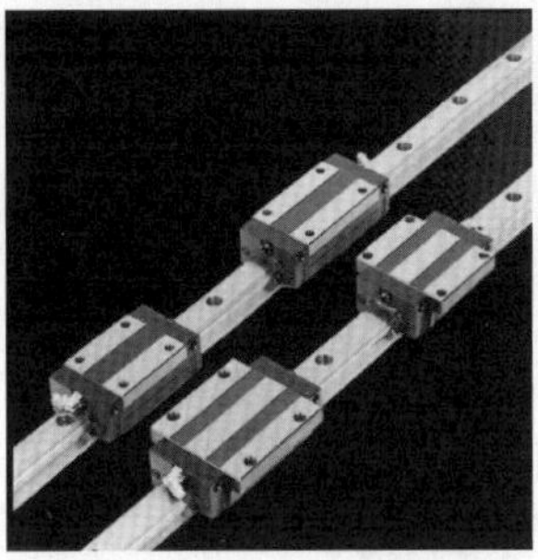

图 3-2-22　直线导轨

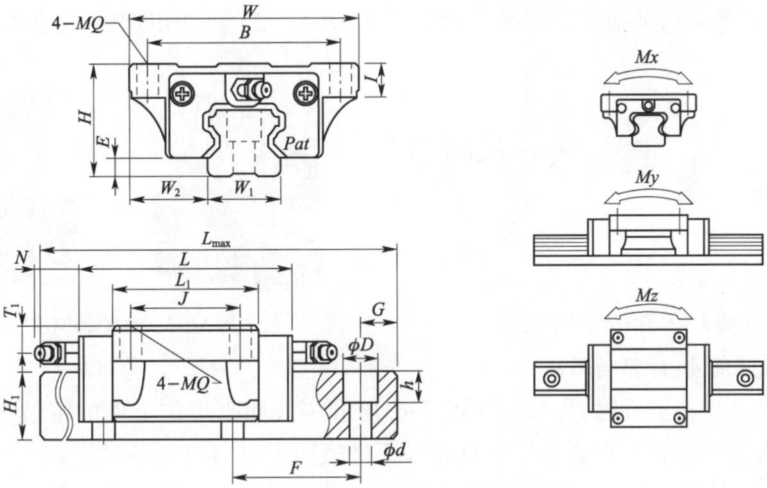

图 3-2-23　直线导轨的主要安装尺寸

直线导轨的主要安装尺寸和主要参数　　表 3-2-1

平台安装孔位置尺寸	c、B	导轨安装孔位置	E
平台台面尺寸	L、W	额定载荷	10～300kN
导轨总高	H	允许静力矩	M_r、M_p、M_y

主题讨论

1. 气压式夹持末端执行器的组成有哪几部分？
2. 气压式夹持末端执行器的工作原理有哪些？

任务三　吸附式末端执行器

学习目标

1. 知识目标

(1) 掌握典型吸附式末端执行器的工作原理；
(2) 掌握典型吸附式末端执行器的结构。

2. 学习重点

典型吸附式末端执行器的结构及各组成部分的作用。

知识准备

一、吸附式末端执行器概述

1. 吸附式末端执行器的适用范围

机器人使用的吸附式末端执行器实际上属于真空夹具这一大类，当零件材料不是黑色金属和非磁性材料时，不可能采用磁力夹紧；如果遇到形状复杂难以夹持的工件，如各种复杂的曲面又没有其他合适的表面可用作夹紧；需要加工精度较高的薄壁零件；上述这些情况下，采用真空夹具是一种很好的选择，如图3-3-1、图3-3-2为常用的吸附式末端执行器。

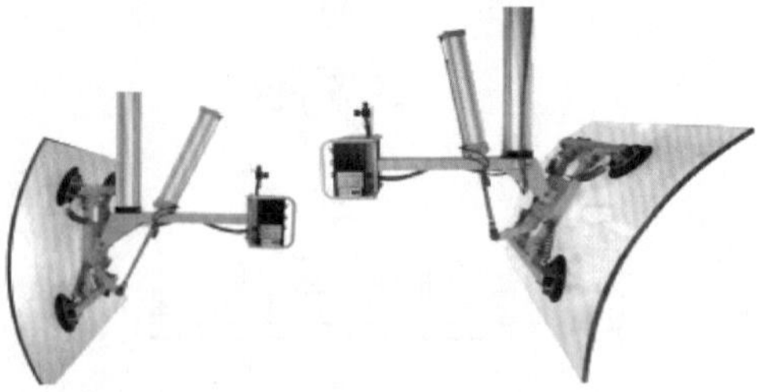

图3-3-1 卧立翻转吸盘机

图3-3-2 垂直旋转吸盘机

2. 吸附式末端执行器的特点

用真空夹具夹持工件时，大多数情况下都由同一表面来用作工件的定位和夹紧。真空夹具的特点为：结构简单，夹紧力均匀分布在工件表面上，单位面积夹紧力小，一般为7～8N(0.7～0.8kgf)，抽出空气后其冷却作用有助于减少热变形，使用维护方便。由于航空工业中所采用的材料大都是各种铝合金，因此真空夹具较多用于飞机制造。

3. 真空系统的工作原理

如图3-3-3所示，当起动真空泵1时，真空罐2就被抽成真空，通过控制阀4和真空吸盘(夹具)相连通就将吸盘内腔抽成了真空状态，在大气压力作用下将板状工件7吸紧在吸盘上。紧急断路开关6与机床总停开关相连锁，当真空度低于规定值时，机床紧急停止以防发生事故。工作完毕后，将控制阀4扳向另一位置和大气相通，工件就自行松开。

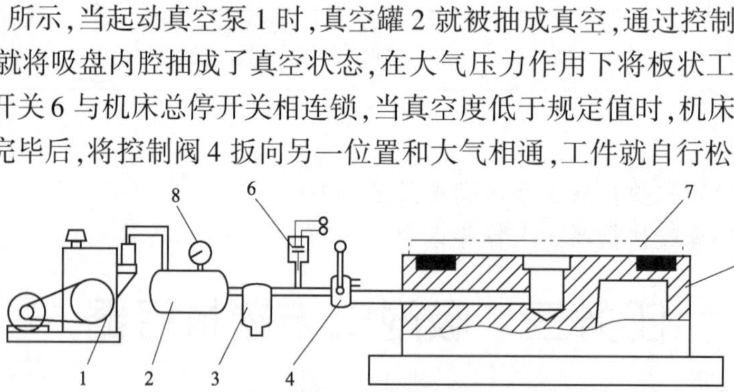

图3-3-3 真空夹具的真空夹紧系统和工作原理

1-真空泵；2-真空罐；3-空气滤清器；4-控制阀；5-真空吸盘(夹具)；6-紧急断路开关；7-板状工件；8-真空表

二、吸附式末端执行器的组成

吸附式末端执行器是一款机械和气动技术一体化的产品，这类产品一般由动力源、传感器、机械结构、气动系统、执行元件组成。系统的组成部分必须无缝地协同工作，以执行其职能。对它们的选择必须考虑到工程和经济两方面。

1. 动力源

真空发生装置为吸附式末端执行系统的动力源装置。依据使用场合不同真空发生装置可以为多种形式，经常使用的形式有真空泵和真空罐组成的真空发生装置，压缩空气为动力的双活塞式气缸和真空发生器。

真空泵和真空罐组成的真空发生装置中，真空泵可按需要选用标准市售产品，真空罐经常处于真空状态，用以迅速在真空夹具内腔中产生真空，其容积应为夹具内腔的15～20倍。真空泵、真空罐如图3-3-4所示。

图3-3-4 真空泵和真空罐

当使用一台或数台真空夹具（即夹具中真空腔容积总量不大）时，也可不用真空泵，用压缩空气为动力的双活塞式气缸来代替，如图3-3-5所示。两个活塞1共同装在活塞杆2上，管接头3、4与气源相通，管接头5与真空夹具相连。夹具开始工作前，压缩空气经分配阀（图3-3-5中未表示）从管接头4进入气缸B腔，活塞向上移动，将C腔中空气压入大气中。真空夹具工作时，压缩空气由管接头3进入A腔，活塞向下移动，于是C腔抽成真空。这种装置真空度低，但可满足一般要求。

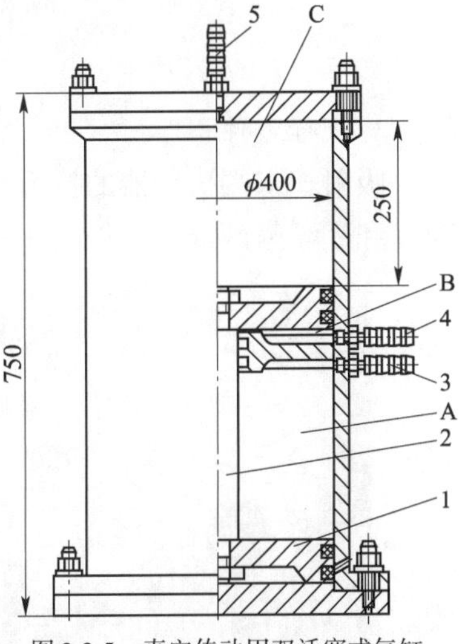

图3-3-5 真空传动用双活塞式气缸（尺寸单位：mm）

1-两个活塞；2-活塞杆；3、4、5-管接头

真空发生器是利用正压气源产生负压的一种新型、高效、清洁、经济、小型的真空元器件，这使得在有压缩空气的地方，或在一个气动系统中同时需要正负压的地方获得负压变得十分容易和方便，图3-3-6为常用的几款真空发生器。

a)多级真空发生器　　b)真空发生器

图3-3-6 常用的几款真空发生器

真空发生器广泛应用在工业自动化中机械、电子、包装、印刷、塑料及机器人等领域。真空发生器的传统用途是与吸盘配合，进行各种物料的吸附、搬运，尤其适合于吸附易碎、柔软、薄的非铁、非金属材料或球形物体。在这类应用中，一个共同特点是所需的抽气量小，真空度要求不高且为间歇工作。

2. 气压传动系统

气压传动系统通常包括气源处理部分、气动控制部分、执行元件部分和辅助部分，气压传动系统的执行元件是各种气缸。按压缩空气对活塞端面的作用力的方向来分，可以分为单作用式气缸和双作用式气缸，如图 3-3-7 所示。单作用式气缸只有一个方向的运动是气压传动，活塞的复位靠弹簧力、自重和其他外力；双作用式气缸是气缸的往返运动全靠压缩空气来完成。

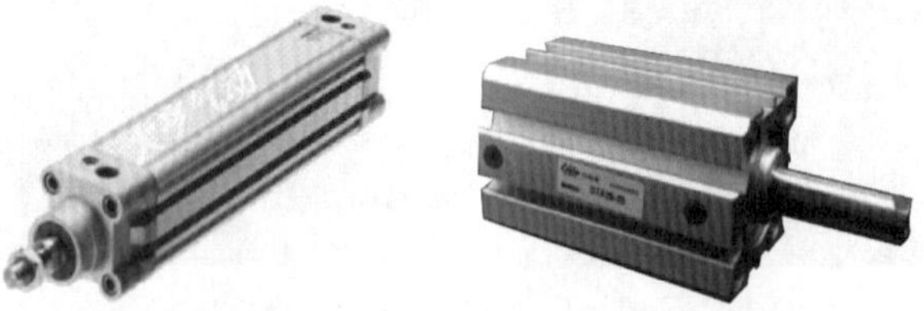

a)双作用气缸　　b)单作用薄型气缸

图 3-3-7　气缸的类型

3. 执行元件

吸附式末端执行器的执行元件主要是各种规格的吸盘及其相应的配件。真空吸盘包括吸盘和吸盘座两部分。如图 3-3-8 所示为吸盘、吸盘座和部分配件的配套组合。

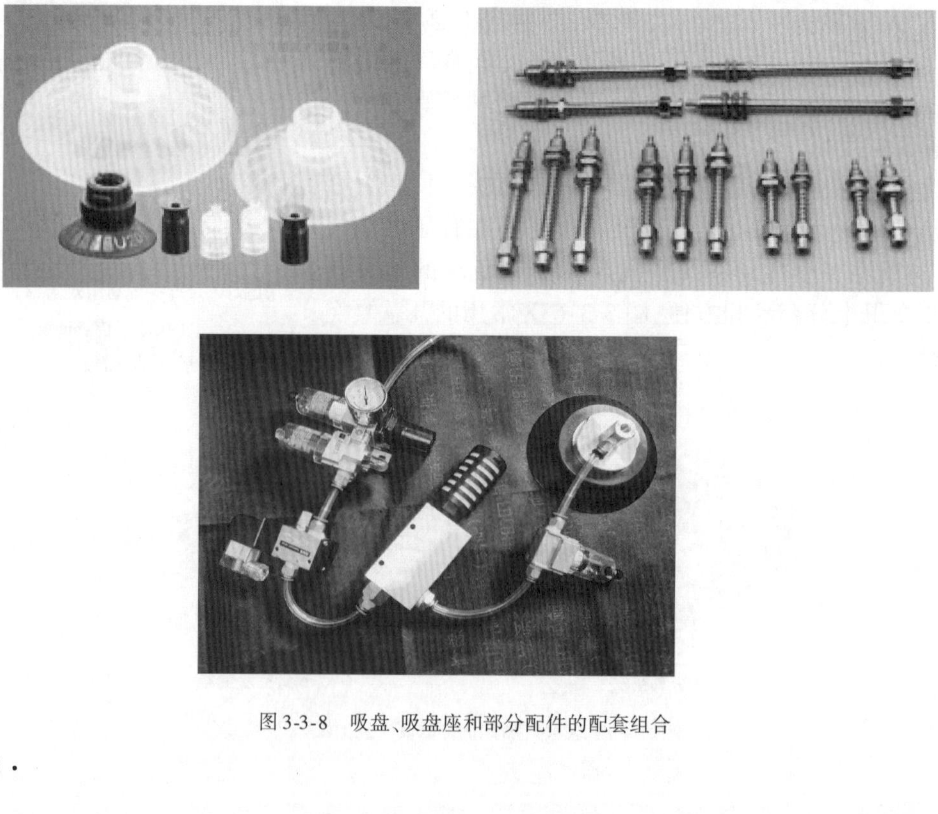

图 3-3-8　吸盘、吸盘座和部分配件的配套组合

任务实施

一、吸附式末端执行器的组成及结构

1. 零件名称及结构

吸附式末端执行器的结构与零件名称如图 3-3-9、图 3-3-10 所示。

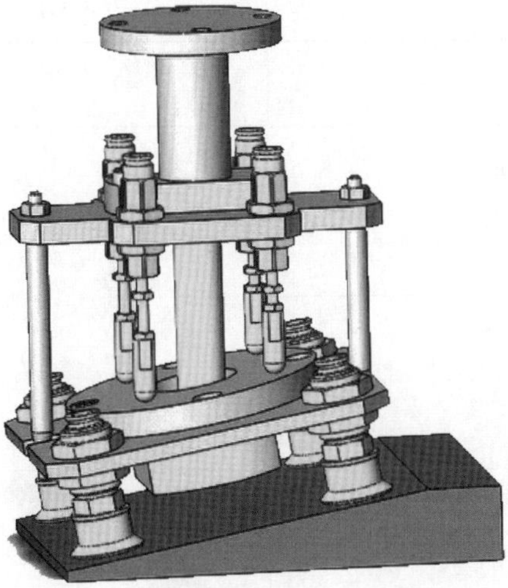

图 3-3-9 吸附式末端执行器的结构

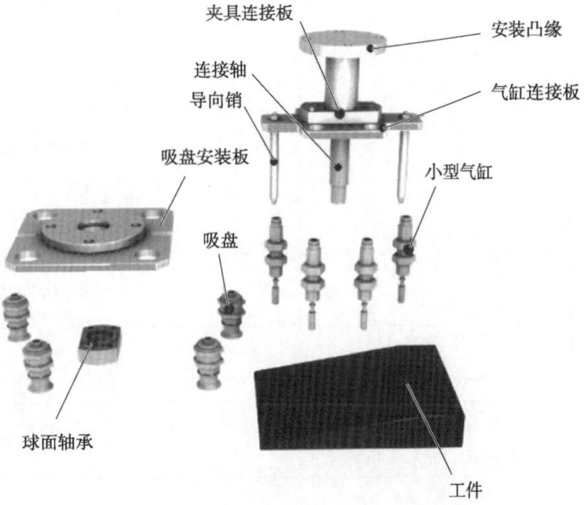

图 3-3-10 吸附式末端执行器零件的名称

2. 零件的安装关系

在整个机构的装配关系中，气缸连接板和吸盘安装板是核心零件，在它们两者之间有三部分机构，如图 3-3-9 ~ 图 3-3-11 所示。

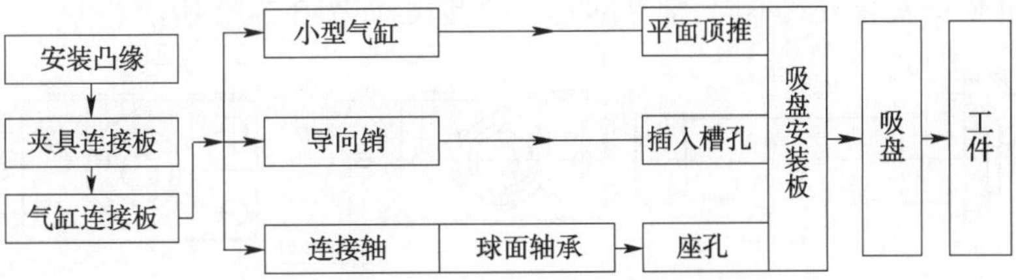

图 3-3-11 零件的安装关系

首先是 4 个小型气缸组成的推送机构：气缸的缸体与气缸连接板固定，活塞杆向下伸出，直接与吸盘安装板上平面接触。当向 4 个气缸供气时，活塞杆推出，推动吸盘安装板倾斜，以适应工件的倾斜角度，保证 4 个吸盘与工件上平面都紧密接触。

其次是 2 个导向销组成的导向机构：导向销上端与气缸连接板固定，销的下端插入到吸盘安装板的长形槽孔中，在吸盘安装板倾斜时起到导向作用。长形槽孔的长度方向与吸盘安装板的倾斜方向一致，以保证倾斜时导向销与吸盘安装板不会发生干涉。

最后是连接轴和球面轴承组成的连接机构：连接轴上端与气缸连接板固定，下端通过球面轴承与吸盘安装板的中心部位轴承座孔铰接,保证吸盘安装板能够绕球面轴承中心任意方向倾斜,以适应工件上平面的倾斜角度。由此看出,气缸连接板与吸盘安装板只是通过连接轴和球面轴承连接在一起,推送机构和导向机构不起连接作用。

二、小型气缸

小型气缸的工作参数如表 3-3-1 所示。

小型气缸工作参数 表 3-3-1

缸径(mm) Bore	16	20	25	32	40
动作形式 Action type	双动型 Double Action				
工作介质 Working Fluid	空气 Air				
工作压力(MPa) Working Pressure range	0.1~0.9				
耐压(MPa) Proof pressure	1.35				
工作温度(℃) Working temperature	0~60				
工作速度(mm/s) Working speed	30~800				
接管口径(mm) Port Size	M5×0.8	PT1/8			PT1/4

注:(1)表中双动型即为双作用气缸;

(2)PT1/8 为美制螺纹,大径 10.242mm,螺距 0.941mm。

小型气缸依据安装方式不同,常见的有 3 种形式,如图 3-3-12 所示。

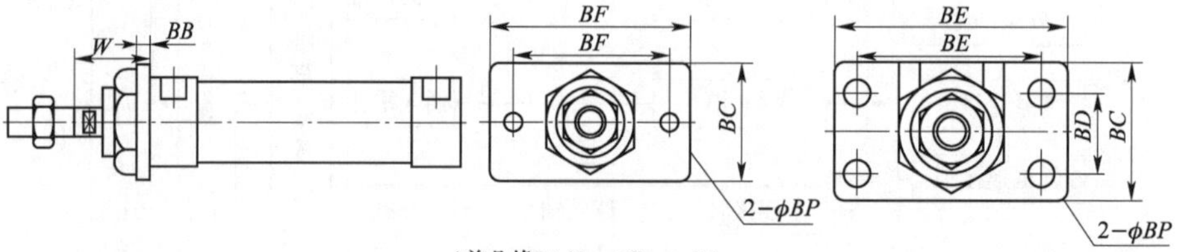

a)前凸缘FA/Front flange FA

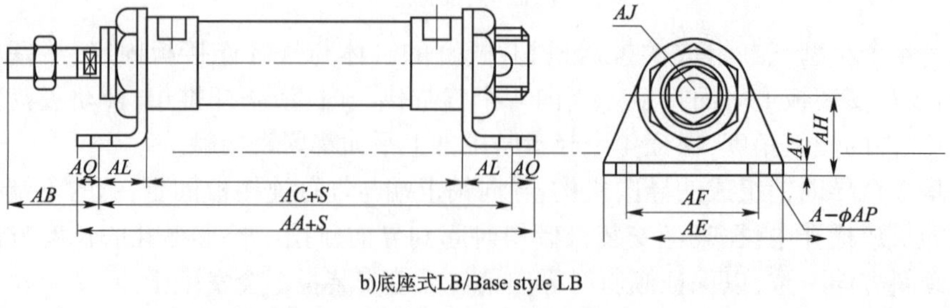

b)底座式LB/Base style LB

图 3-3-12

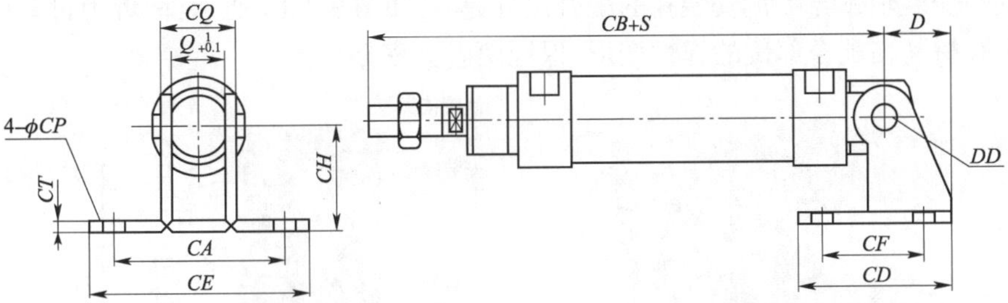

c)尾部单耳环带底座SDB/End single ear ring with base SDB

图 3-3-12 小型气缸的安装方式

前凸缘 FA 式通过气缸前端固定螺母与凸缘固定连接，凸缘可以是 2 孔或 4 孔；底座 LB 式通过气缸前后固定螺母与前后底座分别固定，这种方式气缸安装最牢固；尾部耳环 SDB 式尾部通过销轴与带底座的耳环连接，气缸可以绕销轴中心摆动。本案例采用的是前凸缘 FA 式固定方式，将小型气缸与气缸连接板固定。

三、真空吸盘

真空吸盘包括吸盘和吸盘座两部分，如图 3-3-13 所示。

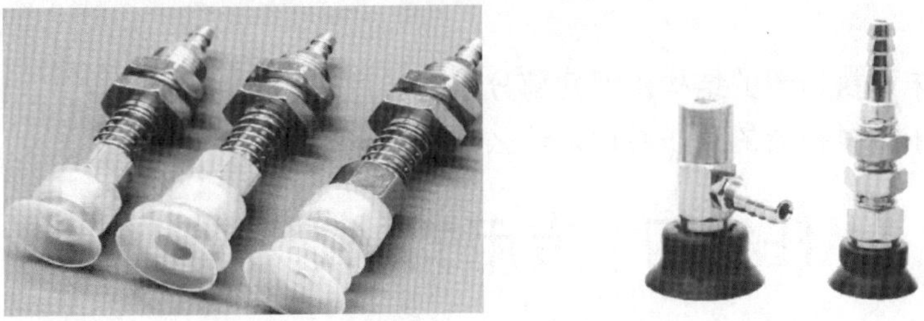

图 3-3-13 真空吸盘

吸盘由优质硅橡胶制成，具有很好的弹性，吸盘唇口能够与工件紧密贴合，如图 3-3-14a）所示。吸盘主要尺寸参数有外径 D、总高 H、唇口直径 d 和安装孔直径 S，如图 3-3-14b）所示。总高 H 是未吸附，自由状态下的高度；唇口直径 d 要小于被吸附的工件上平面尺寸，安装孔直径 S 是配合尺寸，负公差 $-0.5\sim0$mm，安装孔直径 S 应小于真空吸盘座安装轴颈的外径，保证真空气密性，确保工件被吸附牢固。

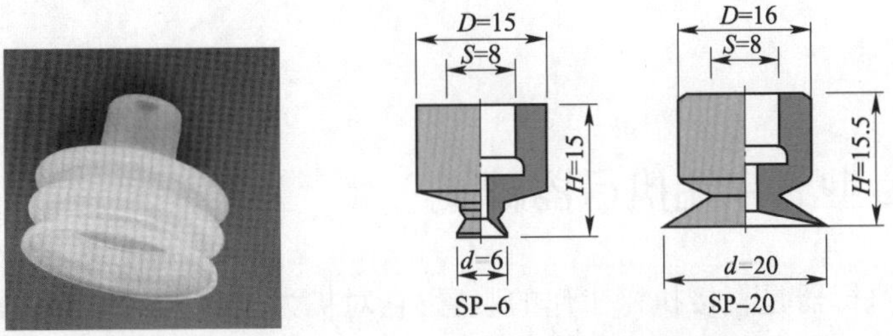

a)吸盘 b)吸盘主要尺寸参数

图 3-3-14 吸盘及其主要尺寸参数（尺寸单位：mm）

吸盘座安装轴颈与吸盘安装孔的配合尺寸是 S,如图 3-3-15 所示,两者为过盈配合。通过吸盘橡胶材料在配合部位的弹性变形,保证两者紧密贴合。

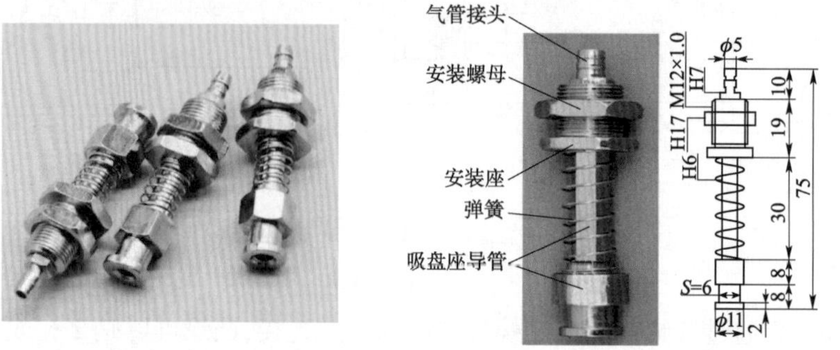

图 3-3-15　吸盘座及其主要尺寸参数(尺寸单位:mm)

由图 3-3-9、图 3-3-10 和图 3-3-15 可知,整个真空吸盘座部件通过其安装座和安装螺母固定在夹具的吸盘安装板上。安装座为中空套筒,吸盘座导管从中间穿过。在吸盘导管和安装座之间有缓冲弹簧,保证机器人移动距离较大时,不至于碰伤吸盘。吸盘座导管的上端是气管接头,其外缘为倒刺形状,防止连接的气管在气压作用下脱出。倒刺段下缘旋有螺母,拆下该螺母后,整个吸盘座部件可以分解。

主题讨论

1. 吸附式末端执行器的结构由哪几部分组成?
2. 吸附式末端执行器的工作原理是什么?

任务四　专用式末端执行器

学习目标

1. 知识目标

(1)了解机器人常用的专用式末端执行器;

(2)掌握机器人弧焊枪的组成及工作原理。

2. 学习重点

典型机器人弧焊枪的结构。

知识准备

一、常用专业式末端执行器种类

机器人末端执行器是直接执行工作的装置,它对扩大机器人的作业功能、应用范围和工作效率都有很大的影响。常用的专业末端执行器有:电磨头、电钻削头、焊枪、激光头、拧螺母机、抛光头、喷涂油漆的喷枪等,如图 3-4-1 所示。

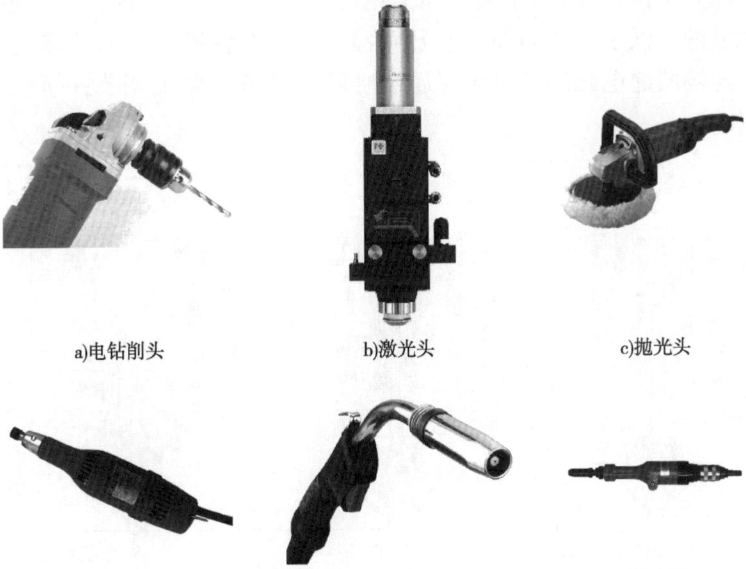

a)电钻削头　b)激光头　c)抛光头

d)电磨头　e)焊枪　f)拧螺母机

图 3-4-1　常用的专业末端执行器

二、常用专业式末端执行器简介

1. 钻孔末端执行器

图 3-4-2 是美国 EOA 公司的一款钻孔末端执行器，这款钻孔末端执行器在钻孔过程中可以改变转速和进给量；可实现啄钻功能；钻孔深度精度可达 0.038mm 以内；主轴转速 0～6000r/min；进给量 0.0025～2.5mm/r；钻孔深度 38mm；可以实现液冷、油雾冷及空冷；可实现真空吸屑；可编程的压紧力范围 178～2000N；自动换刀，可快速实现与机器人的分离和连接；可实现刀具的磨钝、断裂检测，可视教磨钝、断裂的阈值；在钻削过程中可绘制力和力矩的曲线；连续切削转矩 4.97N·m，峰值转矩 13.1N·m；质量 40.8kg。

它的一个工作流程如图 3-4-3 所示，其他几款钻孔末端执行器如图 3-4-4 所示。

2. 喷涂油漆的喷枪

图 3-4-5 为日本岩田自动喷枪 LRA-200，该款喷枪可以安装在机器人手臂上实现自动喷涂；图 3-4-6 为喷枪结构；图 3-4-7 为喷枪的尺寸图；图 3-4-8 为喷枪配置图；这款喷枪的涂料供给方式为压送式，喷涂用压缩机 2.2～3.4kW，涂料喷出量为 500mL/min，喷涂距离 200mm，空气使用量 500L/min，喷枪入口空气压力 0.14MPa，枪帽内压力 0.07MPa，喷嘴口径 0.8/1.2mm，适用空气枪帽型号为 G2，产品质量 325g，是一款低黏度喷涂用喷枪，可用于金属、通信、塑胶等行业。

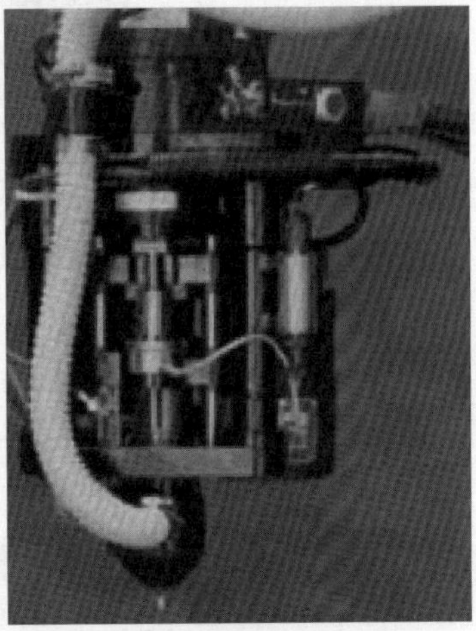

图 3-4-2　钻孔末端执行器(美国 EOA 公司)

从喷枪配置图上可以看出动作扳机和雾化均为单独一条空气源连接电磁阀,并且均可以远程控制,也可进行低于0.25MPa的低压喷涂。另外在标准控制的基础上完善喷幅为单独一条空气源,连接两通电磁阀即可实现远程控制,不需在枪体上调节,一般适用于4C产业的无尘喷房安装。

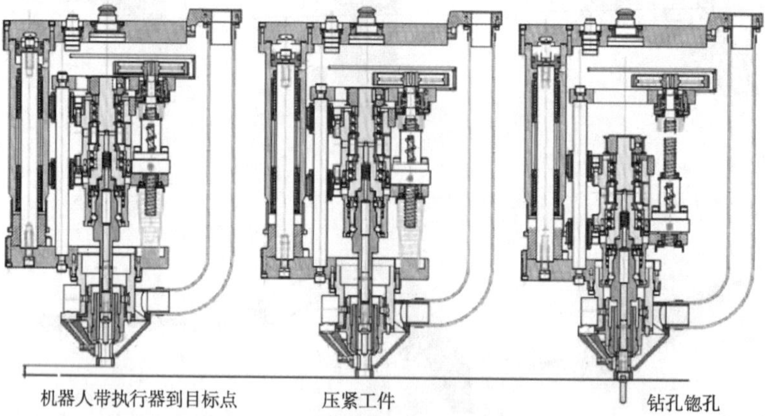

机器人带执行器到目标点　　压紧工件　　钻孔锪孔

图3-4-3　钻孔末端执行器工作流程

a)Electroimpact钻孔末端执行器　　b)Novator钻孔末端执行器　　c)KUKA钻孔末端执行器

图3-4-4　钻孔末端执行器展示

图3-4-5　LRA-200 油漆自动喷枪

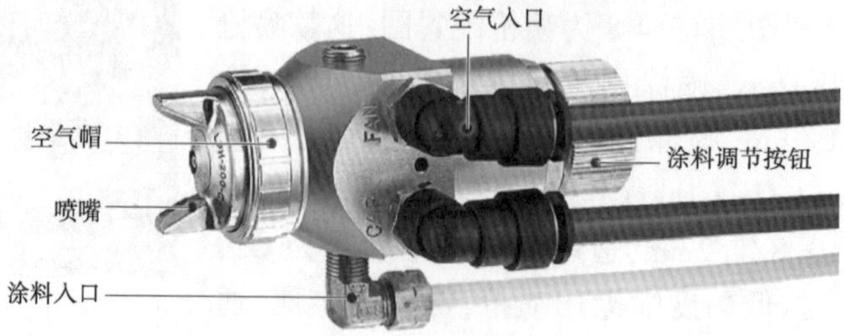

图3-4-6　喷枪结构

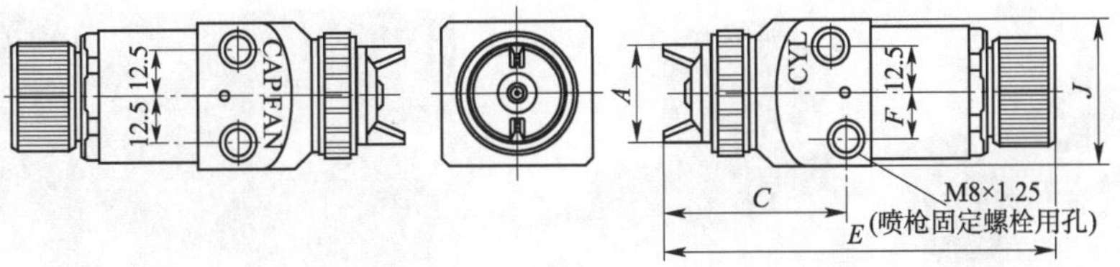

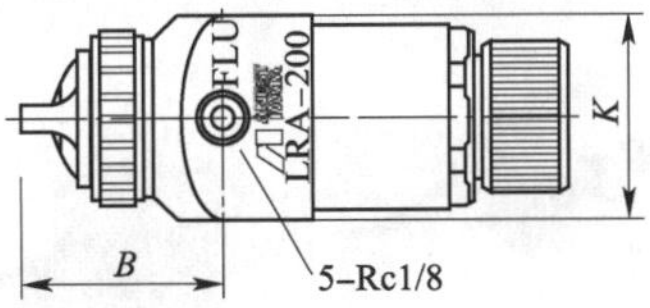

型号	A	B	C	E	F	J	K
LRA-200	30.5	48	56	111	14.5	40	40

图 3-4-7　喷枪尺寸图（尺寸单位：mm）

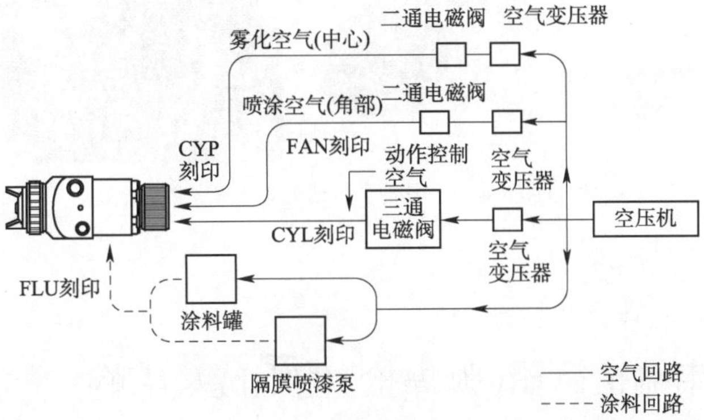

图 3-4-8　喷枪配置图

3. 机器人动力头

各种类型动力头越来越多应用于机器人模式，实现钻孔、铣削、去毛刺、研磨或抛光等工作。

如图 3-4-9 所示，打磨机器人一般是由示教盒、控制柜、机器人本体、压力传感器、磨头组件等部分组成。可以在计算机的控制下实现连续轨迹控制和点位控制。打磨机器人根据被加工零部件光洁度要求配置不同的打磨机和磨头。具有可长期进行打磨作业、保证产品的高生产率、高质量和高稳定性等特点。打磨机器人主要用于电子行业、手机外壳、汽车零部件、工业零件、医疗器械、民用产品等行业高精度的打磨抛光作业。

图 3-4-10 是一款意大利 EUROMA 铣削动力头，用于铣削、钻削、研磨、去毛刺、钻小孔、雕刻、倒角、修边、切割、开槽、去焊渣、抛光等切削加工用；跳动很小；ER 夹头轴输出，可夹持刀具直径（ϕ0.5 ~ 10mm）；最高转速 40000r/min。其他类型动力头如图 3-4-11 所示。

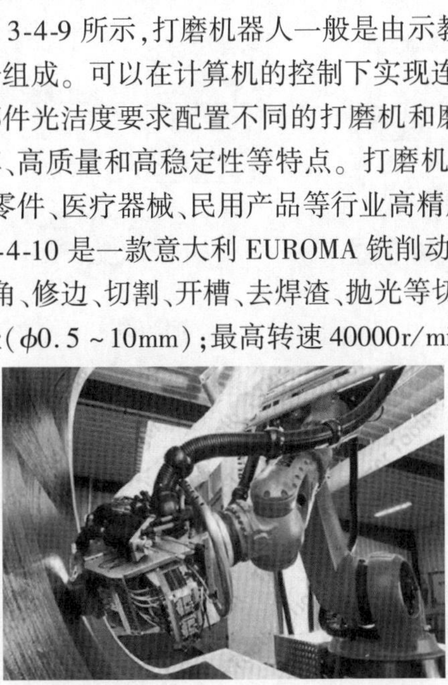

图 3-4-9　打磨动力头

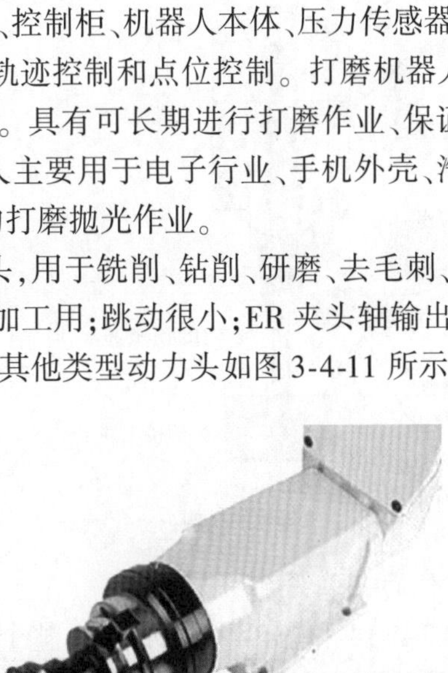

图 3-4-10　铣削动力头

图 3-4-11　其他类型动力头及其应用

任务实施

一、专用式末端执行器(弧焊枪)的组成及结构

1. 弧焊枪零件名称及结构

如图 3-4-12 和图 3-4-13 所示,为弧焊枪结构及零件名称。

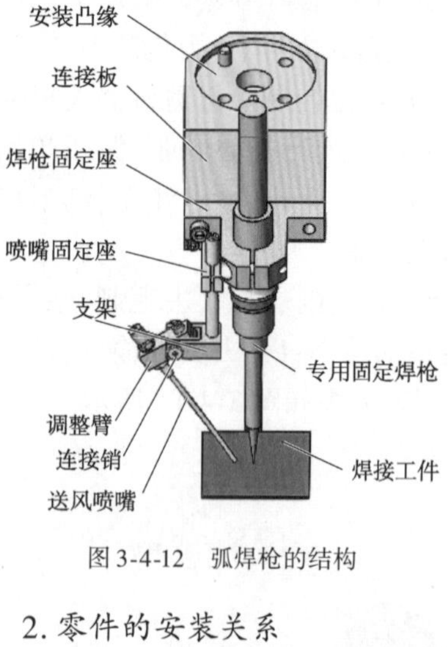

图 3-4-12　弧焊枪的结构

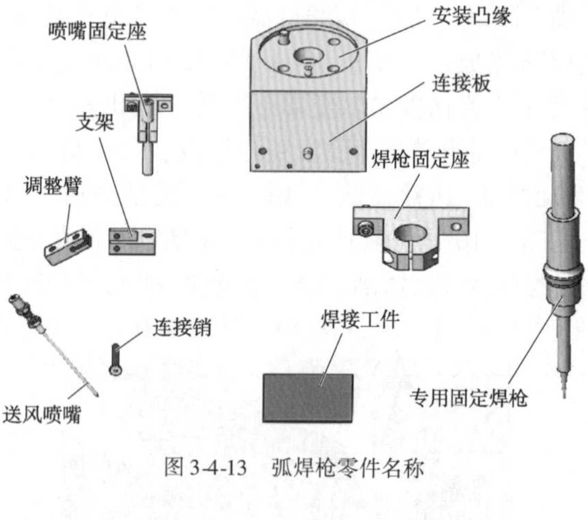

图 3-4-13　弧焊枪零件名称

2. 零件的安装关系

如图 3-4-14 和图 3-4-12 所示,在整个执行器的装配关系中,连接板是关键零件。在它的上面,固定着焊枪固定座和喷嘴固定座。焊枪直接安装在焊枪固定座上。送风喷嘴通过支架、调整臂、连接销安装在喷嘴固定座上。其中,支架和调整臂通过连接销铰接,这样,调整臂可绕连接销中心转动,带动送风喷嘴转动,达到调整喷嘴角度的目的。喷嘴送风角度必

须按照焊接工艺的要求，保证二氧化碳和氩气保护气体能够包裹在焊接熔池周围，防止液态金属氧化，形成夹渣等缺陷。

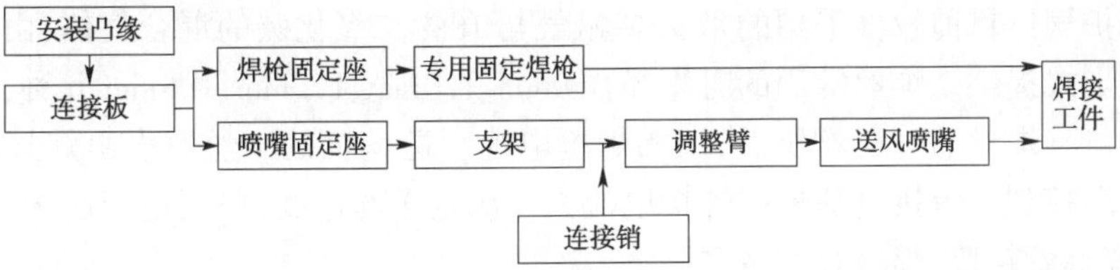

图 3-4-14　零件的安装关系

二、专用固定焊枪

1. 机器人弧焊枪与手动焊枪的区别

手动弧焊枪通过手动开关控制焊接电流，而机器人焊枪通过机器人程序来控制起弧和收弧，同时由预先设定好的机器人焊接参数来控制焊接过程中电流、电压、摆焊频率等参数。

2. 机器人弧焊枪的组成

如图 3-4-15 所示，机器人弧焊枪由鹅颈、焊嘴、碰撞传感器、安装凸缘 4 部分组成。安装凸缘与机器人末端凸缘连接，通过凸缘上的定位孔定位。当焊枪与工件发生意外碰撞时，碰撞传感器受力，并向机器人发出信号，焊接终止。

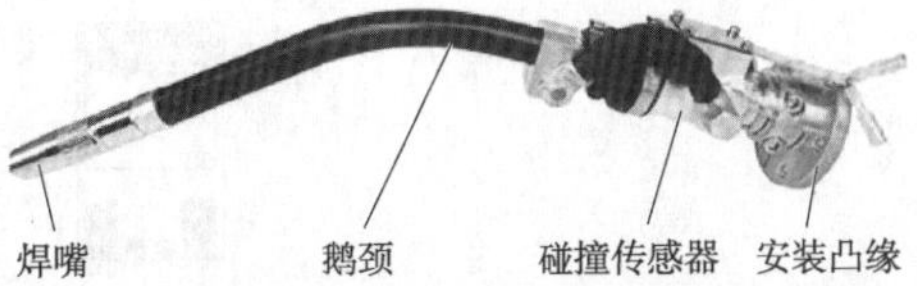

图 3-4-15　机器人弧焊枪的组成

3. 焊嘴

如图 3-4-16 所示，焊嘴中包含了焊枪的所有易损件。由于焊枪在工作时受到高温电弧的作用，其前端导电嘴等零件受热，很容易发生变形、烧蚀、堵塞、缺损等情况。因此，这些零件必须能够方便更换，这是机器人焊枪在使用中最常遇到的问题。

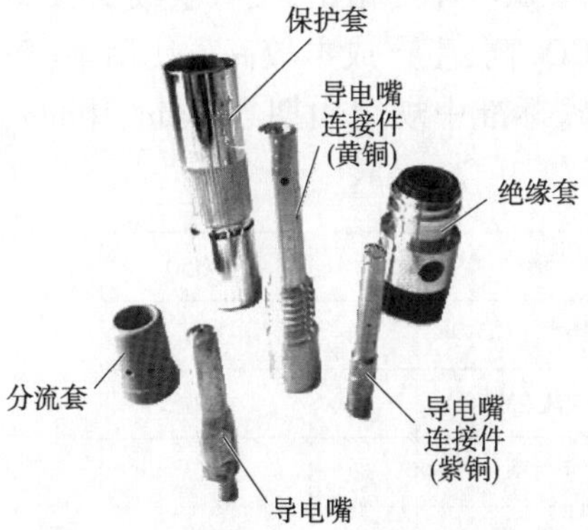

图 3-4-16　焊嘴的组成

主要零件的作用如下：

(1)导电嘴：中心有小孔，供焊丝穿过，根据焊丝的直径不同(直径有 0.8mm，1.0mm，1.2mm，1.6mm)，穿丝孔大小也不同，导电嘴用紫铜制成。

(2)导电嘴连接件：导电嘴安装于导电嘴连接件上，连接件可由黄铜或紫铜制造，紫铜导电性更好。

(3)绝缘套：因为导电嘴与焊接电源正极导通，因此需将其与外部保护套绝缘，否则保护套碰到工件会产生火花。

(4)分流器：周围有均布的分流孔，将保护气体沿环形喷口均匀喷出。

4. 机器人焊枪电缆

焊枪工作时，必须为其提供焊接电流、保护气体、焊丝，这些都汇总在焊枪电缆中，封装在电缆的塑料管保护套中，如图 3-4-17 所示。焊接电流由焊接电源提供，焊接电源正极通过正极电缆进入焊枪,再通过焊枪中的导电嘴连接件、导电嘴与焊丝连通。焊接电源负极通过负极电缆与焊接工作台连通,焊接工作台必须由金属材料制成,以便通过接触与工件形成电流回路。保护气体目前较多采用的是90%氩气与10%二氧化碳的混合气体,由工业气体供应商以钢瓶形式提供。焊丝常用的有直径0.8mm、1.0mm、1.2mm、1.6mm几种,由供应商以卷筒形式提供。焊丝通过送丝机后,汇入焊枪电缆。送丝机的送丝速度由焊接电源通过送丝机控制电缆控制。焊接电源根据焊接电流大小决定送丝速度,焊接电流越大,焊丝消耗越快,送丝速度也就越快,焊接效率越高。

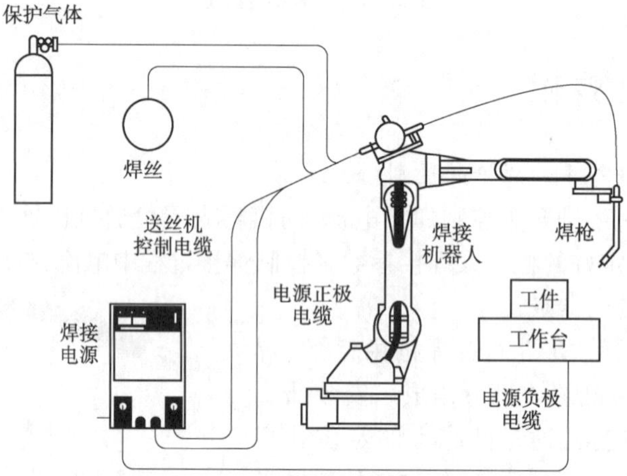

图3-4-17 机器人焊枪电缆示意图

5.机器人焊枪参数

如图3-4-18所示,表中额定电流根据所用保护气体的不同,分为CO_2和MAG两种情况。MAG(Metal Active Gas Arc Welding)是在氩气中加入少量二氧化碳,混合而成的一种混合气体保护焊。我国常用的是90%Ar+10%二氧化碳的混合气体,由于混合气体中氩气占的比例较大,故常称为富氩混合气体保护焊。MAG焊接与CO_2焊接相比,飞溅量减少50%以上。焊缝成形均匀、美观,焊接质量好,但气体价格较CO_2高,生产成本较高。使用率(暂载率)是指焊枪工作持续时间与周期时间的比值,在国家标准中规定周期为5min、10min、20min共3种。

形　　式		SS-350
额定电流(CO_2)	A	350
额定电流(MAG)	A	300
使用率	%	60
周期时间	min	10
适用焊丝直径	mm	0.8～12
冷却方式		空冷

图3-4-18 机器人焊枪参数

主题讨论

1. 机器人常用的专用式末端执行器有哪些种类?
2. 机器人弧焊枪由哪几部分组成?

项 目 小 结

本项目内容主要讲述了不同种类末端执行器的结构以及工作原理,在本项目的学习中,学生主要要掌握机电结合夹持式末端执行器、气压夹持式末端执行器、吸附式末端执行器、专用式末端执行器的结构和工作原理。

项目四　机电结合夹持式夹具的实训

任务一　机电结合夹持式夹具的设计(外夹与内撑)

学习目标

1. 知识目标

掌握机电结合夹持式夹具设计过程中,夹紧力计算、外购件选型、结构设计等环节的基本方法,结合实际案例完成夹具设计的工作过程。

2. 学习重点

夹紧力计算、结构设计。

知识准备

一、机电结合夹持式夹具夹紧力的计算

首先以工件不掉落作为条件进行受力分析,如图 4-1-1 所示,计算夹紧力。

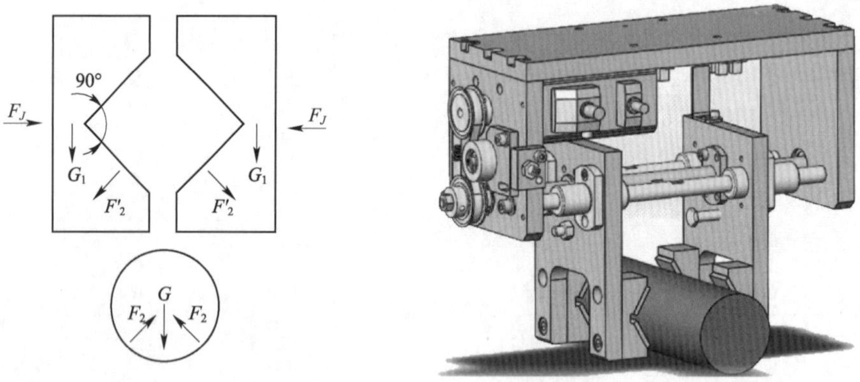

图 4-1-1　机电结合夹持式夹具的计算

1. 夹紧力计算公式

以 V 型块为研究对象,水平方向受力平衡:

$$F_J = F_2 \cdot \cos45°$$

以工件为研究对象,垂直方向受力平衡:

$$2 \cdot F_2 \sin45° = G$$

因为 $F_2' = -F_2$，$\sin45° = \cos45°$，所以夹紧力 $F_J = G/2(\mathrm{N})$。

2. 求工件质量

已知工件为圆柱体：直径 $D(\mathrm{mm})$，高 $H(\mathrm{mm})$

材料：密度 $\rho(10^3\mathrm{kg/m^3})$

则工件质量：

$$m = \pi(D/2)^2 \times H \times \rho \times 10^{-9} \times 10^3(\mathrm{kg})$$

3. 夹紧力计算

$$F_J = G/2 = mg/2(\mathrm{N})$$

二、电动机转矩计算及选型

在本例中，滚珠丝杠和直线导轨配合使用，滚珠丝杠只用来传递转矩，通过螺母带动抓手往复运动；直线导轨对抓手起导向作用，同时还支撑工件和抓手（包括夹爪安装板、夹爪、衬片）的质量（如图 4-1-2）。

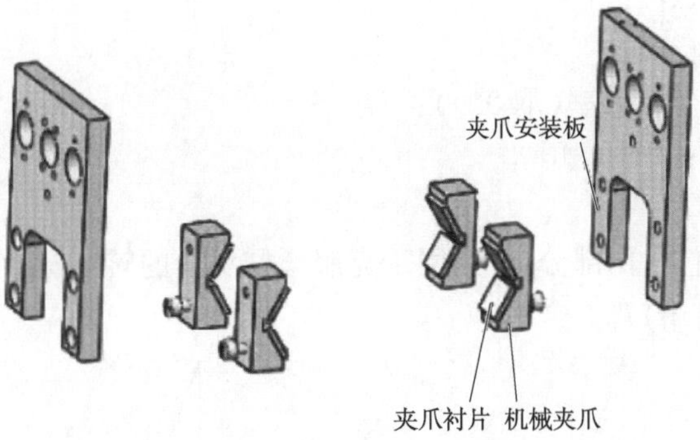

图 4-1-2 抓手的组成

因此电动机传递给滚珠丝杠的转矩用于以下三方面：

(1)产生夹爪的夹紧力。为了使丝杠同一方向的转矩在左右夹爪上产生两个方向相反的夹紧力，丝杠的左右两段的旋向相反，这两个方向的夹紧力作为丝杠的负荷，从转矩的角度考虑应该是 F_J 的 2 倍，即

$$F = 2kF_J$$

在上述夹紧力的计算中，是以工件不掉落作为夹紧力 F_J 的计算条件，为了夹紧更加可靠，需要再适当增加夹紧力，以安全率 $k(>1)$ 表示。

(2)克服滑块在直线轨道上滑动时的摩擦阻力。丝杠旋转时，通过螺母带动夹爪安装板沿直线导轨运动，因此直线导轨运动时的摩擦阻力是丝杠的外载荷。工件和抓手的质量通过滑块都作用在导轨上，滑块与导轨间的摩擦力是工件和抓手的质量与摩擦系数的乘积。

$$F = \mu_0 \cdot M \cdot g$$

(3)直线导轨滑块密封件与导轨间的摩擦阻力。为了防止工作现场的灰尘、油污等进入

直线导轨的滑动副，导轨滑块中都装有密封件。为了保证密封效果，密封件与导轨保持紧密贴合，因此在滑块运动时，密封件与导轨间必然存在摩擦力。

1）丝杠的载荷是以上三部分之和

$$F = 2kF_J + \mu_0 \cdot M \cdot g + f$$

式中：F——丝杠负荷（N）；

F_J——夹紧力（N）；

k——安全率（为了夹紧力足够大，取10）；

μ_0——直线导轨摩擦系数（取0.006）；

M——工件及手爪质量（kg）；

f——直线导轨密封阻力，共4个滑块，每个阻力取2N。

2）克服丝杠负荷所需的丝杠扭矩（如图4-1-3）

$$T_p = F_p \cdot r = \frac{F \cdot P_h}{2\pi\eta} \times 10^{-3}$$

式中：T_p——丝杠转矩（N·m）；

F——丝杠负荷（N）；

P_h——丝杠导程（mm）；

η——无预紧时丝杠效率（取0.9）；

r——丝杠半径；

F_p——水平分力。

式中丝杠转矩T_P包含两部分：一是用于克服丝杠负荷的转矩ηT_P，二是用于克服丝杠本身摩擦阻力的转矩$(1-\eta)T_P$。

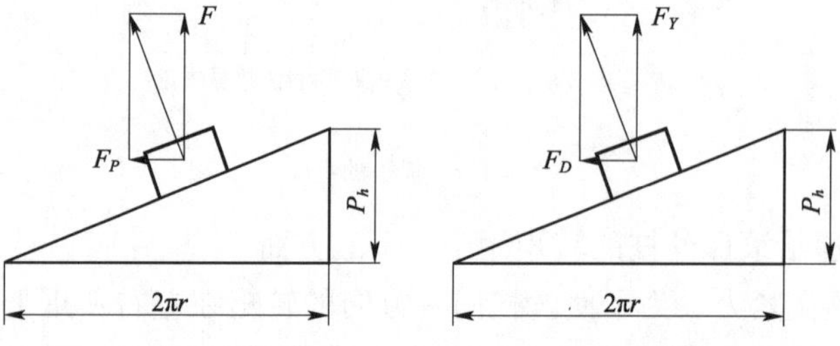

a)克服夹紧力　　b)克服预紧摩擦力

图4-1-3　丝杠受力分析

3）克服滚珠丝杠预紧力产生的摩擦力矩

$$T_D = F_D \times r = \frac{F_Y \times P_h}{2\pi} \times \frac{1-\eta^2}{\eta^2} \times 10^{-3}$$

式中：T_D——丝杠摩擦力矩（N·m）；

F_Y——滚珠丝杆副的预紧力（N）；

P_h——丝杠导程（mm）；

η——无预紧时丝杠效率（取0.9）；

r——丝杠半径；

F_D——水平分力。

预紧是为了消除滚珠丝杠的反向传动间隙，滚珠丝杠副的预紧力 F_Y 通常取丝杠负荷的1/3，即 $F_Y = F \times 1/3$。

一般采用双螺母预紧，在预紧力作用下，两个螺母的滚珠分别压向相反方向的滚道，相当于有两个丝杠螺母副在同时工作，因此总传动效率是 η^2。又由于双螺母相互作用的预紧力大小相等，方向相反，使轴向负荷抵消，丝杠摩擦力矩只需克服预紧摩擦力，因此，丝杠摩擦力矩需乘以 $(1-\eta^2)$。

4）克服丝杠支承轴承产生的摩擦力矩 T_M

在滚珠丝杠与直线轴承配合使用的情况下，工件和抓手的质量由直线轴承承担，因此在垂直方向上，丝杠两端轴承只承受丝杠自身质量。在丝杠的轴向，作用在两块夹爪安装板上的夹紧力以及作用在丝杠螺母上的预紧力都是大小相等方向相反，相互抵消的。可见，丝杠两端轴承所受的轴向力和径向力都很小，因此其两端轴承的摩擦阻力矩 T_M 可以忽略不计。

5）电动机总转矩计算及选型

综上所述，电动机总转矩等于丝杠载荷力矩 T_P、预紧摩擦力矩 T_D、丝杠轴承摩擦力矩 T_M、系统加速阻力矩 T_J 四部分之和：

$$T = T_P + T_D + T_M + T_J$$

当加速时间（电动机转速从 0 到额定转速的时间）大于 1.5s 时，加速阻力矩 T_J 可以忽略。

6）选择电动机的额定转矩

电动机的额定转矩只有大于电动机总转矩 T 时，才能保持夹具正常工作。

7）验算手爪运动速度

手爪张开与合拢的速度一般要求速度大于 30mm/s，通过下式计算：

$$V_{max} = P_h \times n$$

式中：V_{max}——手爪速度（mm/min）；

P_h——丝杠导程（mm）；

n——电动机额定转速（r/min）。

任务实施

一、机电结合夹持式夹具的计算

1. 计算初始条件

机电结合夹持式夹具的初始条件见表 4-1-1。

计算初始条件　　表 4-1-1

序　号	参数名称	数　值
1	工件尺寸（圆柱体）	直径 $D=50$mm，高度 $H=200$mm
2	工件材料（密度）	尼龙（密度）$\rho=1.1(10^3 kg/m^3)$
3	丝杠导程	2mm

续上表

序　　号	参数名称	数　　值
4	V 型块夹角	90°
5	夹紧力系数 k	10
6	直线导轨摩擦系数	0.006
7	抓手(夹爪安装板及相关零件)质量	3kg
8	直线导轨密封阻力	共 4 个滑块,每个阻力取 2N
9	无预紧时丝杠效率 η	0.9
10	丝杠预紧力 F_d	$F_d = F \times 1/3$(F 为丝杠负荷)
11	手爪最小速度	30mm/s

2. 计算工件质量 m

$$m = \pi(D/2)^2 \cdot H \cdot P = 3.14 \times (50/2)^2 \times 200 \times 10^{-9} \times 1.1 \times 10^3 = 0.43\ (\mathrm{kg})$$

3. 计算夹紧力

$$F_J = G/2 = mg/2 = 0.43 \times 9.8/2 = 2.1(\mathrm{N})$$

4. 计算丝杠的载荷 F

$$F = 2kF_J + \mu_0 \cdot m \cdot g \cdot f$$

$$F = 2 \times 10 \times 2.1 + 0.006 \times (3 + 0.43) \times 9.8 + 4 \times 2 = 42 + 0.2 + 8 = 50.2(\mathrm{N})$$

从上面计算可以看出,丝杠负荷主要来源于夹紧力,其次是直线导轨的密封阻力,直线导轨的摩擦阻力很小,可以忽略。

5. 计算克服丝杠负荷所需的丝杠转矩 T_P

$$T_P = F_P \cdot r = \frac{F \cdot P_h}{2\pi\eta} \times 10^{-3}$$

由于机器人末端执行器属于小型机电设备,因此滚珠丝杠选择较小型号 SFU1202-3,其导程 P_h 是 2mm。

$$T_P = \frac{50.2 \times 2}{2 \times 3.14 \times 0.9} \times 10^{-3} = 17.8 \times 10^{-3}(\mathrm{N \cdot m})$$

6. 克服滚珠丝杠预紧产生的摩擦力矩 T_D

$$T_D = F_D \times r = \frac{F_Y \cdot P_h}{2\pi} \times \frac{1 - \eta^2}{\eta^2} \times 10^{-3}$$

$$T_D = \frac{\left(\frac{1}{3} \times 50.2\right) \times 2}{2\pi} \times \frac{1 - 0.9^2}{0.9^2} \times 10^{-3} = 1.25 \times 10^{-3}\ (\mathrm{N \cdot m})$$

7. 电动机总转矩 T 计算及选型

$$T = T_P + T_D + T_M + T_J$$

其中:丝杠轴承摩擦力矩 T_M、系统加速阻力矩 T_J 很小,可忽略不计。

所需电动机总转矩:$T = T_P + T_D = (17.8 + 1.25) \times 10^{-3} = 19.05 \times 10^{-3}(\mathrm{N \cdot m})$

8. 电动机选型

选择 ARM46MC-1 伺服电动机，额定转矩 0.3N·m，额定转速 1200r/min。

因为所需电动机总转矩 $T = 19.05 \times 10^{-3}$ N·m < 0.3N·m，所以该电动机转矩满足要求。

9. 验算手爪运动速度 V_{max}

$$V_{max} = P_h \times n = 2 \times 1200 = 2400(\text{mm/min}) = 40(\text{mm/s})$$

$V_{max} > 30$mm/s，电动机转速满足手爪运动速度要求。

二、外购件选型

1. 电动机选型

为满足夹具的夹紧力、夹爪运动速度等要求，按照上述计算初始条件进行选型（选型结果见图 4-1-4）。

ARM46MC-1 电动机的安装尺寸有如下。

（1）电动机输出轴配合直径：$\phi 6_{-0.012}^{\ 0}$（h7）；配合长度：18mm；

（2）电动机端面定位凸台直径：$\phi 22_{-0.021}^{\ 0}$（h7）；凸台高度：2mm；

（3）电机端面安装螺孔：垂直、水平间距：31 ±0.2mm；螺纹：4 × M3 深 4.5mm。

品名		电动机部品名	质量(kg)	CAD
内藏定位	脉冲序列输入			
AR46M□D-◇	AR46M□-◇	ARM46MC	0.62	B450

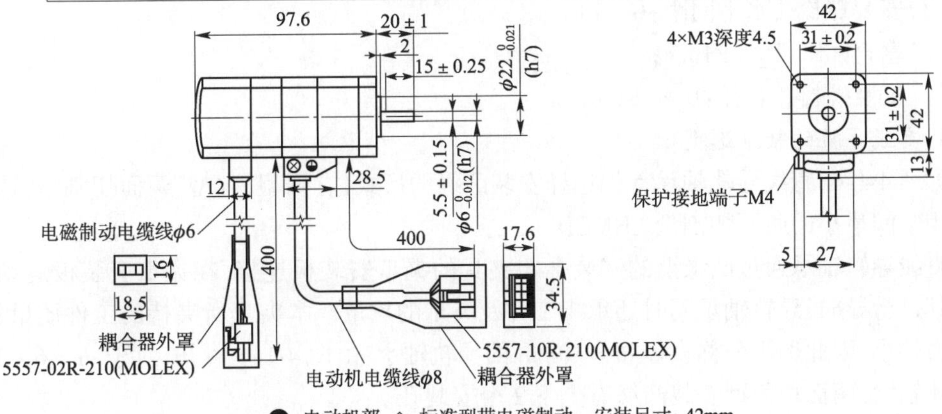

● 电动机部 ◇ 标准型带电磁制动 安装尺寸：42mm

图 4-1-4　电动机选型结果（尺寸单位：mm）

2. 滚珠丝杠选型及设计

由于机器人末端执行器属于小型机电设备，因此滚珠丝杠选择较小规格的 SFU1202-3，其公称直径是 12mm，导程是 2mm，如图 4-1-5 所示。

螺母丝杠副的规格（如公称直径、导程、螺母的安装尺寸等）是按照国标 GB/T17587.3—1998 确定的，由滚珠丝杠的供应商按照国标提供选型表，使用者只需在表中选择自己所需的型号。丝杠的长度、丝杠两端的轴承支撑段、丝杠的旋向等与使用丝杠的机器设备有关的结构尺寸，需要使用者根据夹具的结构要求进行设计并提供图纸，整根丝杠由供应商按图纸定制。

根据本夹具的功能要求，丝杠应平均分为左右两段，旋向相反。这样，当丝杠顺时针或逆时针旋转时，两块夹爪安装板能够相向或相背运动。

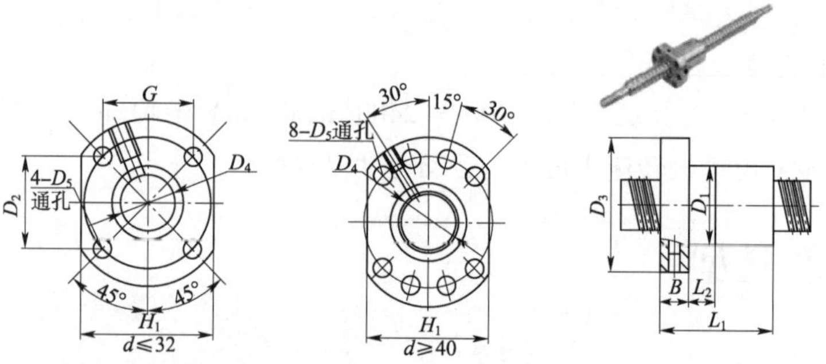

规格型号	公称直径(mm)	公称导程(mm)	钢球直径(mm)	凸缘类型	循环圈数	螺母安装连接尺寸(mm)									
						$D_{1(g6)}$	D_2	D_3	D_4	D_5	L_1	L_2	B	G	H_1
120 2-3	12	2	2.381	$d\leqslant 32$	3	19	24	42	32	4.8	35	10	8	14	30

图 4-1-5　滚珠丝杠选型结果

SFU1202-3 丝杠的安装尺寸有如下：

(1)螺母安装外径：$D_1 = \phi 19(g6)$mm；

螺母安装外径对应的高度：$L_2 = 10$mm。

(2)螺母安装凸缘外径：$D_3 = \phi 42$mm；

螺母安装凸缘厚度：$B = 8$mm。

(3)安装螺栓孔水平间距：$G = 14$mm；

垂直间距：$D_2 = 24$mm；

安装螺栓孔直径：$D_5 = \phi 4.8$mm。

3. 直线导轨的轴承选型

如图 4-1-6，直线导轨轴承首先选择安装凸缘的形式，有圆型、方型、两面切割型，选择其中占用空间最小的两面切割型 LHMCD。

直线导轨轴承通过凸缘上的安装孔与夹具的夹爪安装板连接，在夹爪安装板运动过程中对其进行导向，导轨轴承同时还承担工件及夹爪的重量。本夹具所夹持的工件质量较轻，夹持力较小，因此选用公称直径 $dr = 10$mm 的导轨轴承，由图 4-1-6 可知，对于 $dr = 6 \sim 13$mm 的导轨轴承，两面切割型安装凸缘有上下 2 个安装孔。

导轨轴承的安装尺寸有如下。

(1)轴承安装外径：$D = \varphi 19^{\circ}_{-0.016}$ mm；

轴承安装外径对应的长度：$l = 20.5$mm。

(2)轴承安装凸缘外径：$H = \phi 40$mm；

轴承安装凸缘厚度：$T = 6$mm。

(3)安装台阶孔中心距：$A = 29$mm；

安装台阶孔尺寸：$d \times d_1 \times t = 4.5 \times 7.5 \times 4.1$(mm)。

(4)导轨轴承总长：$L = 47$mm。

MISUMI独创

■两面切割凸缘型

■方凸缘型

CAD 2D 3D 库存 制 RoHS

Type			外壳			滚珠	保持器	使用环境温度	A附件
圆凸缘型	方凸缘型	两面切割凸缘型	M材质	H硬度	S表面处理	M材质	M材质		
LHMRD	LHMSD	LHMCD	相当于SUJ2	58 HRC~	—	相当于SUJ2	树脂(相当于DURA CON M90)	-20~80℃	密封圈材M质 丁腈橡胶 (-20~120℃)

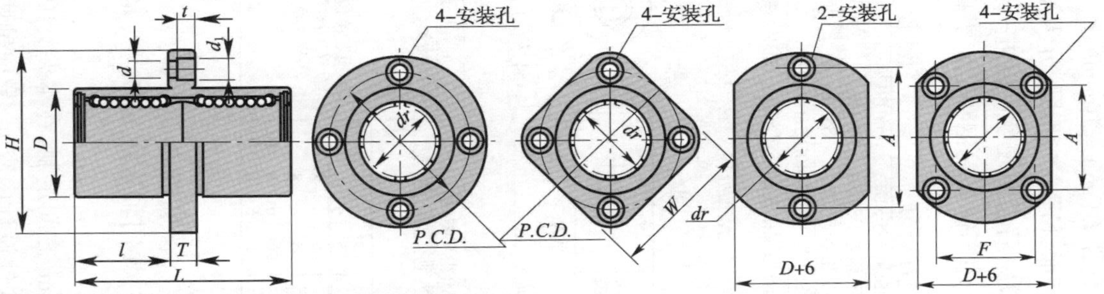

⦿ 全长约为单衬型的1.5倍，容许力矩则约为4.3倍(参阅容许负载比较)

⦿ 中间法兰型有使用范例请参阅 P.197。

型式 Type	dr	dr 容差	D	D 容差	L	L 容差	l (mm)	H (mm)	T (mm)	d (mm)	d_1 (mm)	t (mm)	P.C.D. (mm)	W (mm)	F (mm)	A (mm)	偏心	滚珠列数	* 垂直度	基本额度负载 C(动)N	基本额度负载 Co(静)N	静态容许力矩 (N·m)	质量(g) 圆凸缘型	质量(g) 方凸缘型	质量(g) 两面切割凸缘型
LHMRD LHMSD LHMCD	6	0 −0.010	12	0 −0.013	29	±0.3	12	28	5	3.5	6	3.1	20	22	—	20	0.015	4	0.015	226	310	1.42	27	21	24
	8		15		37		16	32					24	25	—	24				310	452	2.12	47	39	43
	10		19	0 −0.016	47		20.5	40	6	4.5	7.5	4.1	29	30	—	29				508	718	4.37	85	65	77
	12		21					42					32	32	—	32				634	814	6.2	89	69	81
	13		23					43					33	34	—	33				640	826	6.2	109	87	102
	16		28		56		25	48					38	37	22	31				1164	1448	13.1	157	132	149
	20	0 −0.012	32	0 −0.019	65		28.5	54	8	5.5	9	5.1	43	42	24	36	0.02	5	0.02	1554	2068	18.3	232	197	219
	25		40		83		37.5	62					51	50	32	40		6		1725	3068	25.3	481	442	452
	30		45		90		40	74	10	6.6	11	6.1	60	58	35	49				2440	3974	42.7	560	482	494

图 4-1-6　直线轴承选型结果

4. 直线导轨的导向轴选型

导向轴与导轨轴承配合使用，即公称直径 D(g6) = 10mm。

从图 4-1-7 看出，导向轴根据材料和表面处理方法不同，分为 4 种型号，其中 SFJZ 和 SSFJZ 没有镀铬，PSFJZ 和 PSSFJZ 有镀铬，镀铬后表面硬度可以进一步提高。SFJZ 和 PSFJZ 采用轴承钢 GCr15，硬度比 SSFJZ 和 PSSFJZ 的不锈工具钢 9Cr18 要高。

标准加工品

Type	D公差	M相当材质	H硬度		S表面处理
SFJZ	g6	GB:GCr15 JIS:相当于SUJ2	58HRC~	高频淬火有效硬化层深度 P.36	–
SSFJZ		GB:qCr18 JIS:相当于SUS440C	56HRC~		
PSFJZ		GB:GCr15 JIS:相当于SUJ2	58HRC~		镀硬铬 镀层硬度HV750~ 镀层厚度3μ以上
PSSFJZ		GB:qCr18 JIS:相当于SUS440C	56HRC~		

※如对防锈有要求，请优先选择镀硬铬表面处理产品。表面处理和防锈方法请参考 P.2906~2908。

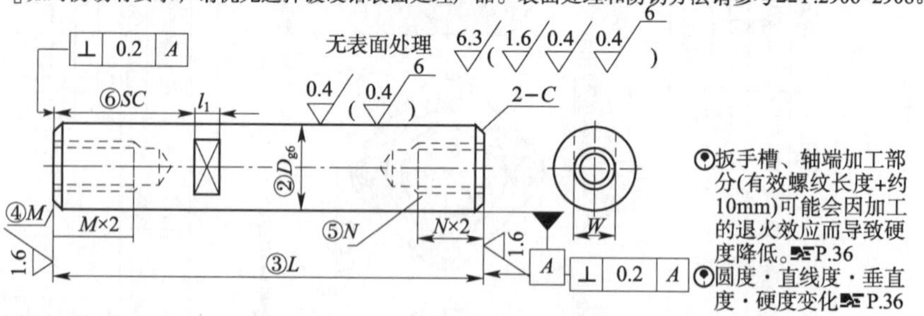

CAD 2D 3D 制 RoHS

型式 ①Type		②D_{g6}	③L 指定单位1mm	④M(粗牙螺纹) ⑤N(细牙螺纹)选择	扳手槽尺寸(mm) ⑥SC	W	l_1	C
SFJZ SSFJZ PSFJZ	6	−0.004 −0.012	20~800	3	SC=指定单位1mm SC+l_1≤L SC≥0	5	8	0.5以下
	8	−0.005 −0.014	20~1000	3 4 5		7		
	10		20~1000	3 4 5 6		8		
	12	−0.006 −0.017	20~1200	4 5 6 8		10	10	
	13		25~1200	4 5 6 8		11		
	15		25~1200	4 5 6 8 10		13		
	16		30~1200	4 5 6 8 10		14		

图 4-1-7　导向轴选型结果

本夹具属于轻负载设备，磨损不严重，导向轴选用 SFJZ 型，是非镀铬中硬度较高的一种，可以满足使用要求。

导向轴的总长度 L 可以在 20 ~ 1000mm 之间定制，在本夹具中，需要根据手爪开合距离的要求，计算出所需的导向轴长度（见结构件设计内容）。导向轴两端有螺纹孔，用于将导向轴端面与夹具体固定。当需要螺纹连接强度较高时，可以选用细牙螺纹。

5. 同步带轮选型

如图 4-1-8 是节距 P_b = 2mm 的 GPA 型米思米（MISUMI）同步带轮的选型表。同步带轮的选型从齿数、公称宽度、轴孔规格三方面考虑。

(1) 齿数的选择。带轮齿数是同步带传动中一个重要的参数，它会直接影响到传动系统的结构尺寸、可靠性和同步带的使用寿命。当传动比已经确定的情况下，可以采用齿数比较少的小同步轮，使得传动系统的结构相对紧凑，又能节省材料和制作费用。但是当同步带轮过小时，会使同步带包绕在同步带轮上面的同时啮合的齿数减少，从而容易造成同步带的带齿承载过大，导致同步带发生剪断现象。此外如果同步轮过小，会使同步带进入同步轮时，同步带的弯曲应力过大，从而导致同步带因为弯曲疲劳而破坏。

■ A形

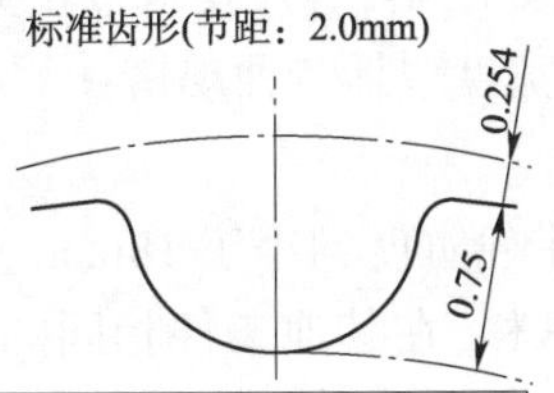

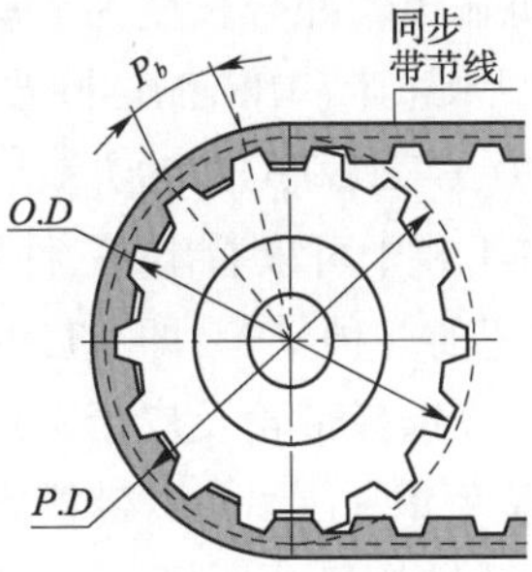

型式		
皮带宽度4mm	皮带宽度6mm	皮带宽度9mm
A:5.0 W:8.3	A:7.0 W:10.3	A:10.0 W:13.3
GPA□ □GT2040	GPA□ □GT2060	GPA□ □GT2090

■ 选择带轮形状　　■ 选择轴孔规格

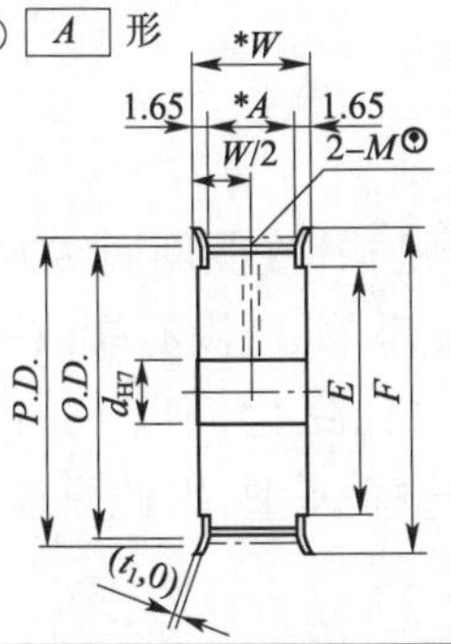

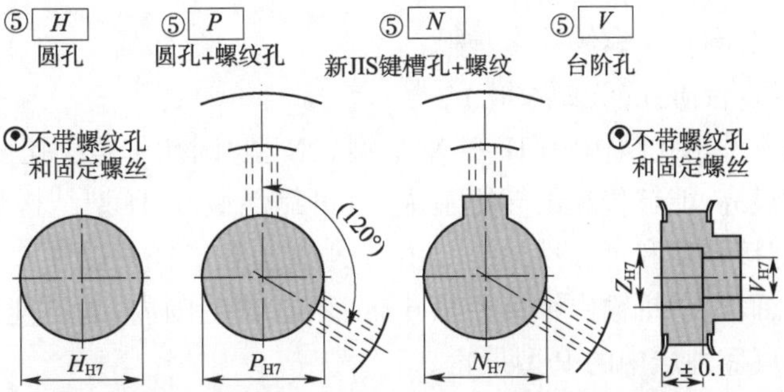

型　式			⑤轴孔规格(~)指定单位1mm			齿数	P.D. (mm)	O.D. (mm)	F (mm)	E (mm)
①Type	②齿数	③种类 公称宽度	H 圆孔	P 圆孔+螺纹孔	N 键槽孔+螺纹孔					
GPA	30	CT2040 *A:5.0 *W:8.3	5~11		—	30	19.10	18.59	24	15
	32		5~13	5~10		32	20.37	19.86	25	17
	34		6~14	6~10		34	21.65	21.14	27	18
	36	CT2060 *A:7.0 *W:10.3	6~14	6~10		36	22.92	22.41	27	18
	38		6~16	6~10	8	38	24.19	23.68	29	20
	40		6~17	6~12	8~10	40	25.46	24.95	30	21
	44		6~19	6~13	8~11	44	28.01	27.50	32	23
	48	CT2090 *A:10.0 *W:13.3	8~22	8~15	8~13	48	30.56	30.05	35	26
	50		8~23	8~16	8~14	50	31.83	31.32	36	27
	60		8~29	8~22	8~19	60	38.20	37.69	42	33

图 4-1-8　同步带轮选型结果

因此,确定带轮齿数时,在结构空间允许的情况下,选用齿数较多的带轮更利于传动的可靠性和皮带寿命。

根据上述原则,首先应考虑夹具体尺寸布置允许的带轮直径,应在 30mm 以下,因此选用齿数 $z=44$,计算节圆直径 $P.D$。

$$P.D=\frac{z\cdot P_b}{\pi}=\frac{44\times 2}{3.1415}=28.01\ \text{mm}<30\text{mm}$$

如图 4-1-8 所示,节顶距 $b=0.254$mm(带轮节圆与齿顶圆之间的径向距离),因此,带轮齿顶圆直径 $O.D=P.D-2b=28.01-2\times 0.254=27.50$mm。

(2)带轮宽度选择。带轮宽度有外廓宽度 W 和带槽宽度 A 两个尺寸,选择时,要考虑已选定的电机输出轴配合长度为 $L=18\text{mm}$（如图 4-1-4），要求带轮宽度 W 小于并接近 L。

GPA 型米思米(MISUMI)同步带轮的宽度包括三种规格：

GT2040，GT2060，GT2090。

从图 4-1-8 中可以看出，三种规格的带轮宽度均小于 18mm。为充分利用电机输出轴长度，选用最宽的一种带轮，即 GT2090 型，这样，在其他条件相同的情况下，皮带宽度最大，强度最高。最终选择带轮及皮带宽度如下：

外廓宽度 $W=13.3\text{mm}$；带槽宽度 $A=10\text{mm}$；皮带宽度 $=9\text{mm}$。

(3)轴孔结构尺寸选择。如图 4-1-8，轴孔结构形式有 4 种：

H 型：圆孔（无螺纹孔）；

P 型：圆孔 + 螺纹孔；

N 型：圆孔 + 螺纹孔 + 键槽；

V 型：台阶孔（无螺纹孔）。

在 4 种轴孔结构中（H、P、N、V 型），N 型"圆孔 + 螺纹孔 + 键槽"在圆周回转方向上的连接强度最高，能够传递的转矩最大，且可靠性最好；H 型结构最简单，既没有螺纹孔，也没有键槽，连接强度和可靠性最差。由于 N 型圆孔直径只能在 8 ~ 11mm 之间以 1mm 为单位任意选择，而电动机输出轴直径是 6mm，不在其范围内，故不能选择 N 型，因此只能选择连接强度和可靠性居中的 P 型带轮。

6. 传动带的选型

(1)传动带宽度与带轮的槽宽相匹配，小于槽宽 0.5 ~ 1mm 即可。在上述带轮选型中，传动带宽度已经确定为 9mm；

(2)传动带的周长和齿数的确定，需要根据传动系统的布置尺寸，先初定两带轮的中心距；

(3)按照初定中心距，计算带轮周长；

(4)在传动带选型表中找到近似长度的一长一短 2 种传动带型号，因为有张紧轮进行张紧，所以选择其中周长较长的一种作为最终确定的传动带型号；

(5)按照最终确定的传动带周长，重新计算带轮中心距。

7. 张紧轮的选型

图 4-1-9 是中心轴承型（单排轴承）张紧轮选型表，张紧轮选型从以下几方面考虑：

(1)类型(Type)。通过本选项确定张紧轮是否带凸缘（两侧挡边）。两侧挡边是为了防止传动带在运行过程中从张紧轮上脱出，在选择张紧轮宽度足够的情况下，即传动带两侧各留 1mm 宽度余量时，张紧轮可以不要挡边。

(2)材质及表面处理。为保证张紧轮强度，不选用铝合金材质，而选择 S45C（日本标准，相当于 45#钢），凸缘材料 SPCC（冷轧碳钢薄板），表面四氧化三铁保护膜（发黑处理）。

根据以上两项选择，确定张紧轮为 BFBD 型。

(3)张紧轮宽度。张紧轮宽度等于传动带宽度(9mm)加上两侧各留 1mm 余量，因此张紧轮宽度选择 11mm。查表可知，相应的外径 $D=25\text{mm}$，内孔直径 $d=6\text{mm}$。

Type		M材质			S表面处理
不带凸缘	带凸缘	主体	凸缘	轴承	
AFBD	AFDF	铝合金	铝合金	钢	本色阳极氧化处理
BFBD	BFDF	相当S45C	SPCC		四氧化三铁保护膜
MFBD	MFDF				无电解镀镍

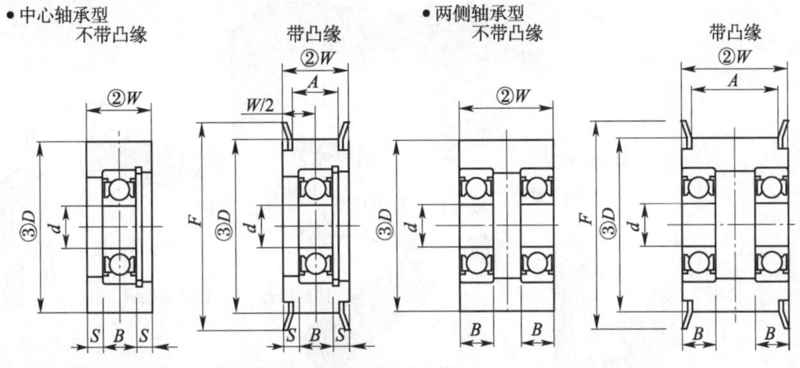

⊙ 轴承采用压入方式　*轴承精度JIS B1514 0级(压入前)

■中心轴承型

类型					适用传动带公称宽度			轴承尺寸			使用扣环	
①Type	②W (mm)	③D (mm)	F (mm)	A (mm)	英寸 (in)	公制 (mm)	S (mm)	No.	d (mm)	B (mm)	AFBD MFBD AFDF MFDF	BFBD BFDF
不带凸缘 AFBD BFBD MFBD	9	20	25	5	–	40	2.5	695ZZ	5	4	RTWS13	RTWN13
		25	30									
	10	25	30	6	19	–	25	696ZZ	6	5	RTWS15	RTWN15
	11	25	30	7	–	60	3	669ZZ	6	5	RTWS15	RTWN15
	11.5	25	30	7.5	25	–	3.25	696ZZ	6	5	RTWS15	RTWN15
	14	30	35	9	31		4	698ZZ	8	6	RTWS19	RTWN19
	15	30	35	11	37	100	4.5	698ZZ	8	6	RTWS19	RTWN19
	16	40	48				4	6000ZZ	10	8	RTWS26	RTWN26
带凸缘 AFDF BFDF MFDF	19	30	36	14	50	–	6.5	698ZZ	8	6	RTWS19	RTWN19
		35	45				5.5	628ZZ	8	8	RTWS24	RTWN24
		45	55				5	6200ZZ	10	9	RTWS30	RTWN30
	22	35	45	17	–	150	7	6000ZZ	10	8	RTWS26	RTWN26
		45	55				6.5	6200ZZ	10	9	RTWS30	RTWN30
	26	40	48	21	75	–	9	6000ZZ	10	8	RTWS26	RTWN26
		45	55				8.5	6200ZZ	10	9	RTWS30	RTWN30
		50	58				8.5		10			

图 4-1-9　张紧轮选型结果

三、结构件设计

机电结合夹持式夹具的组成如图 4-1-10 所示，在进行设计时，对其标准构件可采用外购方式获得，对非标准物件可采用自行设计。

在选定外购件之后，下一步就要开始进行夹具结构件的设计。结构件设计的依据是要满足夹具功能的要求，与外购件配合的部分结构及尺寸需要满足外购件安装的需要。下面对 5 个主要结构件的设计方法进行分析。

1. 凸缘连接板、直线导轨及滚珠丝杠的长度

凸缘连接板是一块长方形板件，其长度决定了滚珠丝杠及直线轴承的长度，因而也决定了手爪的开合行程。

如图 4-1-11，计算凸缘连接板的长度 G。

已知：电动机安装板厚度 $A=12\mathrm{mm}$；

夹爪安装板厚度 $C=11\mathrm{mm}$；

夹爪宽度 $D=18\mathrm{mm}$；

直线导轨轴承伸出长度 $B=L-l=47-20.5=26.5(\mathrm{mm})$（见图 4-1-6）；

电动机长度 $E=97.6\text{mm}$(见图 4-1-4);

工件直径 $d=50\text{mm}$。

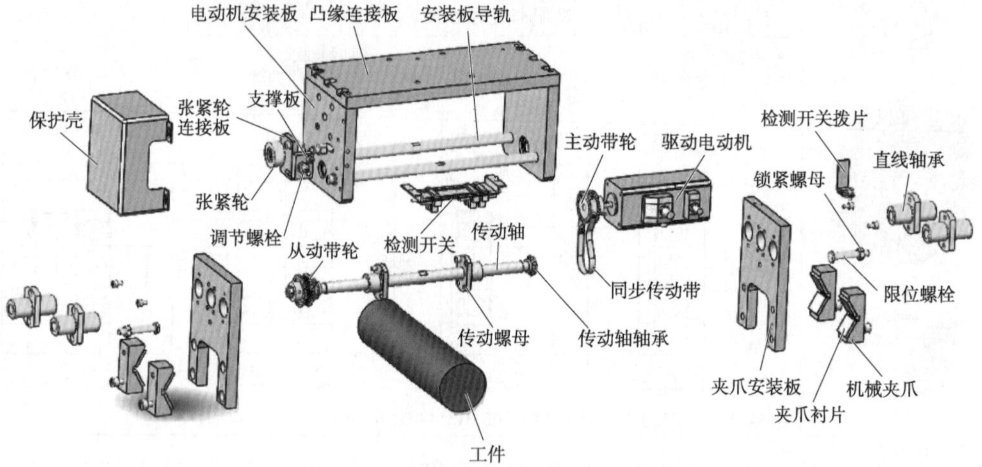

图 4-1-10 机电结合夹持式夹具分解图

计算:

当夹爪完全张开抓取工件,夹爪与工件之间不留间隙时,夹爪安装板的长度为:

$$(A+B+C+D)\times 2+d=(12+26.5+11+18)\times 2+50=185(\text{mm})$$

考虑抓取工件时,夹爪与工件两侧间隔 25m,则:凸缘连接板的长度 $G=185+25\times 2=235(\text{mm})$,取 236mm。

凸缘连接板长度确定后,直线导轨及滚珠丝杠的长度随即确定。

由于直线导轨是端面固定在电动机安装板内侧,所以:直线导轨长度 $=G-2A=236-2\times 12=212(\text{mm})$。

滚珠丝杠在两块电动机安装板内侧的长度 $=212\text{mm}$。

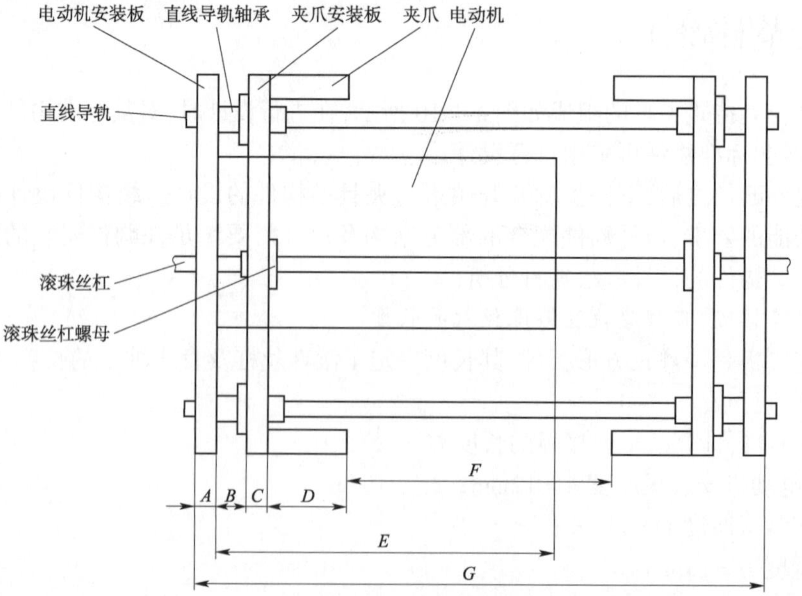

图 4-1-11 法兰连接板长度计算

2. 夹爪安装板

夹爪安装板与滚珠丝杠的螺母及直线导轨的轴承配合，有以下配合要求：

(1)安装板上的安装孔直径与丝杠螺母及导轨轴承的配合直径相匹配(孔/轴配合)；

(2)安装板上螺纹孔(M4)的水平、垂直间距与丝杠螺母及导轨轴承的螺栓光孔的水平、垂直间距一致；

(3)丝杠螺母及导轨轴承的螺栓光孔直径大于螺纹大径 0.5 ~ 1mm。

对照图 4-1-5 滚珠丝杠选型结果、图 4-1-6 直线轴承选型结果、图 4-1-12 夹爪安装板，相关配合尺寸见表 4-1-2。

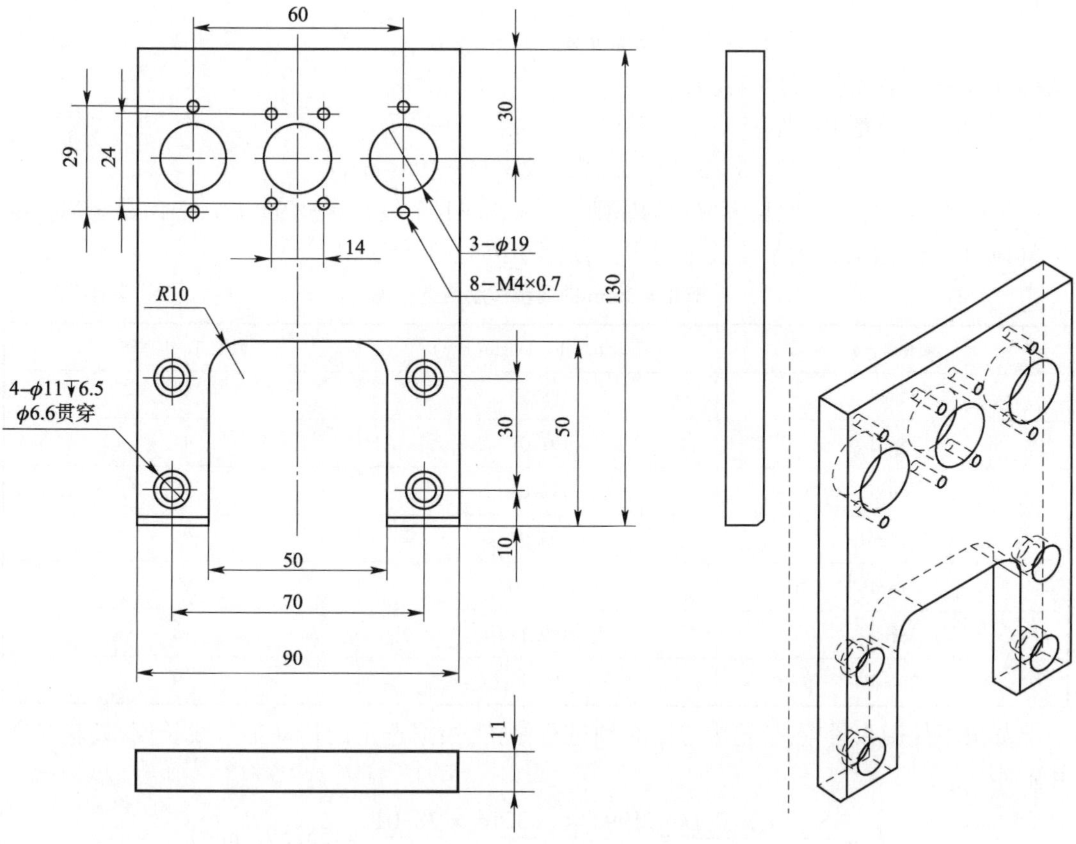

图 4-1-12 夹爪安装板(尺寸单位：mm)

夹爪安装板配合尺寸 表 4-1-2

工件	配合直径	螺栓孔水平距离	螺栓孔垂直距离	螺 栓 孔
安装板/丝杠螺母	安装孔 $\phi19/D_1 = \phi19(g6)$	$14/G = 14$	$24/D_2 = 24$	$M4 \times 0.7/D_5 = \phi4.8$
安装板/导轨轴承	安装孔 $\phi19/D = \phi19(^{0}_{-0.016})$		$29/A = 29$	$M4 \times 0.7/d = \phi4.5$
未注公差：孔为 H13；轴为 h13；长度尺寸为 JS13；深度尺寸为 H13				

3. 电动机安装板

电动机安装板上安装着电动机、同步带传动系统，因此电动机安装板设计的主要任务是确定同步带的长度以及带轮中心距。

(1)中心距计算及传动带选型。

根据图4-1-8同步带轮选型结果中已选定的GPA型米思米(MISUMI)GT2090同步带轮，其外边缘最大直径$F=32$mm。两带轮中心距应为带轮直径再加上两带轮边缘间隔的距离，初选带轮中心距$L=55$mm，即两带轮边缘间距$=55-32=23$mm。

选择传动带传动的传动比$i=1$，即两带轮直径、齿数相等，因此，计算同步传动带的节线长：

$$S=\pi\times \mathrm{P.D}+2\times L$$

式中：P. D——节径(见图4-1-8)；

L——带轮中心距。

$$S=3.14\times 28.01+2\times 55=198(\mathrm{mm})$$

根据表4-1-3，按照取长不取短的原则，选择78mxl，节线长$S=199.14$mm，齿数=98。本夹具使用张紧机构，传动带略长不需修正，仍采用中心距55mm。

节距=2mm的同步传动带选型表 表4-1-3

规格 Type	节线长 Pitch length(mm)	齿数 Teeth NO.
74mxl	188.98	93
75mxl	191.01	94
76mxl	193.04	95
76.5mxl	195.07	96
77mxl	197.10	97
78mxl	199.14	98
79mxl	201.17	99

如果不使用张紧轮，带轮中心距必须进行修正，根据选定的传动带节线长度，校核带轮中心距：

$$L=\frac{S-\pi\times \mathrm{P.D}}{2}=\frac{199.14-3.14\times 28.01}{2}=55.59\ (\mathrm{mm})$$

(2)电动机安装尺寸。

根据图4-1-13电动机选型结果，以下电动机安装尺寸需要与电动机安装板匹配：

电动机定位凸台直径：$\phi 22_{-0.021}^{\ 0}$，与电动机安装板上的安装孔ϕ22H7配合；

电动机输出轴直径：$\phi 6_{-0.012}^{\ 0}$，与电动机安装板上的通孔ϕ8配合；

电动机4个固定螺栓孔间距：31±0.2mm(水平/垂直)，与电动机安装板上的4个台阶孔间距31mm配合；

电动机固定螺栓：4×M3，与电动机安装板上的台阶孔"4－ϕ6.5(下沉3.3)/ϕ3.3贯穿"配合。

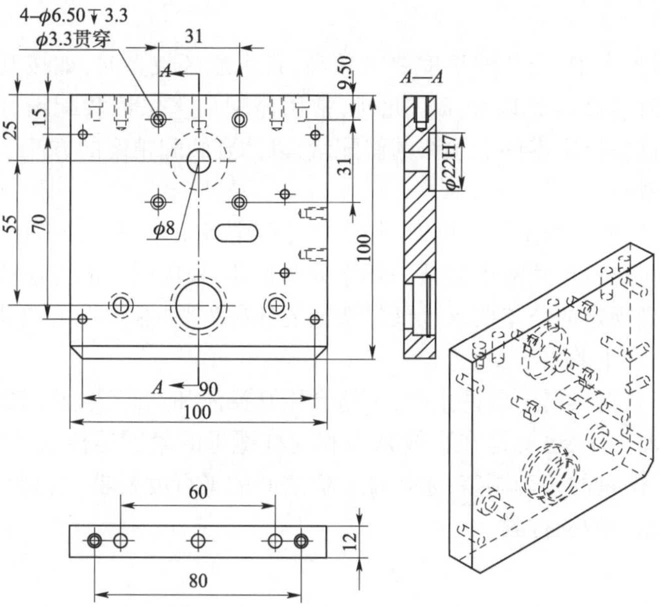

图 4-1-13 电动机安装板(尺寸单位:mm)

任务二 机电结合夹持式夹具的安装(外夹与内撑)

学习目标

1. 知识目标

(1)掌握机电结合夹持式夹具的装配步骤;

(2)在实际装配过程中,理解零件之间的位置关系、各零件的作用和夹具的工作原理;

(3)学习工具和标准件的使用方法,培养机械结构的装配技能。

2. 学习重点

掌握机电结合夹持式夹具的装配步骤。

知识准备

机电结合夹持式夹具在安装过程中,保证丝杠和导轨的装配精度是夹具能否正常工作的关键。如果装配后,1 根滚珠丝杠和 2 根直线导轨之间的平行度达不到要求,就会增大丝杠与螺母之间,或者导轨与直线轴承之间的摩擦阻力,严重时会发生机构卡死的情况。

保证装配精度有以下 4 种方法。

(1)互换装配法。

就是提高零件的加工精度,以此来保证装配后零件的位置精度,这种方法保证精度可靠,具有可互换性和可重复性。但是,提高零件的加工精度必定会导致制造成本的增加。

(2)选配装配法。

选配装配法是将相关零件的相关尺寸公差放大到经济精度,然后挑选合适的零件进行装配,以保证装配精度的方法。

（3）修配法。

在单件小批量生产中，当装配精度要求较高，且组成环较多时，如按互换法或选配法装配，会造成零件精度过高而难以加工。此时，常用修配法来保证装配精度要求。所谓修配法，就是在装配时修去指定零件上预留的修配量，以达到装配精度的方法。

（4）调整装配法。

调整装配法的实质与修配法相同，也是将尺寸链中各组成环的公差值放大，使其按经济精度制造。装配时，选定尺寸链中的某一环作为调整环，采用调整的方法改变其实际尺寸或位置，使封闭环达到规定的公差要求。预先选定的环称为“调整环”，它是用来补偿其他各组成环因公差放大而产生的累积误差。

机电结合夹持式夹具属于单件生产，不适合用互换法和选配法，而修配法的修配工作量又较大，因此采用调整法，也就是在直线轴承和丝杠螺母的紧固螺栓松动的情况下，使丝杠和导轨的位置进行微量的移动调整，来保证它们之间的平行度要求，当直线轴承和丝杠螺母运动顺滑后，再将紧固螺栓拧紧。

任务实施

上两节课学习了机电结合外夹式夹具的设计和机电结合内撑式夹具的设计，了解了机电结合式夹具的设计原理，这节课继续来学习机电结合式夹具的安装操作，根据图4-2-1机电结合式夹具的组装关系，来完成机电结合式夹具的安装。

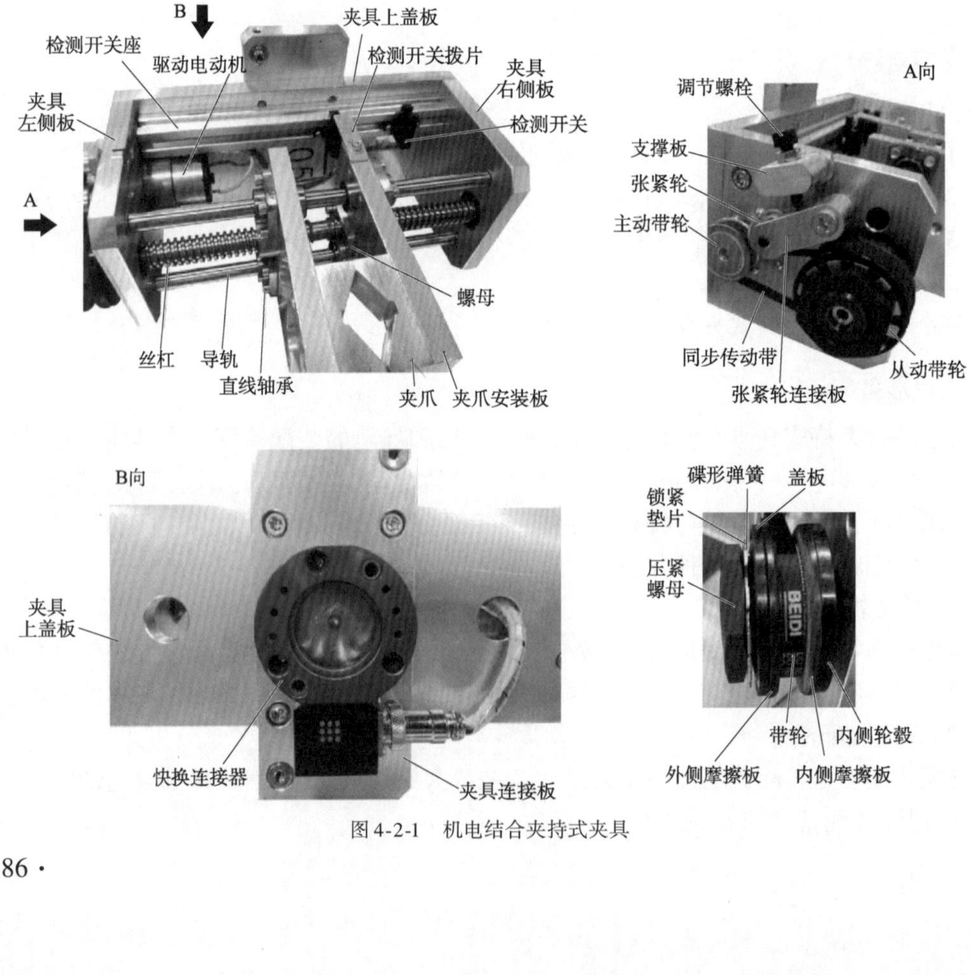

图4-2-1　机电结合夹持式夹具

(1)首先我们将要安装的机电结合式夹具的所有零部件、一整套内六角扳手和一把十字螺丝刀整齐放到工具台上,方便进行安装操作(图 4-2-2)。

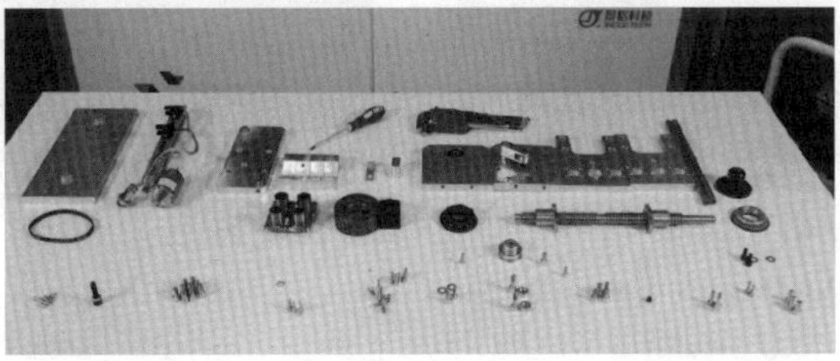

图 4-2-2　步骤(1)

(2)将 3 个螺栓从下向上,穿过夹具连接板的通孔,将快换连接器固定在夹具连接板的上平面(图 4-2-3)。

(3)4 个螺栓从上向下,穿过夹具连接板的通孔,将夹具连接板固定在夹具体上盖板上(图 4-2-4)。

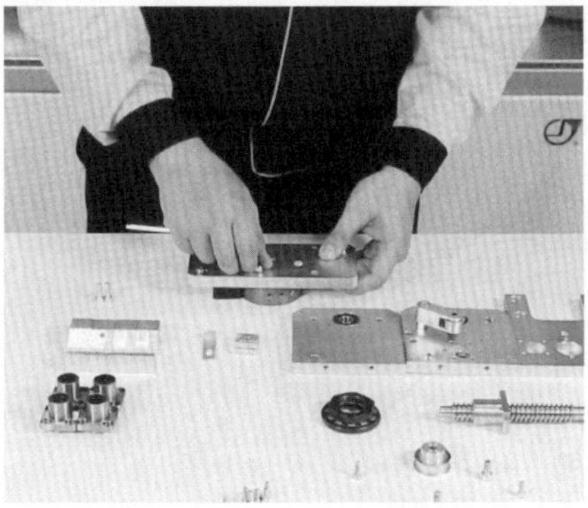

图 4-2-3　步骤(2)

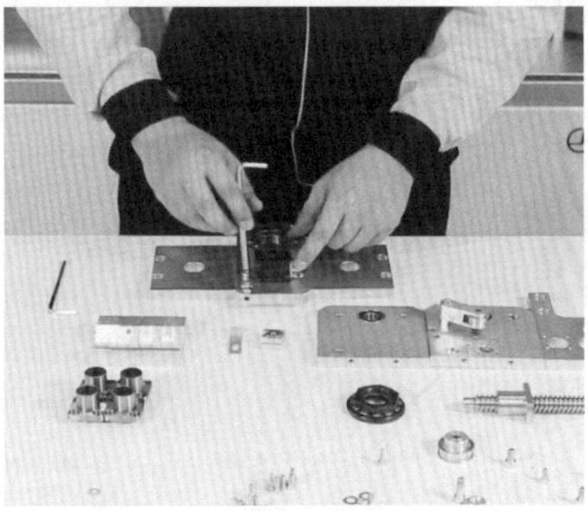

图 4-2-4　步骤(3)

(4)用 2 个螺栓,将夹具体右侧板与夹具体上盖板固定(图 4-2-5)。

(5)驱动电动机前端的定位凸缘装入到夹具体左侧板的定位孔中,用螺栓将驱动电动机与夹具体左侧板固定,放在一边备用(图 4-2-6)。

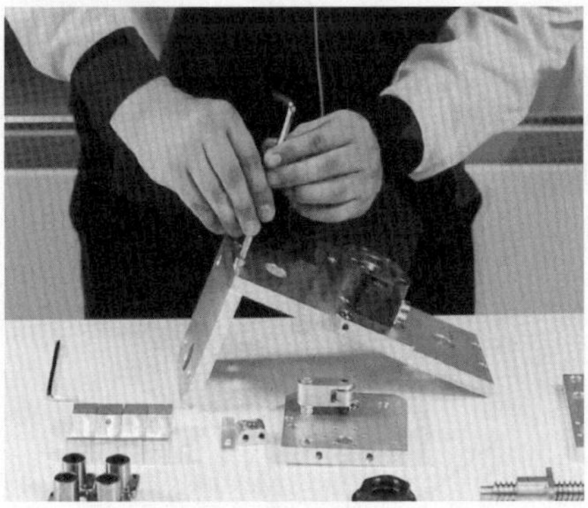

图 4-2-5　步骤(4)

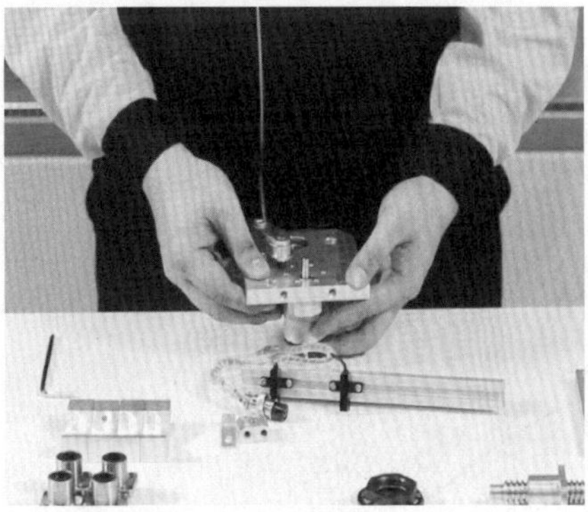

图 4-2-6　步骤(5)

(6)将左右夹爪分别安装在左右夹爪安装板上(图 4-2-7)。

(7)将已安装好夹爪的左右夹爪安装板分别套入滚珠丝杠的两端,与丝杠的左右螺母用螺栓连接,注意螺栓先不要拧紧(图 4-2-8)。

图 4-2-7　步骤(6)

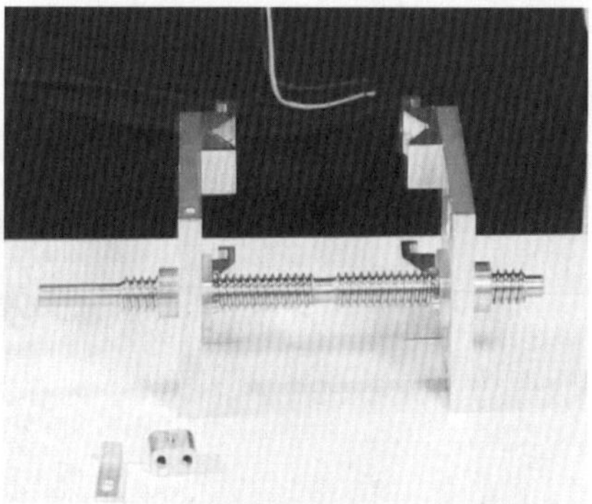

图 4-2-8　步骤(7)

(8)再把每个夹爪安装板上的 2 个直线轴承安装好,注意固定螺栓先不要拧紧(图 4-2-9)。

(9)拿起带有左右夹爪安装板的滚珠丝杠,将其一端插入到夹具体右侧板的轴承孔中(图 4-2-10)。

图 4-2-9　步骤(8)

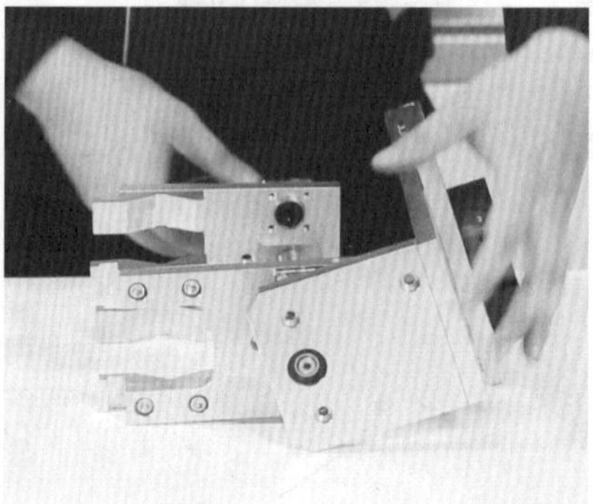

图 4-2-10　步骤(9)

(10)将 2 根导轨穿过夹爪安装板上的直线轴承内孔,一端插入到夹具体右侧板的 2 个导轨支撑孔中(图 4-2-11)。

(11)拿起带有驱动电动机的夹具体左侧板,使它上面的 1 个丝杠座孔和 2 个导轨座孔与丝杠和导轨悬空的一端对准,将丝杠和导轨的轴端装入到各自的座孔中(图 4-2-12)。

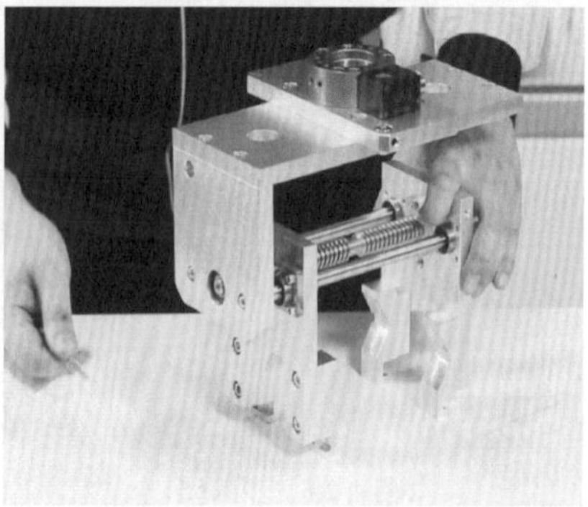

图 4-2-11　步骤(10)

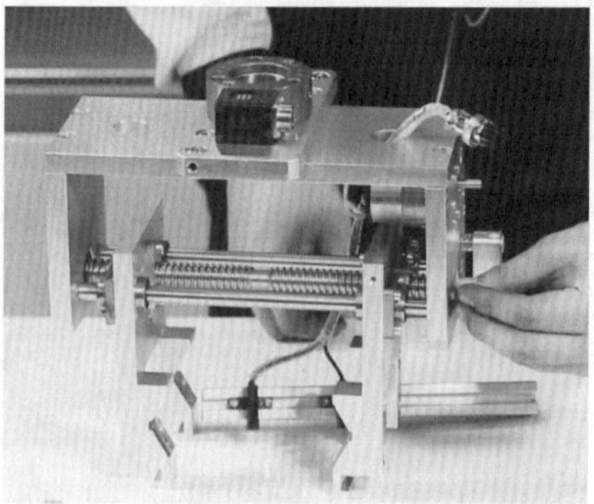

图 4-2-12　步骤(11)

(12)将夹具体左侧板与夹具体上盖板固定(图 4-2-13)。

(13)转动丝杠伸出的一端,使其能够带动两块夹爪安装板自由开合,然后拧紧直线轴承和丝杠螺母与夹爪安装板的固定螺栓;螺栓拧紧后,重新检查丝杠能否自由转动,如果转动阻力较大,则要松开螺栓重新调整(图4-2-14)。

图4-2-13 步骤(12)

图4-2-14 步骤(13)

(14)将主动带轮安装在驱动电动机输出轴一端(图4-2-15)。

(15)将从动带轮的内侧轮毂安装在丝杠伸出的一端(图4-2-16)。

图4-2-15 步骤(14)

图4-2-16 步骤(15)

(16)依次装上内侧摩擦板、带轮,套上同步齿带,注意同时将同步齿带套入主动带轮的轮槽中(图4-2-17)。

(17)再装入外侧摩擦板、盖板、碟形弹簧,注意碟形弹簧的凸面向外(图4-2-18)。

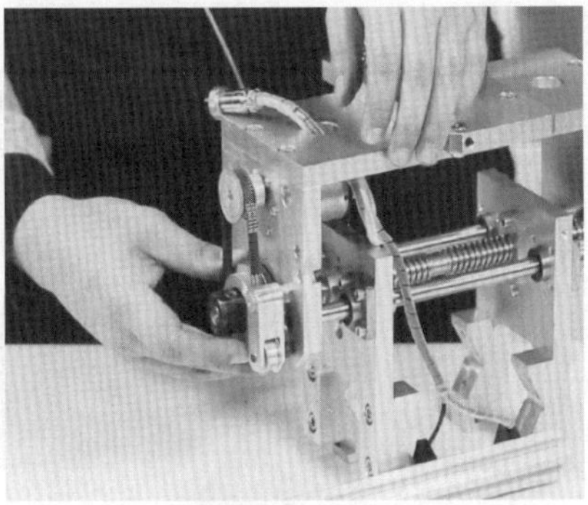

图4-2-17 步骤(16)

图4-2-18 步骤(17)

(18)装入锁紧垫片,压紧螺母,用扳手转动压紧螺母,按照过载保护装置说明书中规定的旋紧圈数,将压紧螺母旋紧(图4-2-19)。

(19)将带有张紧轮的张紧轮连接板安装到夹具体左侧板上,将带有调节螺栓的支撑板也安装到夹具体左侧板上(图 4-2-20)。

图 4-2-19　步骤(18)

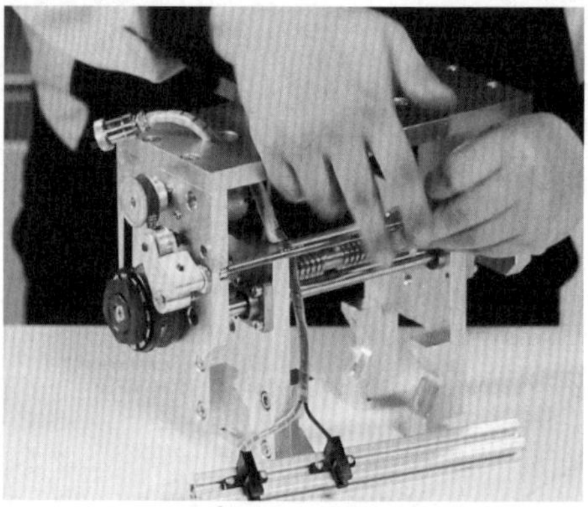

图 4-2-20　步骤(19)

(20)顺时针旋转调节螺栓,使张紧轮压向传动带,直到传动带被适当张紧(图 4-2-21)。

(21)将带有检测开关的检测开关座安装在夹具体左右侧板之间(图 4-2-22)。

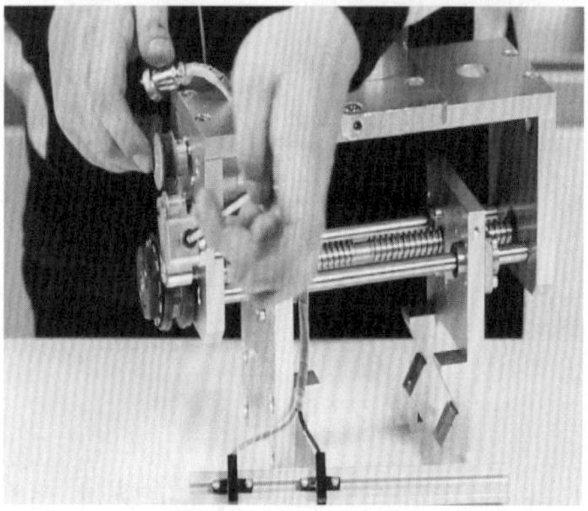

图 4-2-21　步骤(20)

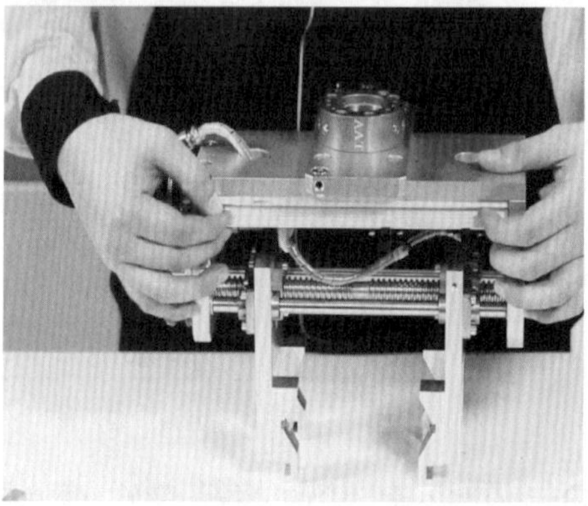

图 4-2-22　步骤(21)

(22)将检测开关拨片安装到右侧夹爪安装板上(图 4-2-23)。

(23)插上驱动电动机插头,完成夹具的安装(图 4-2-24)。

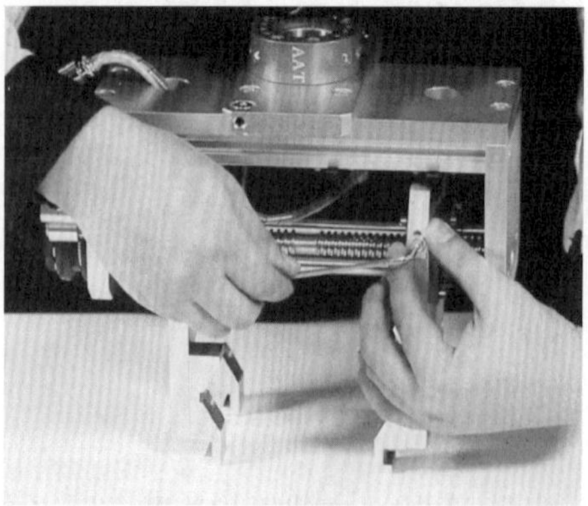

图 4-2-23　步骤(22)

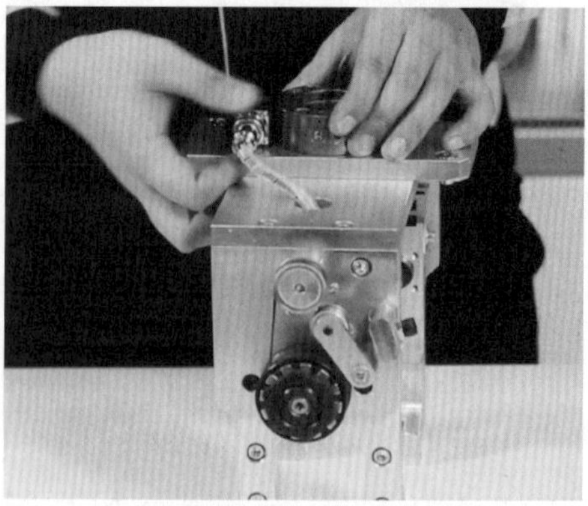

图 4-2-24　步骤(23)

任务三　机电结合夹持式夹具的调试

学习目标

1. 知识目标

(1)掌握机电结合夹持式夹具的调试步骤;

(2)掌握三轴机器人坐标系中各坐标轴的方向,软件虚拟示教器的使用方法;

(3)用三轴机器人及机电结合夹持式夹具搬运工件的步骤和方法。

2. 学习重点

掌握机电结合夹持式夹具的调试步骤。

知识准备

一、直角坐标机器人的组成及特点

直角坐标机器人是指在工业应用中,能够实现自动控制的、可重复编程的、运动自由度包含三维空间正交平移的自动化设备(见图4-3-1),有些直角坐标机器人还具有末端工具的摆动自由度和旋转自由度。其组成部分包含直线运动轴、旋转运动轴的驱动系统、控制系统、终端设备,可在多领域进行应用,具有超大行程的优点。

图4-3-1　直角坐标机器人

直角坐标机器人是以 *XYZ* 直角坐标系为基本数学模型,以伺服电动机、步进电动机为驱动的单轴机械臂为基本工作单元,以滚珠丝杆、同步传动带、齿轮齿条为传动方式所构建起来的机器人系统,可以完成在 *XYZ* 三维坐标系中任意一点的到达和遵循可控的运动轨迹。

直角坐标机器人的运动控制系统对其进行驱动及编程控制,直线、曲线等运动轨迹的生成为多点插补方式,操作及编程方式为引导示教编程方式或坐标定位方式。

二、三轴直角坐标机器人坐标系的定义(面向机器人)

X 轴:左边为负方向,右为正方向;

Y 轴:操作员前方为负方向,后方是正方向;

Z 轴:向上为负方向,向下为正方向。

3个坐标轴的方向关系符合右手螺旋定则,即右手4个手指从 *X* 轴抓向 *Y* 轴,大拇指方向就是 *Z* 轴的正方向。如图4-3-2所示。

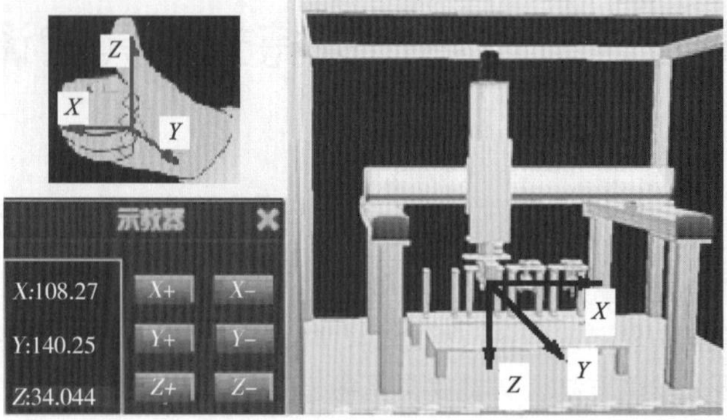

图 4-3-2　三轴直角坐标机器人坐标系的定义

任务实施

(1)打开工作台的柜门,可以看到柜门里的电气元件,将左上方的电源开关打开(图 4-3-3)。

(2)工作站右上方的触摸屏变亮,处于打开状态,按下“开始”按钮(图 4-3-4)。

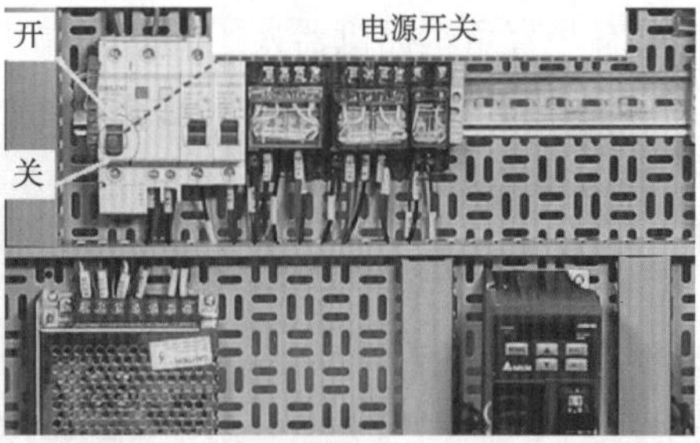

图 4-3-3　操作步骤(1)

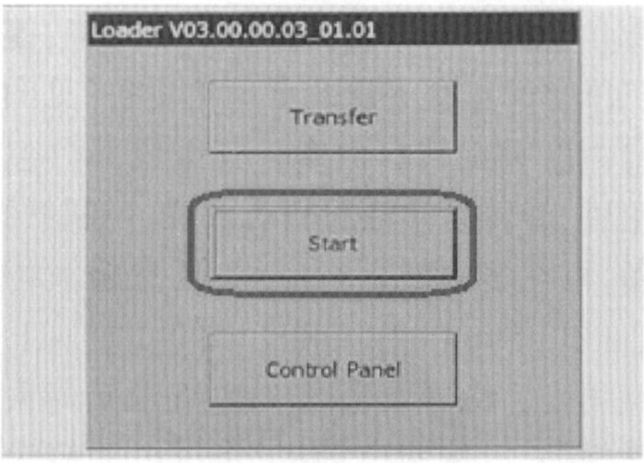

图 4-3-4　操作步骤(2)

(3)打开空压机上的电源开关,压力表上的指针将会顺时针旋转,表示气压上升;将出气阀打开。图 4-3-5 中开关及阀均处于开启位置。

(4)将调压阀上的气源开关打开(图 4-3-6)。

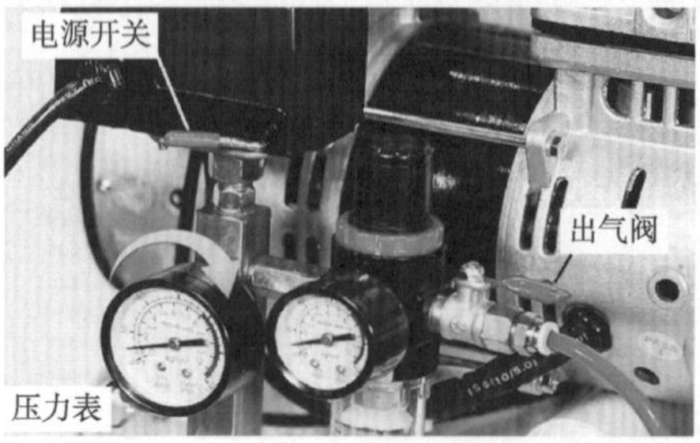

图 4-3-5　操作步骤(3)

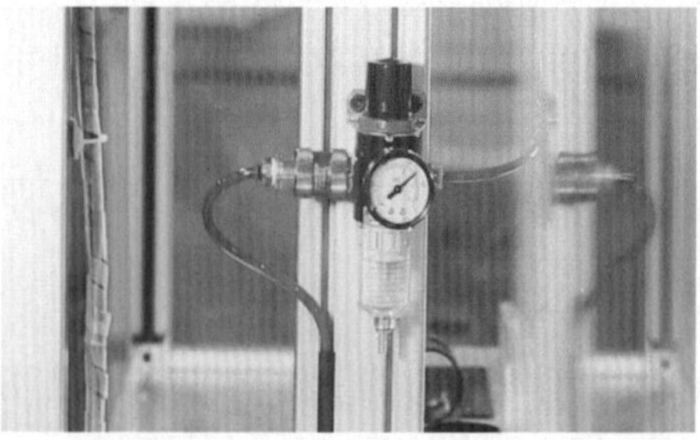

图 4-3-6　操作步骤(4)

(5)操作触摸屏,点击“工具盘”右侧“锁紧/松开”按钮(图 4-3-7)。

(6)检查凸缘盘的钢珠有无锁紧、松开动作。以检查气源是否正常打开(图4-3-8)。

注意:如果没有锁紧、松开动作,检查气路阀是否打开或电磁阀是否正常。排除故障后才可以进行后续操作。

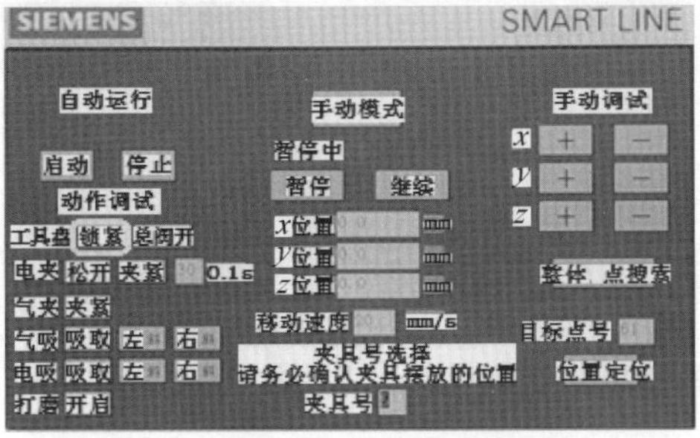

图4-3-7 操作步骤(5)

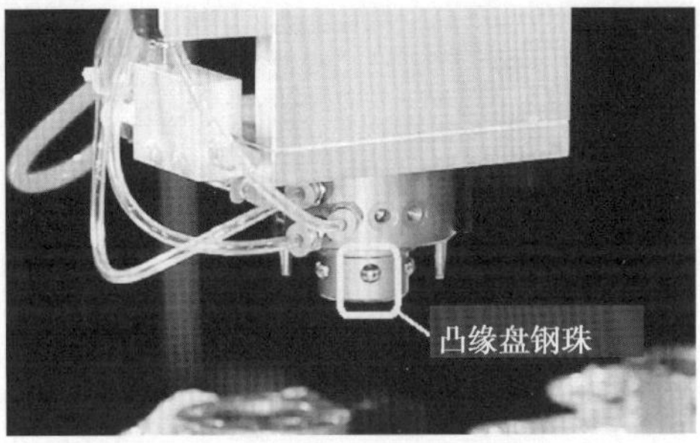

图4-3-8 操作步骤(6)

(7)打开工业机器人夹具教学实训软件。在电脑中找到工业机器人夹具教学实训软件的图标,双击打开,进入工业机器人夹具教学实训软件(图4-3-9)。

(8)在实训软件中,点击实训项目——机电结合夹持式夹具(图4-3-10)。

图4-3-9 操作步骤(7)

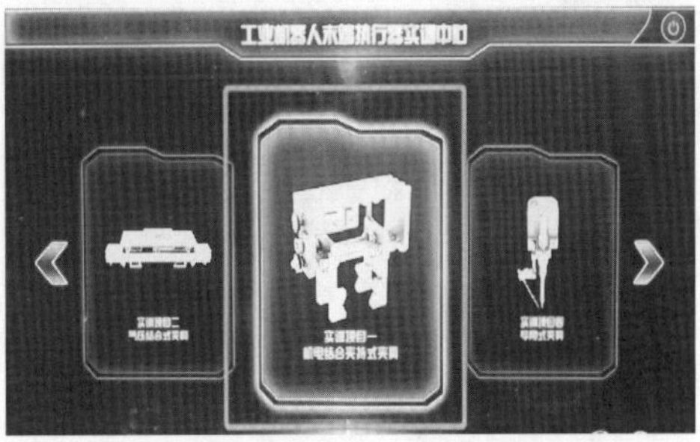

图4-3-10 操作步骤(8)

(9)选择机电结合内撑式夹具,点击开始实训(图4-3-11)。

(10)实训步骤一,是否完成机电结合内撑式夹具的设计,选择是,已经完成机电结合内撑式夹具的设计(图4-3-12)。

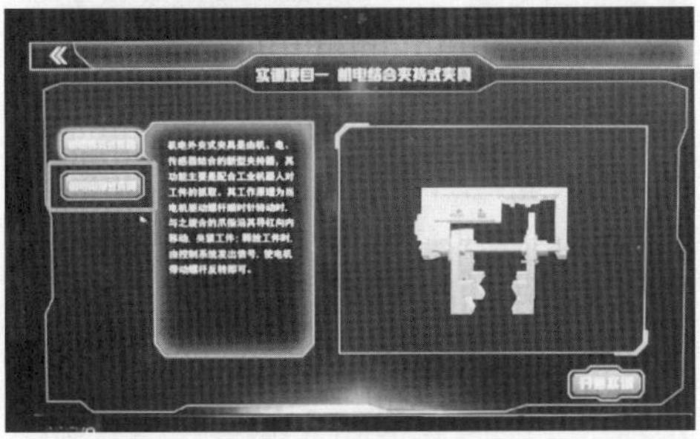

图4-3-11 操作步骤(9)

图4-3-12 操作步骤(10)

(11)实训步骤二,进行机电结合内撑式夹具的安装,在实训步骤的右框中,将正确的机电结合内撑式夹具拖拽至三轴直角坐标机器人处,完成软件中的机电结合内撑式夹具安装

(图 4-3-13)。

(12)然后将实物中对应的机电结合内撑式夹具安装到三轴直角坐标机器人处(机器人来到夹具上方,图 4-3-14)。

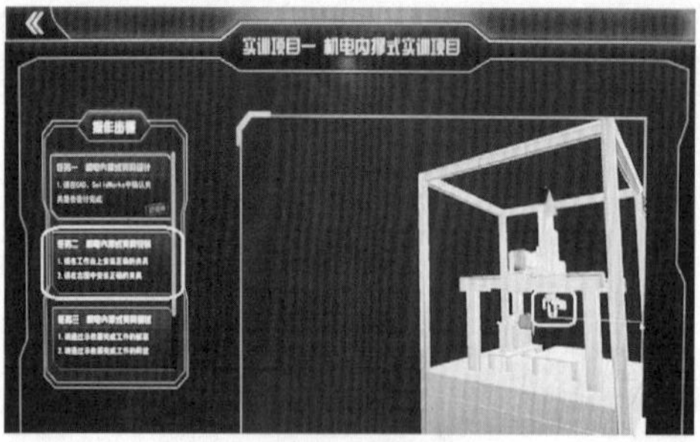

图 4-3-13 操作步骤(11)

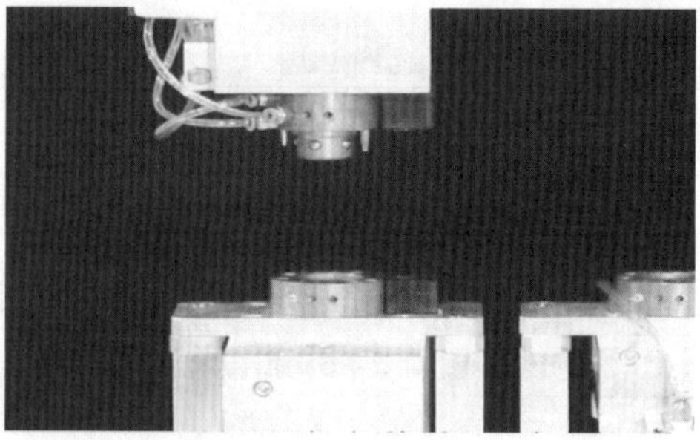

图 4-3-14 操作步骤(12)

(13)然后将实物中对应的机电结合内撑式夹具安装到三轴直角坐标机器人处(图 4-3-15)。

(14)实训步骤三,进行机电结合内撑式夹具的搬运工作,在软件虚拟示教器中通过点击 *XYZ* 按钮(图 4-3-16)。

图 4-3-15 操作步骤(13)

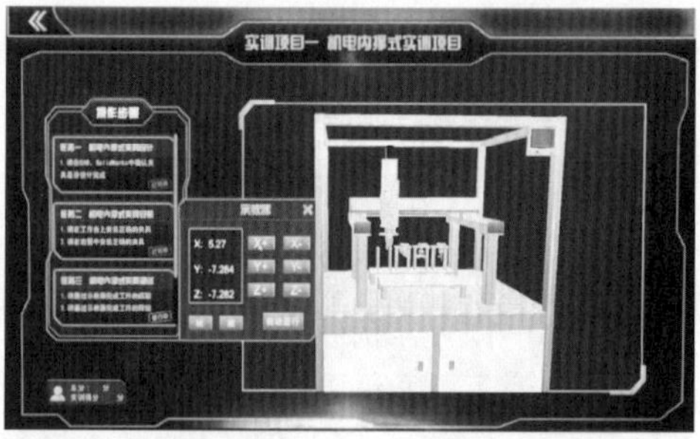

图 4-3-16 操作步骤(14)

(15)移动机器人和夹具至工件的抓取上方位置(图 4-3-17)。

(16)移动机器人和夹具至工件的抓取位置,点击拾取按钮(图 4-3-18)。

图 4-3-17 操作步骤(15)

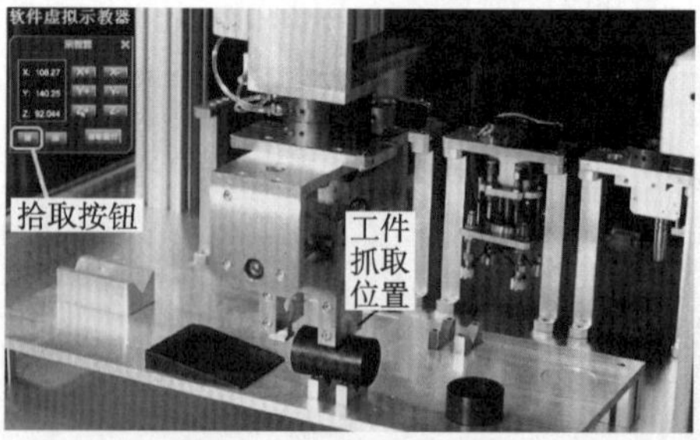

图 4-3-18 操作步骤(16)

(17)通过点击 *XYZ* 按钮,移动机器人、夹具和工件至工件放置位置的上方(图 4-3-19)。

(18)通过点击 *XYZ* 按钮,移动机器人、夹具和工件至工件放置位置,点击放置按钮,机电结合内撑式夹具释放工件(图 4-3-20)。

图 4-3-19　操作步骤(17)

图 4-3-20　操作步骤(18)

任务四　机电结合夹持式夹具的应用

学习目标

1. 知识目标

(1)了解机电结合夹持式夹具的特点和应用领域;

(2)学习通过实训软件控制三轴直角坐标机器人及机电结合夹持式夹具自动搬运工件的步骤和方法。

2. 学习重点

学习通过实训软件控制三轴直角坐标机器人及机电结合夹持式夹具自动搬运工件的步骤和方法。

知识准备

一、机电结合夹持式夹具的特点及应用领域

(1)机电结合夹持式夹具以伺服电动机驱动,在 PLC、工业 PC 机、单片机及运动控制器等上位机控制下,具有可编程控制功能,运动精度高,调速方便。夹具手指收拢与张开的定位点可以通过编程来可控制,实现多点定位功能,是机器人的柔性执行终端,能够用于不同尺寸规格的零件抓取,如图 4-4-1 所示。

(2)机电结合式夹具的夹持力可以通过编程进行调整,并可以实现力的闭环控制,夹持力的精度可以到 0.01N,电动手指的加减速可控,对工件的冲击可以减至最小。

(3)机电结合式夹具在抓取工件的同时,可以对工件抓取部位的尺寸进行测量,测量精度可以到 0.005mm。

图 4-4-1　集成式机电结合夹持具

(4)机电结合式夹具有自锁机构,防止意外断电造成工件掉落、碰撞及设备损伤。

相比之下,气动夹具的开合只有两个位置点,而且气动夹具夹取零件是一个撞击过程,对工件的冲击无法避免。气动夹具的力量和速度难以控制,无法用于高柔性的精细作业场合。

气动夹具的优点是价格便宜,动作可靠,广泛应用于一般性的抓取作业场合。而机电结合式夹具是一种高精度、高柔性的高端夹具,价格较高,用于一些有特殊要求的产品和领域。

二、机电结合夹持式夹具的应用领域

机电结合夹持式夹具应用领域广泛,如图 4-4-2 和图 4-4-3 所示,归纳总结,具有以下特点。

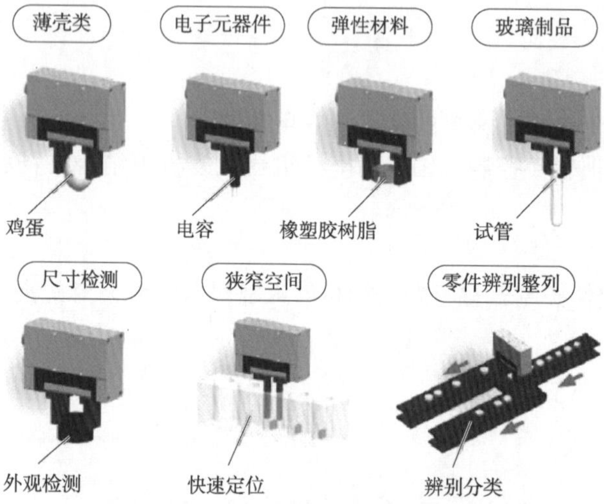

图 4-4-2　机电结合式夹具的应用领域

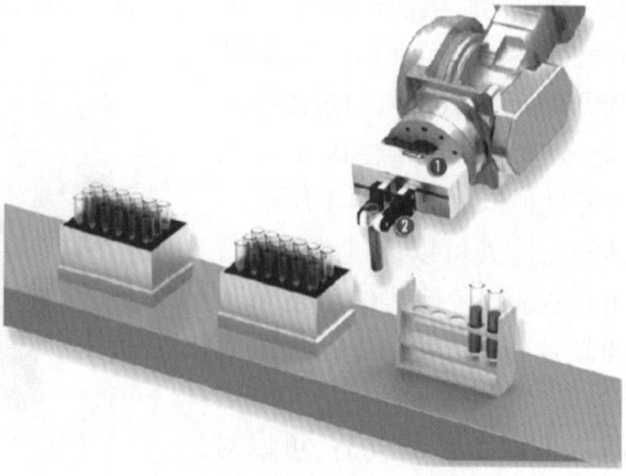

图 4-4-3　机电结合式夹具的应用领域

(1)适用于易变形、易碎工件的夹取(要求速度、位置、夹持力可控);

(2)狭窄空间的物料取放(夹具张开闭合的位置精度要求高);

(3)试验室、医疗等没有压缩空气源及其他不适宜使用气动夹具的场合,比如要求静音的场合;

(4)要求夹具高速开合和产生高夹持力;

(5)要求进行多点定位及夹持力调整。

任务实施

(1)设备的工作台有4个工具座,对应放置9种夹具。夹具的位置在程序中固定,不能随意互换(图4-4-4)。

(2)工具座与夹具号的对应关系分别是:一号工具座对应放置机电外夹式夹具(1号夹具)或机电内撑式夹具(5号夹具)(图4-4-5)。

图4-4-4 步骤(1)

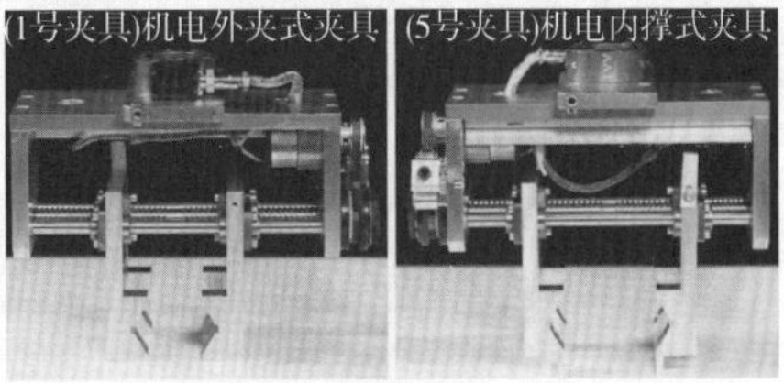

图4-4-5 步骤(2)

(3)二号工具座对应放置气压外夹式夹具(2号夹具)或气压内撑式夹具(6号夹具)(图4-4-6)。

(4)三号工具座对应放置真空吸附式夹具(3号夹具)或电磁吸附式夹具(7号夹具)(图4-4-7)。

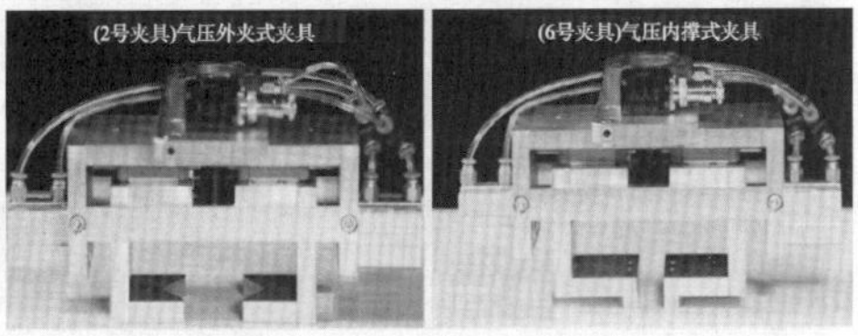

图4-4-6 步骤(3)

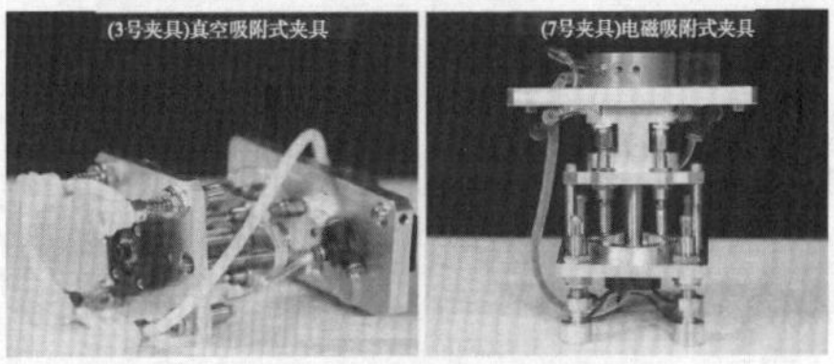

图4-4-7 步骤(4)

(5)四号工具座对应放置专用打磨式夹具(4号夹具)或专用焊接式夹具(8号夹具)或专用喷涂式夹具(9号夹具)(图4-4-8)。

图4-4-8 步骤(5)

(6)选择对应的夹具号:在工作站右上方的触摸屏中,找到夹具号的输入框,点击输入框(图4-4-9)。

(7)输入数字5,点击确定键(图4-4-10)。

(8)回原点:设备进行自动操作前,需先进行回原点,在触摸屏中,找到回原点键,点击按钮(图4-4-11)。

(9)使机器人回到原点位置(图4-4-12)。

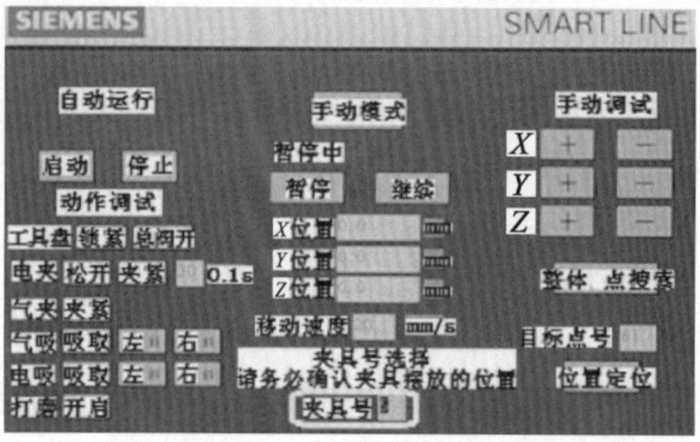

图 4-4-9　步骤(6)

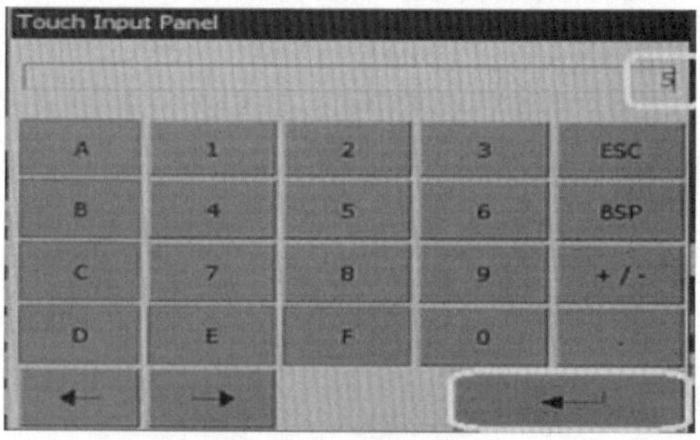

图 4-4-10　步骤(7)

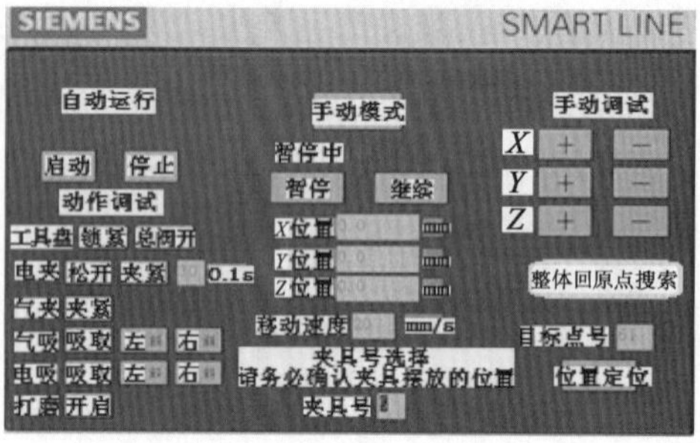

图 4-4-11　步骤(8)

图 4-4-12　步骤(9)

(10)在触摸屏中,找到自动运行模式键,点击进行切换,切换运行模式为自动模式(图 4-4-13)。

(11)在触摸屏中,找到移动速度的输入框,点击进入(图 4-4-14)。

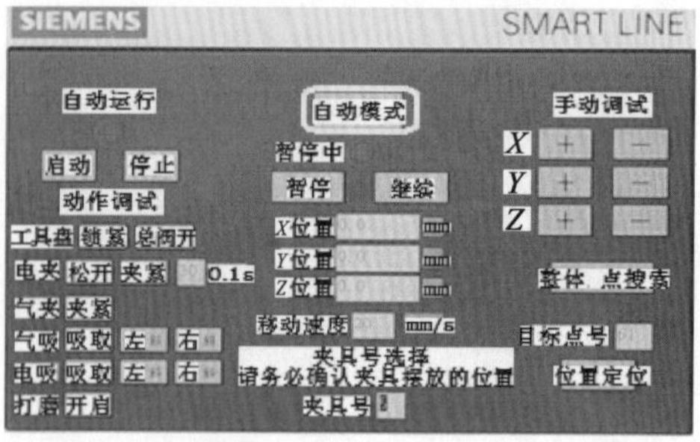

图 4-4-13　步骤(10)

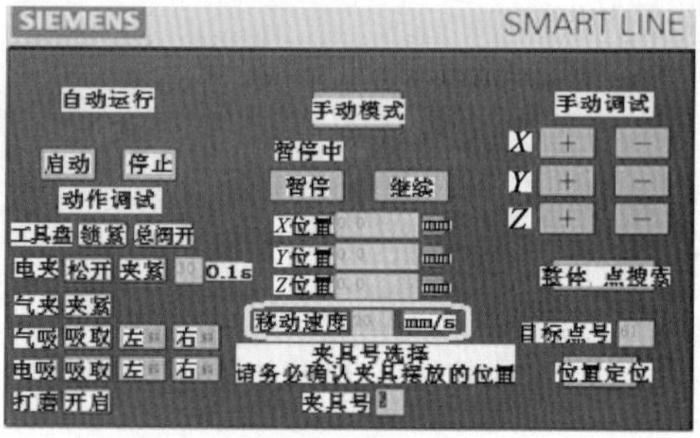

图 4-4-14　步骤(11)

(12)输入数字 20,点击确定键(图 4-4-15)。

(13)点击启动键,三轴直角坐标系机器人开始运作(图 4-4-16)。

(14)先是运动到一号工具座的上方位置(图 4-4-17)。

(15)接着向下运动至机电结合内撑式夹具的夹持位置,进行夹具的夹持(图 4-4-18)。

(16)在机电结合内撑式夹具夹持后,向上运动,运动至前一个位置后,开始向前运动,运动至机电夹具待夹持工件上方(图 4-4-19)。

(17)接着向下运动,运动至工件处,进行工件的抓取(图 4-4-20)。

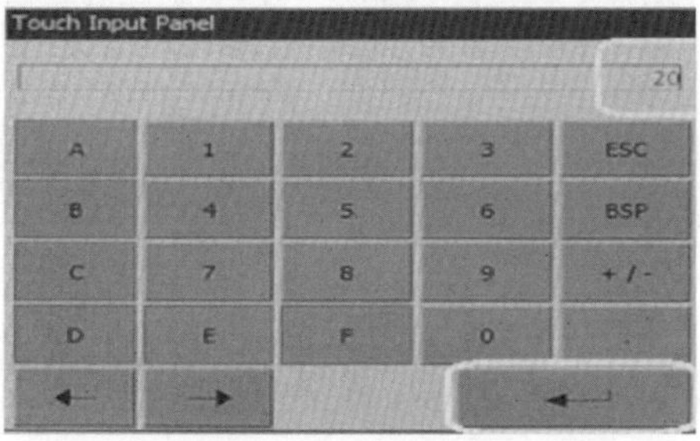

图 4-4-15　步骤(12)

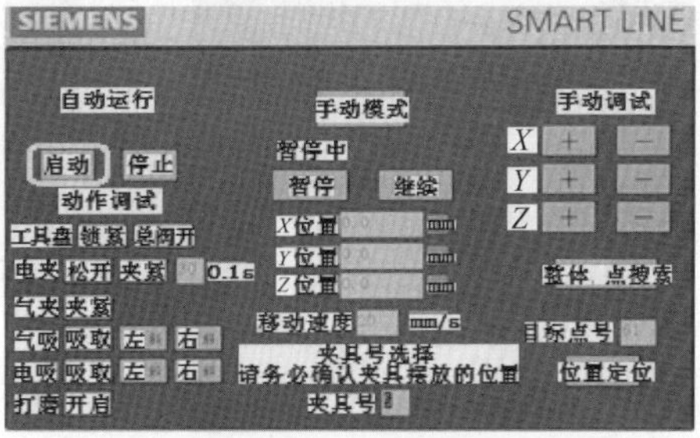

图 4-4-16　步骤(13)

图 4-4-17　步骤(14)

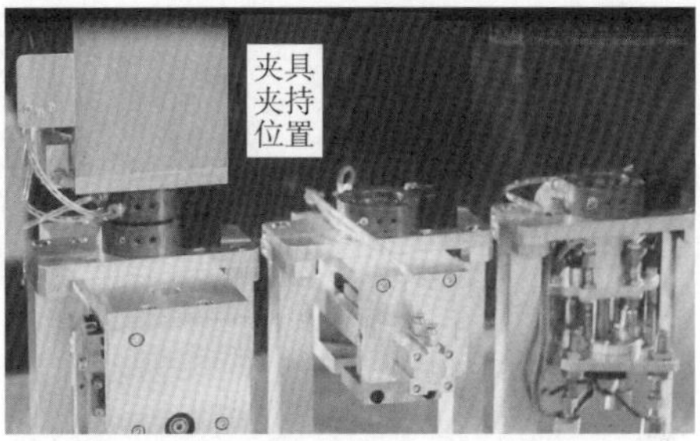

图 4-4-18　步骤(15)

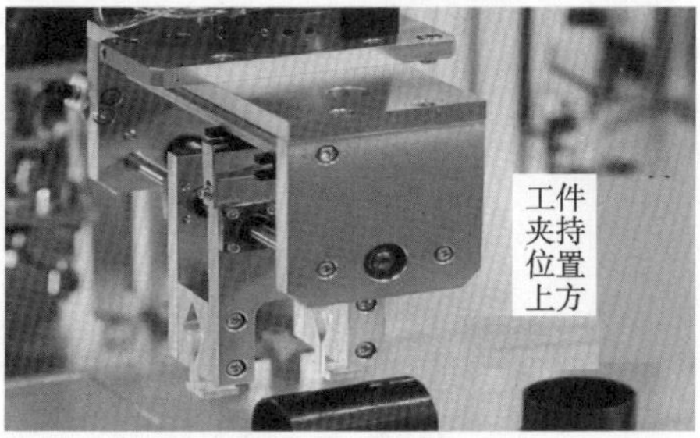

图 4-4-19　步骤(16)

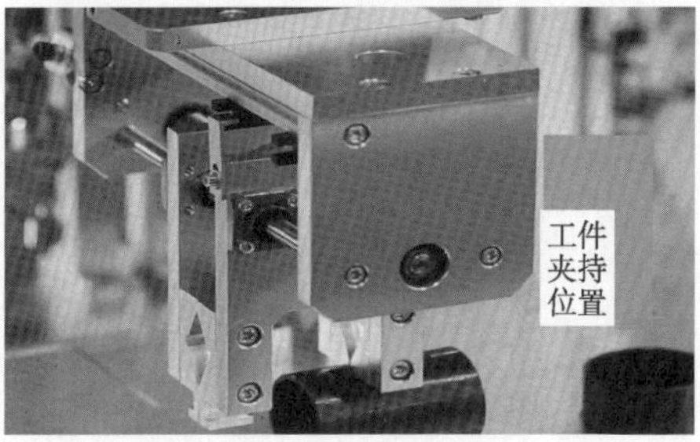

图 4-4-20　步骤(17)

(18)将工件搬运至工件放置处,进行工件的放置(图 4-4-21)。

(19)重复操作,又将工件从放置位置重新抓取,并放置回最初开始的位置(图 4-4-22)。

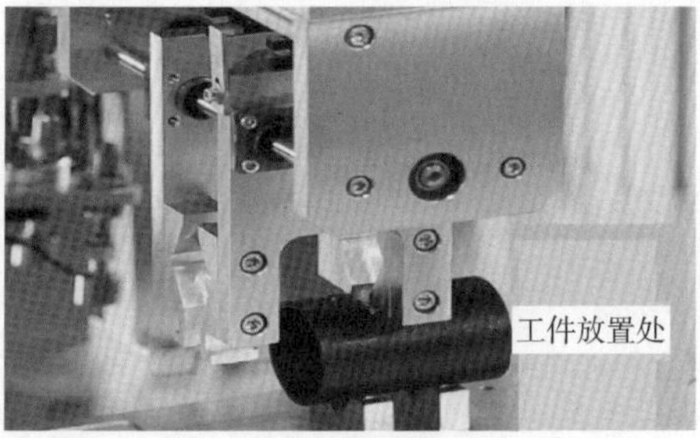

图 4-4-21　步骤(18)

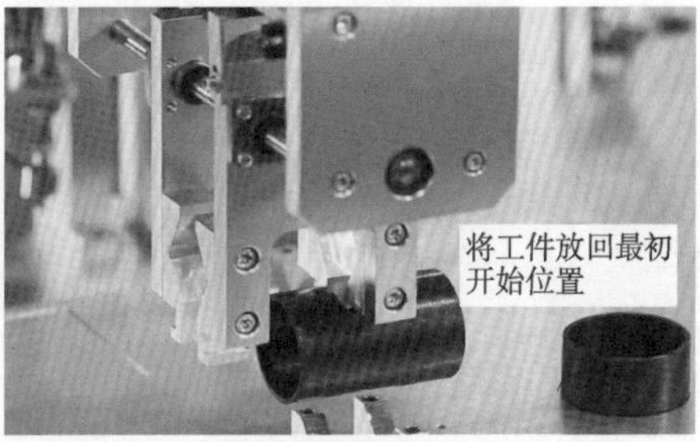

图 4-4-22　步骤(19)

(20)放完工件后,又将夹具重新放回到 1 号工具座(图 4-4-23)。

(21)最后,机器人回到原点位置(图 4-4-24)。

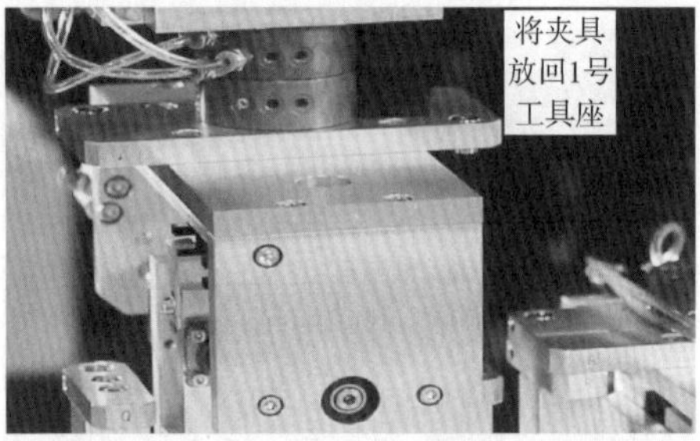

图4-4-23　步骤(20)

图4-4-24　步骤(21)

项目小结

本项目内容主要讲述了机电结合夹持式末端执行器的设计以及在夹具工作站中的实训操作,在本项目的学习中,学生主要要掌握机电结合夹持式末端执行器的设计思路,组合安装以及调试应用。

项目五　气压夹持式夹具的实训

任务一　气压夹持式夹具的设计（外夹与内撑）

学习目标

1. 知识目标

（1）掌握气压夹持式夹具设计过程中，夹紧力计算、外购件选型、结构设计等环节的基本方法；

（2）结合实际案例完成气压夹具设计的主要工作内容；

2. 学习重点

掌握气压夹持式夹具设计过程中，夹紧力计算、外购件选型、结构设计等环节的基本方法。

知识准备

在进行气压夹持式夹具设计之前，首先要了解气压夹持式夹具的组成、结构及各部分的作用。气压夹持式末端执行器包括气动元件、夹持机构、同步机构、导向机构4部分，如图5-1-1所示为气压式夹持末端执行器的组成。

（1）气动元件即气缸，是系统的动力源。通过活塞的运动实现夹爪的顶推动作，并提供所需的夹紧力；

（2）夹持机构与工件直接接触，俗称“夹爪”，夹爪在机器人带动下，应能够对工件进行准确定位，并通过活塞的推动完成夹持动作；

（3）同步机构保证左右夹爪同步合拢和张开。由于针对气缸本身很难进行活塞的行程控制，因此必须通过外部机构来保证左右活塞同步运动，只有这样，才能使夹爪的定位中心保持不变；

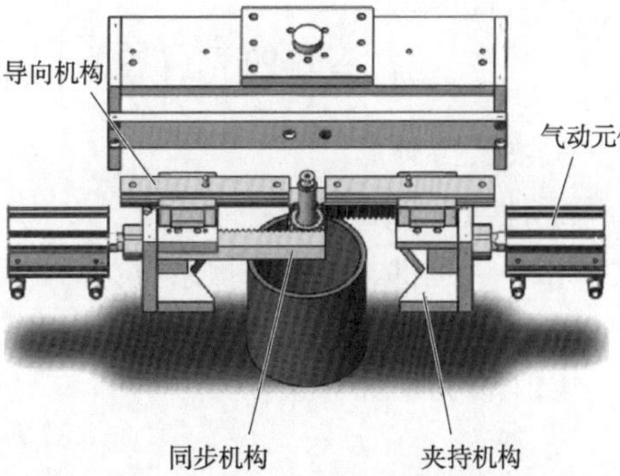

图5-1-1　气压式夹持末端执行器的组成

（4）导向机构对夹爪和工件起到支撑和运动导向作用。活塞应主要承受轴向载荷，横向载荷对活塞的工作是非常不利的。在本实例中，活塞水平安装，因此工件和夹爪的质量对于活塞来讲都是横向载荷，设计时应该考虑将这部分质量由导向机构承担。

导向机构同时还保证左右夹爪的运动轨迹精度以及位置精度，使夹爪夹持工件时的位置和姿态始终保持不变。

气压夹持式夹具的结构特点见“项目三任务二”。

任务实施

一、活塞夹紧力计算及气缸选型

1. 计算初始条件

活塞夹紧力计算的初始条件是待夹工件的具体参数，见表 5-1-1。

工件参数 表 5-1-1

工件外径(mm)	65
工件内径(mm)	55
工件高度(mm)	100
材料(密度)(10^3kg/m^3)	45#钢(7.8)
工件与夹爪间摩擦系数	无润滑 0.15

2. 计算工件质量

已知工件为空心圆柱体，工件质量为：

$$m=\pi\left[\left(\frac{D_1}{2}\right)^2-\left(\frac{D_2}{2}\right)^2\right]\times H\times\rho\times10^{-9}\times10^3(\text{kg})$$

式中：D_1——外径(mm)；

D_2——内径(mm)；

H——高度(mm)；

ρ——材料密度(10^3kg/m^3)。

则工件质量：

$$m=\pi\left[\left(\frac{65}{2}\right)^2-\left(\frac{55}{2}\right)^2\right]\times100\times7.8\times10^{-9}\times10^3(\text{kg})=0.234\text{kg}$$

3. 夹紧力计算

工件与夹爪摩擦力： $F=\mu F_J'$

式中：μ——工件与夹爪摩擦系数；

F_J'——夹紧力(N)。

以工件为研究对象：

$$2F=mg$$

所以：

$$F_J'=\frac{mg}{2\mu}=\frac{0.234\times9.8}{2\times0.15}=7.64(\text{N})$$

4. 气缸选型

气缸选型需满足以下三方面条件：

(1)上述夹紧力 F_J' 的计算过程仅仅以克服工件重力为条件，在实际工作中，为确保夹具对工件夹紧可靠，实际夹紧力 $F_J=10F_J'=76.4$N。

(2)见表 5-1-2,给出了 3 种供气压力下气缸的输出力,考虑到生产现场用气量大,供气不稳定等原因,按照最低供气压力 0.3MPa 进行选型。

气缸理论输出力表 表 5-1-2

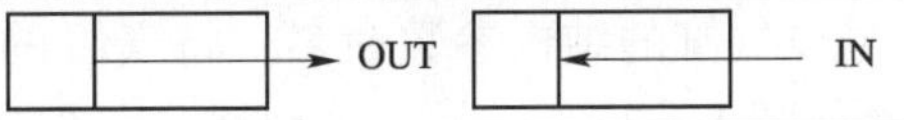

(单位 N)

缸径(mm)	动作方向	使用压力(MPa)		
		0.3	0.5	0.7
12	IN	25	42	59
	OUT	34	57	79
16	IN	45	75	106
	OUT	60	101	141
20	IN	71	118	165
	OUT	94	157	220
25	IN	113	189	264
	OUT	147	245	344

(3)夹具以活塞杆推出(OUT)作为夹紧行程。

可见,满足上述条件的最小气缸直径是 20mm,其输出推力 94N > 76.4N,满足夹紧力的要求。

二、气缸选型及结构参数的确定

见表 5-1-3,SMC 气缸分为"标准型""大缸径(最大 200mm)""长行程(最大 300mm)"3 种。根据上述计算,气缸选型确定为标准型、缸径 20mm。

薄型气缸 CQ2 品种系列 表 5-1-3

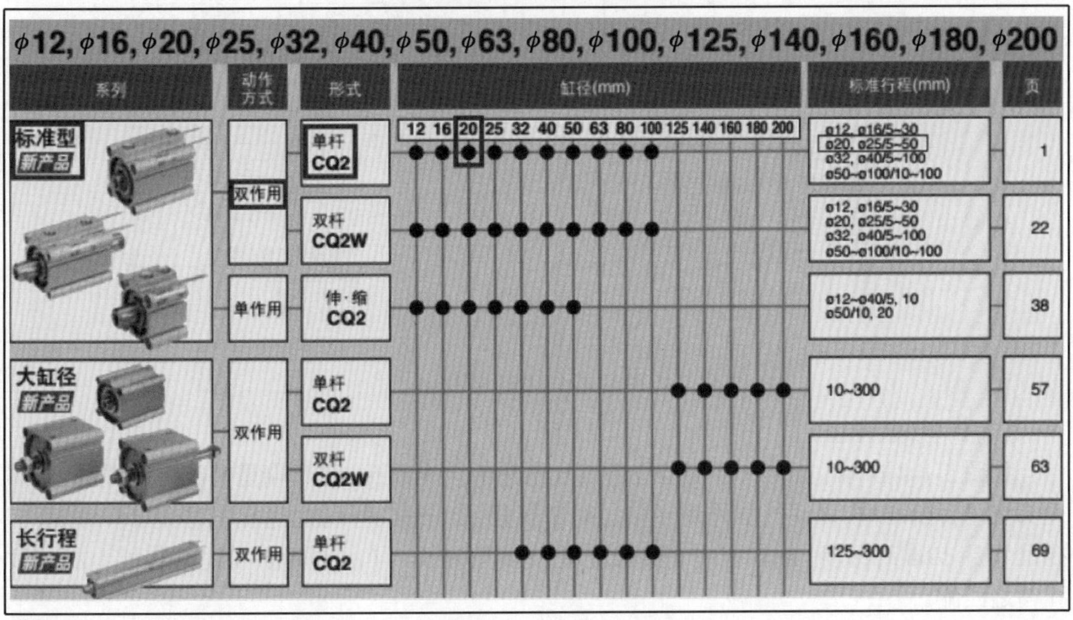

本夹具采用单方向顶推的夹紧机构，因此采用单杆气缸，如图 5-1-2 所示。为便于活塞的双向控制，同时提高活塞的回程速度，采用单杆双作用气缸。

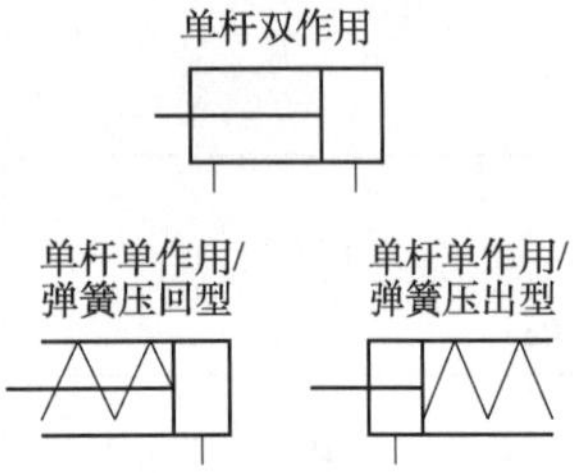

图 5-1-2　单杆气缸的分类

气缸的基本形式确定后，需要进一步确定气缸型号。气缸型号以气缸的结构参数命名。将气缸的结构参数归纳成 7 个项目（如图 5-1-3/①～⑦），下面逐一介绍这 7 项结构参数的含义及确定方法。

1. 安装方式（见图 5-1-3/①）

安装方式表示气缸安装在夹具上的固定连接结构，根据夹具的结构要求，有通孔、两端螺纹、脚座、杆侧凸缘、无杆侧凸缘、双耳环 6 种选择形式（见图 5-1-4、图 5-1-5）。

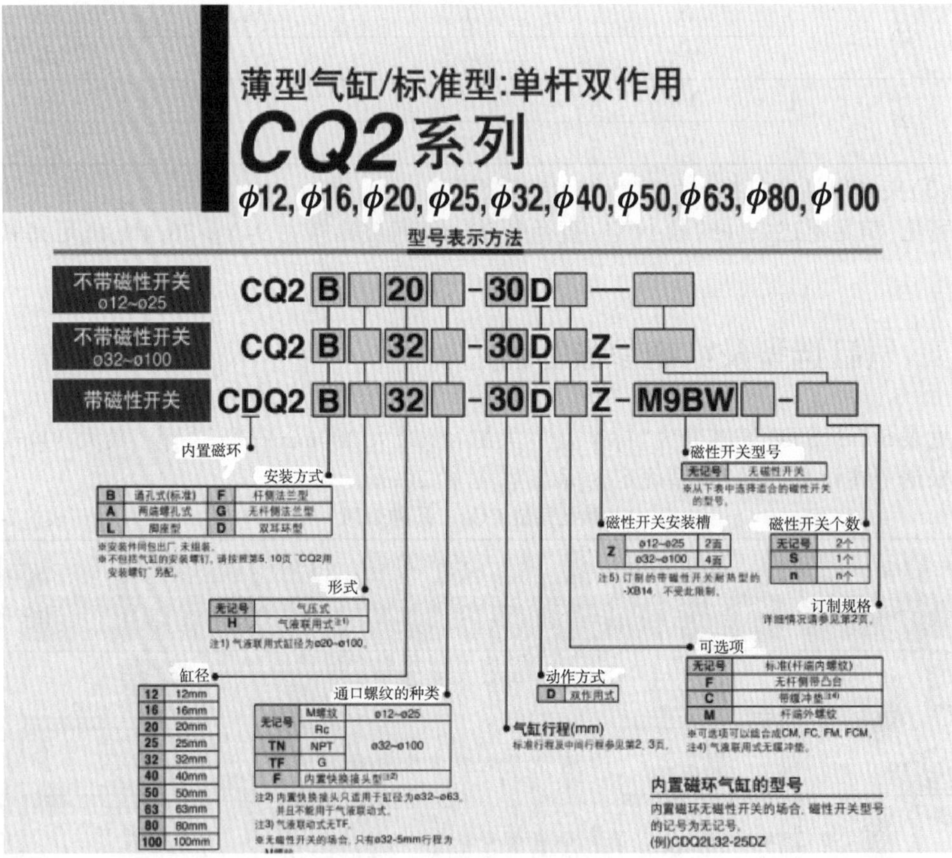

图 5-1-3　气缸结构参数

（1）B 型（通孔型）。

如图 5-1-4 所示，安装螺栓孔是位于气缸四角的 4 个通孔，孔两端是台阶沉孔，能够使螺栓头沉于台阶孔内，保证气缸外观平整。对于缸径 ϕ20mm 的气缸，通孔直径是 ϕ5.5mm，沉孔尺寸是 ϕ9mm，深度 7mm，相应安装螺栓是 M5（见表 5-1-4），夹具的气缸安装板上的螺纹孔与之匹配。

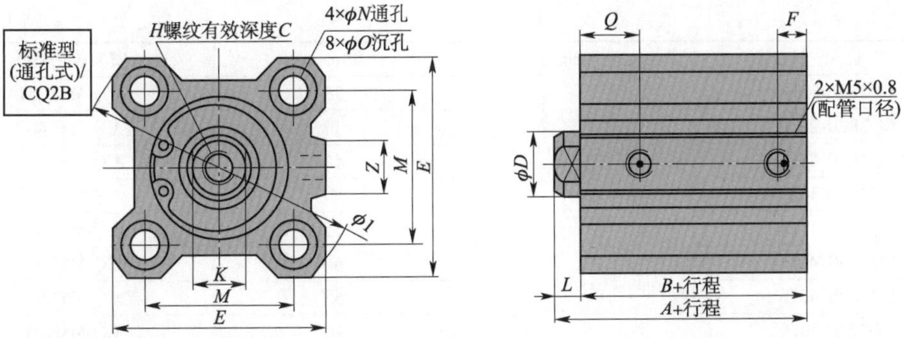

缸径(mm)	行程范围(mm)	A(mm)	B(mm)	C(mm)	D(mm)	E(mm)	F(mm)	H(mm)	I(mm)	K(mm)	L(mm)	M(mm)	N(mm)	O(mm)	Q(mm)	Z(mm)
12	5~30	20.5	17	6	6	25	5	M3×0.5	32	5	3.5	15.5	3.5	6.5深3.5	7.5	—
16	5~30	22	18.5	8	8	29	5.5	M4×0.7	38	6	3.5	20	3.5	6.5深3.5	8	10
20	5~50	24	19.5	7	10	36	5.5	M5×0.8	47	8	4.5	25.5	5.5	9深7	9	10
25	5~50	27.5	22.5	12	12	40	5.5	M6×1.0	52	10	5	28	5.5	9深7	11	10

图 5-1-4　标准型（通孔式）安装尺寸

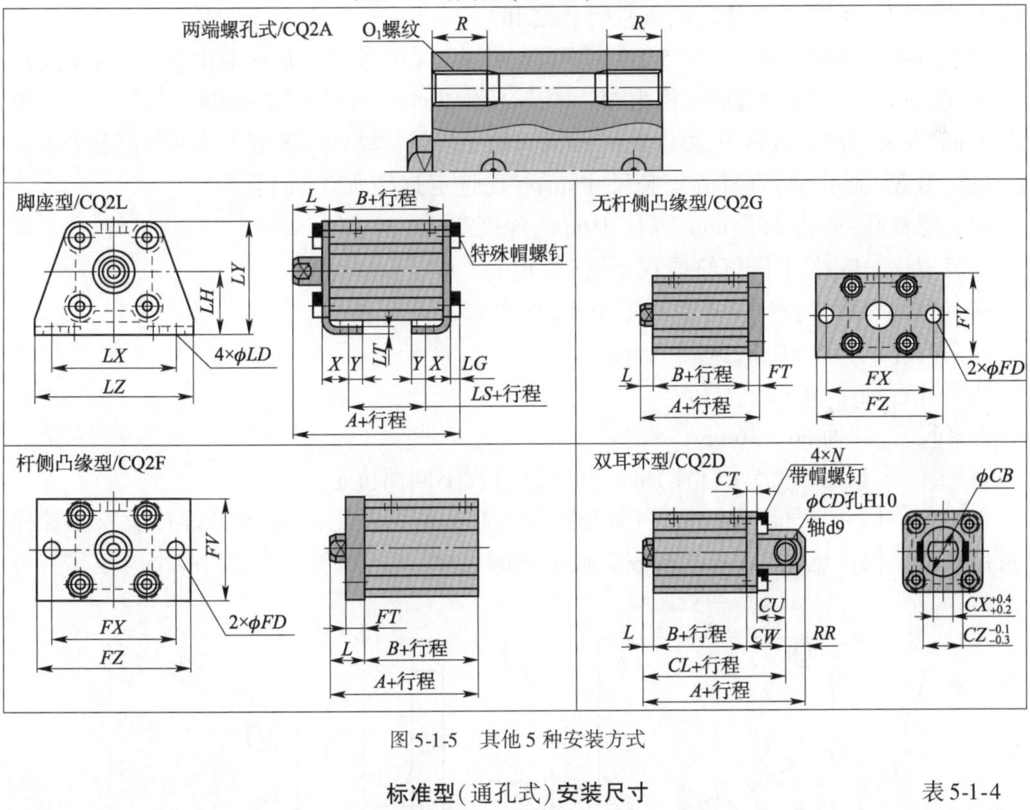

图 5-1-5　其他 5 种安装方式

标准型（通孔式）安装尺寸　　表 5-1-4

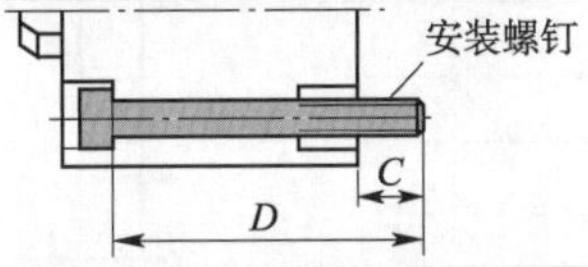

气 缸 型 号	C(mm)	D(mm)	安装螺钉型号
CQ2B20-5D	7.5	25	CQ-M5X25L
CQ2B20-10D		30	CQ-M5X30L

续上表

气缸型号	C(mm)	D(mm)	安装螺钉型号
CQ2B20-15D	7.5	35	CQ-M5X35L
CQ2B20-20D		40	CQ-M5X40L
CQ2B20-25D		45	CQ-M5X45L
CQ2B20-30D		50	CQ-M5X50L
CQ2B20-35D		55	CQ-M5X55L
CQ2B20-40D		60	CQ-M5X60L
CQ2B20-45D		65	CQ-M5X65L
CQ2B20-50D		70	CQ-M5X70L

见表5-1-4,为保证气缸与夹具连接牢固,通孔型气缸固定螺栓的伸出长度 C(即螺栓的有效配合长度)规定为7.5mm,在设计夹具的气缸安装板时,板的厚度应保证大于7.5mm。螺栓杆部的长度 D 视气缸行程而定,气缸行程越长,螺栓长度也越长。

图5-1-4中,气缸的长度尺寸以"A + 行程"和"B + 行程"的形式给出,即气缸的实际长度是表中给出的 A、B 尺寸与选定的气缸行程之和。

关于活塞杆前端结构,在"图5-1-3/⑦可选项"为"无记号"时,是标准型(杆端内螺纹),对于缸径 ϕ20mm 的气缸,内螺纹规格为 M5 ×0.8,深度7mm。杆端外圆两侧制成对称平面,平面间距8mm,在夹具调试过程中,可以使用8#开口扳手旋转活塞杆以改变夹爪的角度和姿态。

总结B型(通孔型)气缸的安装尺寸如下(已选定缸径 ϕ20mm):

安装螺栓孔:通孔 ϕ5.5mm,沉孔 ϕ9mm,深度7mm;

安装螺栓:M5,长度随气缸行程不同(待定);

安装螺栓孔位置:水平/垂直间距相同,均为25.5mm;

杆端内螺纹:M5 ×0.8,深度7mm;

活塞杆直径:ϕ10mm;

外廓尺寸:端面36 ×36mm;

长度(19.5 + 行程)mm,随气缸行程不同而待定。

上述安装尺寸与气缸安装板、气缸连接板等结构件相匹配,其中安装螺栓及安装螺栓孔位置尺寸与结构件见图5-1-6气缸安装板中画圈尺寸。

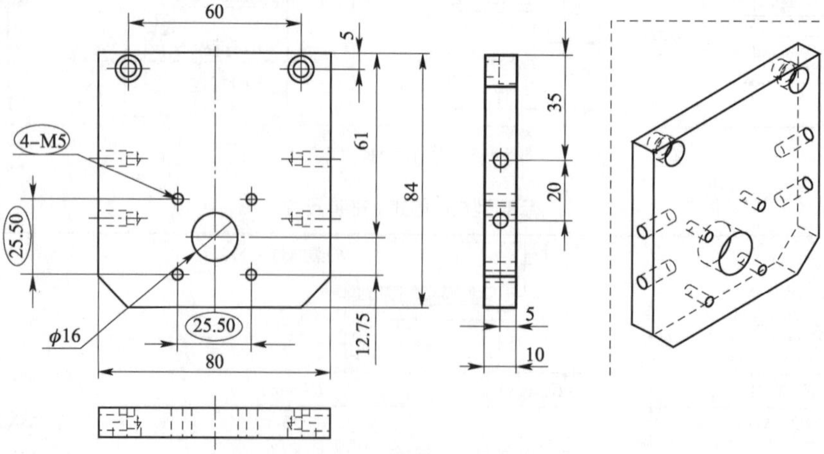

图5-1-6 气缸安装板(尺寸单位:mm)

(2)其他5种安装方式。如图5-1-5所示,气缸除了上述通孔连接方式外,还可以通过两端螺纹孔,或者通过安装附件与夹具连接。

两端螺纹孔形式与通孔形式不同,要求气缸安装板上相配合的是光孔,这样气缸安装板上不需要加工螺纹,制造更容易。但是,这种结构需要在气缸安装板的背面(即气缸对面一侧)拧螺栓,这一侧有夹爪及导向机构等,容易发生干涉,不利于装配和调整,故不采用这种形式。

“杆侧安装凸缘”和“无杆侧安装凸缘”形式在气缸前后端面(即有活塞杆一侧和无活塞杆一侧)连接有矩形凸缘附件,通过凸缘将气缸与夹具固定只需要两个螺栓,使气缸的安装更加方便。

上述安装方式的共同特点是,气缸的前后端面与夹具接触并固定。“脚座”形式的特点是,当夹具的结构不适合与气缸的端面安装固定时,通过脚座转换安装方向,可以使气缸的底面与夹具连接。

“双耳环”形式气缸在无杆侧安装有一对耳环,通过这对耳环使气缸尾部与夹具之间进行铰链连接,在活塞杆伸缩工作时,整个气缸可以绕铰链中心回转,用于气缸摆动工作的场合。

通过对上述安装形式的分析对比,结合本夹具的结构要求,选择“B型(通孔型)”气缸。

2. 形式(如图5-1-3/②)

有气压式和气液联动式两种形式。

由于空气有可压缩性,活塞的动作速度易随负载的变化而变化。在机器人末端执行器应用中,多数情况下对活塞运动速度的稳定性要求不高,采用气压式气缸即可满足要求。

在对活塞运动速度稳定性要求较高的场合,需要采用气液联动气缸。由气缸产生动力,油缸提供阻尼力,而且油缸阻尼力大小与活塞运动速度成正比,因此可以起到稳定活塞速度的作用。

3. 气缸直径(如图5-1-3/③)

气缸供应商按照一定的尺寸间隔设定气缸的直径规格,由用户选用,直径越大,气缸推力越大。在“任务实施1. 活塞夹紧力计算及气缸选型”中,已经通过计算选定了气缸直径为ϕ20mm。

4. 通口螺纹的种类(如图5-1-3/④)

通口是指气缸连接气管的孔口,孔口制有内螺纹,通过内螺纹与管接头连接,而同一螺纹规格的管接头有不同的通径规格,可以连接不同通径的气管。这样,就可以通过变换管接头来改变连通气缸的气管直径。

从图5-1-4中可以看出,SMC气缸当缸径较小(ϕ12 ~ ϕ25mm)时,通口螺纹是我们通常采用的公制M螺纹,而缸径较大(ϕ32 ~ ϕ100mm)时,通口螺纹采用各种规格的管螺纹。其中:

G——55°圆柱管螺纹,非螺纹密封,国标查阅GB/T 7307—2001;

RC——英制密封圆锥内管螺纹;国标查阅GB/T 7306.2—2000;

NPT——美国标准60°密封圆锥管螺纹,国标查阅GB/T 12716—1991。

采用圆锥管螺纹的通口在旋入管接头时,接头旋入越深螺纹配合越紧密,因此锥管螺纹具有更好的密封性。

5. 气缸行程(如图5-1-3/⑤)

气缸行程应大于夹具的工作行程。SMC气缸以5mm尺寸间隔设定气缸的标准工作行程供用户选用(图 5-1-7),这样的尺寸间隔一般可以满足用户对不同气缸行程的要求。气缸行程越长,缸筒长度也越长。对于在相邻两个标准行程之间的特殊行程要求,SMC 气缸可以为用户定制,定制的方法是采用较长一级气缸的缸筒,再通过在缸筒内侧两端增加垫片的方法来减小气缸行程。

气缸行程与直线导轨和夹具连接板长度有关,将在后面夹具连接板设计中一并计算确定。

6. 动作方式(如图 5-1-3/⑥)

有单作用和双作用两种,一般采用双作用方式。

7. 可选项(如图 5-1-3/⑦)

该选项确定气缸两端的结构形式以及有无缓冲装置。

根据末端执行器的结构要求,可以选择活塞杆前端的连接螺纹是内螺纹或外螺纹。由于活塞往复运动时,在两端极限位置对缸筒有很大的冲击力,可以选择带缓冲垫的气缸,一般安装两个缓冲垫(如图 5-1-7 中零件 8、9),分别在活塞运动的正反两个方向上起缓冲作用。

缸径	标准行程(mm)
12,16	5,10,15,20,25,30
20,25	5,10,15,20,25,30,35,40,45,50
32,40	5,10,15,20,25,30,35,40,45,50,75,100
50–100	10,15,20,25,30,35,40,45,50,75,100

序号	名　称	材　质	备　注	序号	名　称	材　质	备　注
1	缸筒	铝合金	硬质阳极化	7	杆端螺母	碳钢	镀镍
2	活塞	铝合金	铬酸盐	8	缓冲垫A	聚氨脂	
3	活塞杆	不锈钢	$\phi12$~$\phi25$	9	缓冲垫B	聚氨脂	
		碳钢	$\phi32$~$\phi100$、镀硬铬	10	凸台环	铝合金	$\phi20$~$\phi100$、硬质阳极化
4	缸盖	铝合金	$\phi12$~$\phi40$、阳极化	11	快换接头	—	$\phi32$~$\phi63$
		铝合金铸件	$\phi50$~$\phi100$、铬酸盐、喷漆	12	活塞密封圈	NBR	
5	弹性挡圈	碳素工具钢	磷酸盐薄膜	13	活塞杆密封圈	NBR	
6	导向套	轴承钢	仅$\phi50$以上使用	14	静密封圈	NBR	

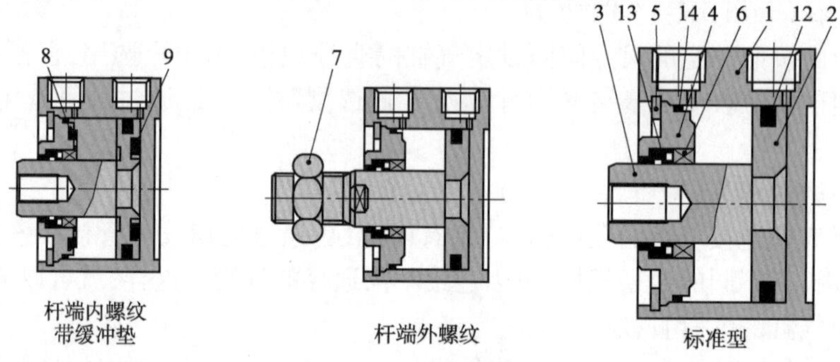

图 5-1-7　气缸标准行程

三、夹具的总体设计

如图 5-1-8,图 5-1-9 所示,夹具连接板是气压夹持式夹具的基础构件,其两端各安装有气缸安装板,两侧气缸通过固定螺栓分别安装在各自的气缸安装板上。气缸活塞杆穿过气缸安装板的中心孔(图 5-1-6 中 $\phi16$ 孔),与安装板内侧的气缸连接板及夹爪通过浮动接头连接。这样,气缸固定在安装板外侧不动,活塞杆伸缩运动时,穿过安装板,带动安装板内侧的气缸连接板及夹爪往复运动。

夹爪往复运动过程中,需要解决同步和导向问题。

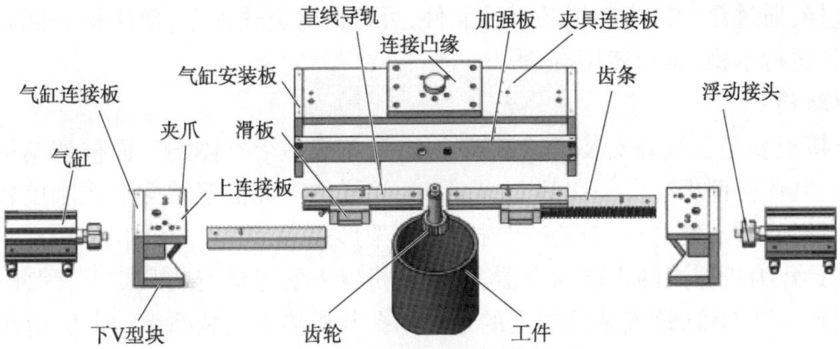

图 5-1-8　气压夹持式夹具的组成

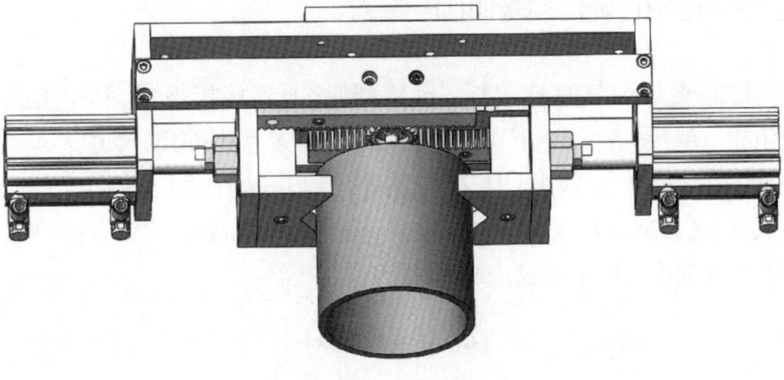

图 5-1-9　气压夹持式夹具

1. 左右夹爪的同步

左右夹爪合拢时，要求两 V 型块的对称中心（即抓取工件的中心位置）始终不变，这就要使左右夹爪的运动速度始终相等，即等速合拢或等速张开。但是，气动系统很难控制活塞的运动速度，因此必须另外安装一套同步机构，来保证左右夹爪的等速运动。

同步机构采用齿轮齿条机构，上下齿条分别与左右夹爪固定，而上下齿条的齿面相对，同时与中间的一个小齿轮啮合，因此，两根齿条通过中间共同啮合的小齿轮的约束而保持等速运动，从而保证左右夹爪运动速度相等。

2. 导向机构

本夹具中气缸是水平安装的，活塞前端连接的夹爪以及所夹持的工件重力都是垂直向下，因此这些重力对于活塞都是横向载荷，而气缸工作时应该主要承受轴向载荷，横向载荷对气缸工作是非常不利的。因此，需要设计一套导向机构，一方面承担上述重力，使活塞仅负责提供夹持所需的推力；另一方面在夹爪往复运动时起到引导作用，保证夹爪的位置精度及姿态端正。

3. 活塞杆的弹性连接

活塞杆前端与夹爪连接并夹持工件，由于夹具精度或者横向载荷等原因，可能使夹紧力的方向与活塞杆中心不重合，导致活塞杆弯曲、杆支撑轴承和杆密封件磨损等情况，降低气缸性能，缩短气缸使用寿命。浮动接头（图 5-1-10）相当于联轴器，活塞杆前端通过浮动接

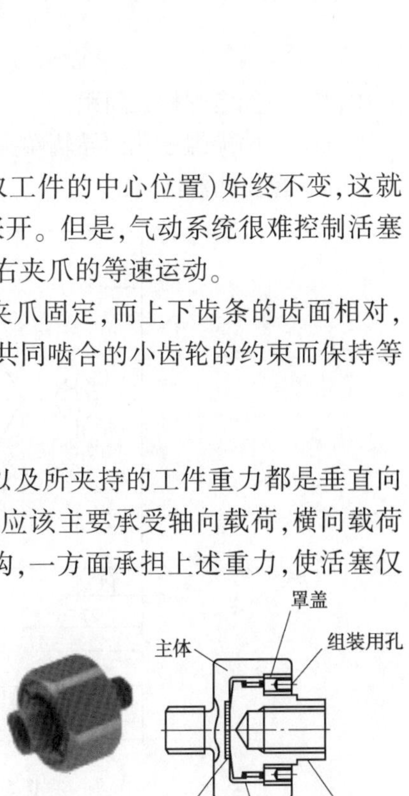

图 5-1-10　浮动接头

头与夹爪连接，通过浮动接头内置的弹性元件，可以消除上述误差，解决偏心问题，保护相关部件，使夹具运行平稳，延长使用寿命。

4. 其他结构

夹具连接板和左右气缸安装板通过螺栓连接，构成一个整体的三面框架结构，这是夹具的基础部分，其他构件都是安装在其上的，但是，这样的三面框架结构形式刚度较差，因此需要加装长条形加强板，使这一结构变成封闭的框架形式，大大增强其刚度。

整个夹具作为机器人的末端执行器，安装在机器人的工具安装凸缘上，因此在夹具连接板上还需固定安装凸缘，该安装凸缘上的定位销孔与机器人安装凸缘的定位销孔相匹配。

四、直线导轨的结构参数确定

由图 5-1-8 可知，夹爪由气缸连接板、下 V 型块、上连接板组成，其中上连接板与下 V 型块的轮廓尺寸相同。在“图 5-1-11 下 V 型块”中，查得 V 型块轮廓尺寸为 47 ×75mm，其中尺寸 47mm 与滑板的长度尺寸 L_1 匹配，且 L_1 应略小于 47mm，如图 5-1-12 可知，满足条件的滑板外廓尺寸是：长 × 宽 × 高 = $L_1 \times W \times H = 42.4 \times 32 \times 16$(mm)。

滑板外廓尺寸确定后，进一步确定导轨长度 L。

$$L = n \times F + 2G$$

式中：F——固定螺栓孔间距；

G——两端螺栓孔到导轨端头的距离；

n = 螺栓孔数量 −1。

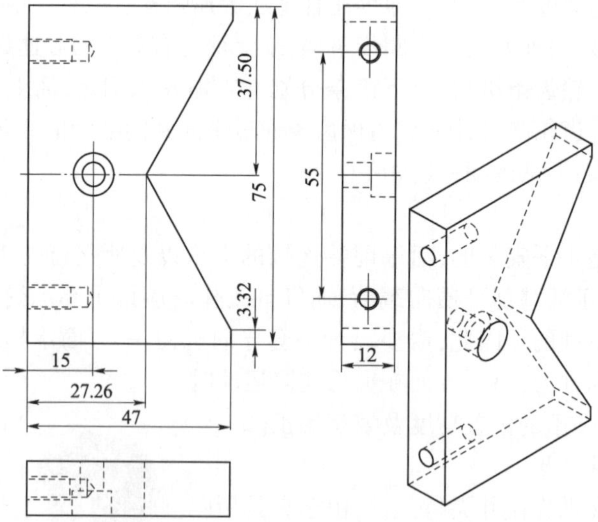

图 5-1-11　下 V 型块(尺寸单位:mm)

初步确定螺栓孔数量为 2，则 $n = 2 - 1 = 1$，查图 5-1-12：$F = 40$mm，$G = 15$mm。

所以，导轨长度 $L = 40 + 2 \times 15 = 70$mm，是该型号导轨长度可选范围(70 ~ 670mm)中最短的一种。

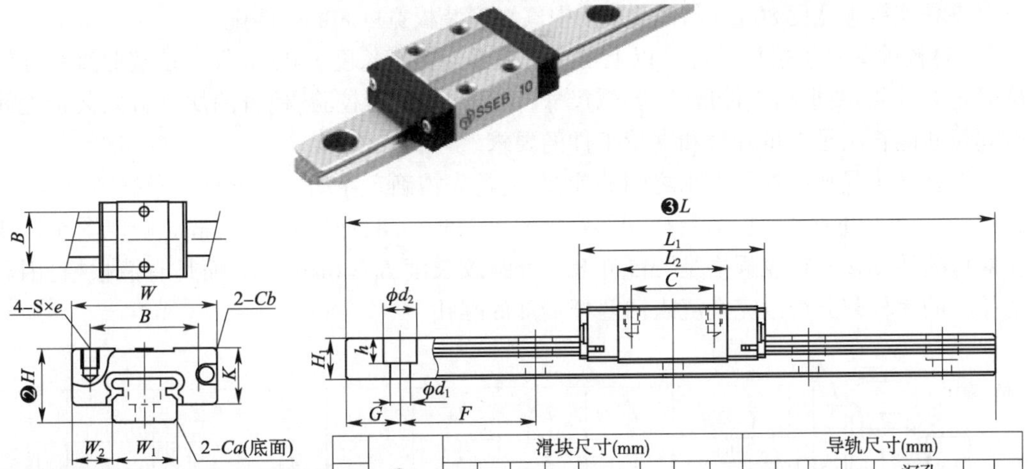

Type			L尺寸	滑块数量
微预压型		普通间隙型		
精密级	超精密级	普通级		
SSEB	SSEBV	SSEBZ	固定尺寸	1
SSE2B	SSE2BV	SSE2BZ		2
SSEBL	SSEBLV	SSEBLZ	指定	1
SSE2BL	SSE2BLV	SSE2BLZ		2

❷H	❸L	滑块尺寸(mm)								导轨尺寸(mm)						
		W	L_1	B	C	S×e	L_2	K	Cb	W_1	W_2	H_1	Ca	沉孔 $d_1×d_2×h$	F	G
13	45~470 (95)	27	33.9	20	15	M3×3.5	19.9	10	0.5	12	7.5	7.5	0.5	3.5×6×4.5	25	10
16	70~670 (110)	32	12.4	26	20	M3×4	27.4	12	0.5	15	8.5	9.5	0.5	3.5×6×4.5	40	15
20	100~700 (160)	40	50	30	25	M4×6	34.6	15	0.5	20	10	11	0.5	6×9.5×5.5	60	20

图 5-1-12　直线导轨结构及尺寸(尺寸单位:mm)

五、计算夹具连接板的尺寸

初定夹具连接板长度 = 2 × 导轨长度 L + 预留小齿轮轴直径 = 2 × 70 + 20 = 160(mm)。

(1)将上述已确定的尺寸标注在图 5-1-13 中(图中画圈尺寸):

夹具连接板长度 = 160mm;

导轨连接螺栓间距 = 40mm;

导轨连接螺栓中心到板边缘距离 = 15.5mm,即直线导轨安装后,其端头到夹具连接板边缘留有 0.5mm 间隙。

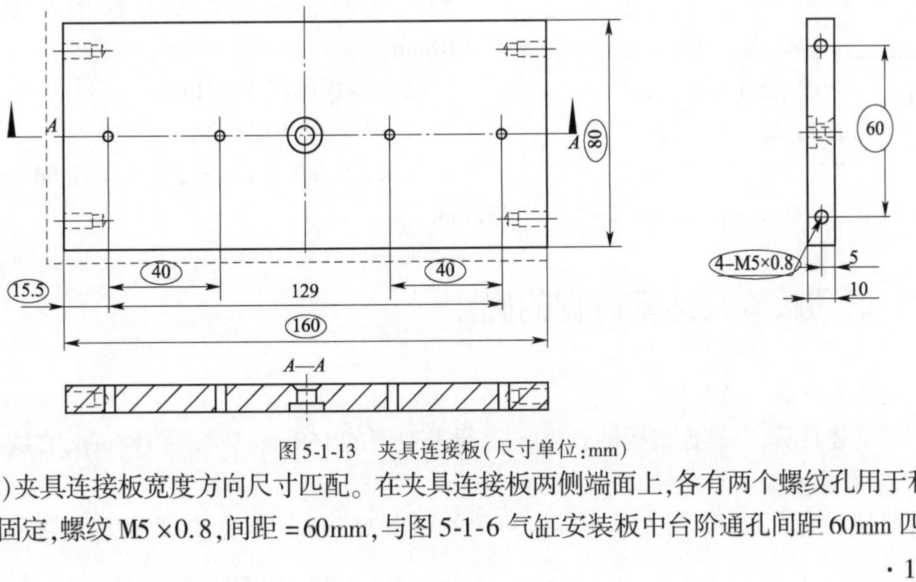

图 5-1-13　夹具连接板(尺寸单位:mm)

(2)夹具连接板宽度方向尺寸匹配。在夹具连接板两侧端面上,各有两个螺纹孔用于和气缸安装板固定,螺纹 M5 ×0.8,间距 = 60mm,与图 5-1-6 气缸安装板中台阶通孔间距 60mm 匹配。

夹具连接板宽度 80mm 与图 5-1-6 中气缸安装板宽度 80mm 匹配。

(3)校验夹具连接板长度。以上初定的夹具连接板长度 160mm 仅仅是按照直线导轨长度确定的,还需要根据工件尺寸、夹爪尺寸、活塞行程进行校验,检查两块气缸安装板之间的空间尺寸能否满足夹爪开合和夹持工件的要求。

浮动接头是活塞杆与夹爪之间的连接件,首先需确定浮动接头型号。根据图 5-1-4 中已选定的缸径 ϕ20mm 气缸,活塞杆端部内螺纹是 M5 ×0.8,深度是 $C=7$mm,确定图 5-1-14 中相对应的浮动接头螺纹规格是"M5-0.8",外螺纹长度 $L_1=6\text{mm}<C$,而且有清根槽,因此浮动接头的螺杆部分可以完全沉入活塞杆端部的螺孔。

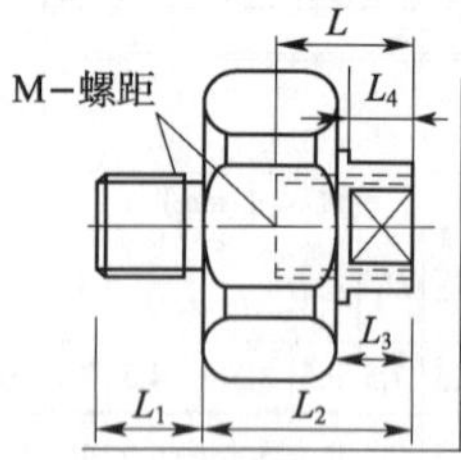

M−螺距	L	L_1	L_2	L_3	L_4	A	B	D
5−0.8 6−1.0	9	6	16.5	5	4.1	7	17	18.5
8−1.25	11	8.5	21	6	5.2	10	22	24
10−1.25	13.5	10	24.5	7	6	12	27	29.5
14−1.5	18	11	30	8	7	17	35	39
18−1.5	20	13	37	9.5	8.5	22	46	50

图 5-1-14 浮动接头(尺寸单位:mm)

建立计算夹具连接板长度的尺寸链,如图 5-1-15 所示。

图中:e——活塞完全缩回时,活塞杆露出长度(图 5-1-6/L=4.5);

a——浮动接头露出部分长度(图 5-1-14 中$L_2-L_4=16.5-4.1=12.4$mm);

b——气缸连接板厚度 =12mm;

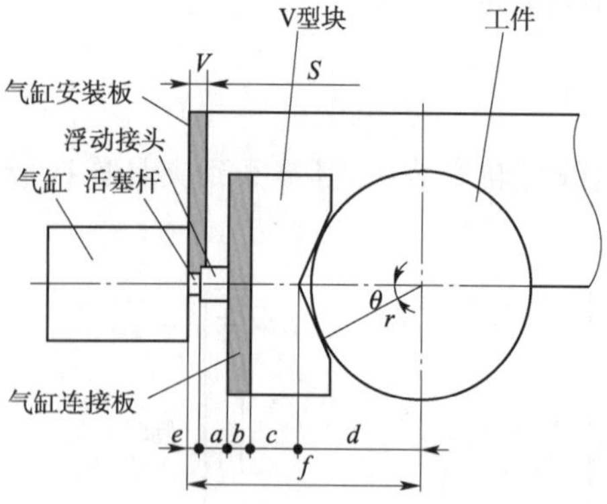

图 5-1-15 计算夹具安装板长度的尺寸链

c——V 型块尺寸 =27.3mm(图 5-1-11);

d——V 型槽根部到工件圆心距离 $=r/\cos\theta=32.5/\cos30°=37.5$mm;

$f=a+b+c+d+e=93.7\text{mm}\approx94\text{mm}$。

修正夹具连接板的长度 S:

预定夹爪张开时,与工件的单侧间距 $W=10$mm;

气缸安装板厚度 $V=10$mm;

$S+2\times V=2\times(W+f)$;

$S=2\times(W+f-V)=2\times(10+94-10)=188$mm。

六、位置校验及活塞行程的确定

1. 校验直线导轨的位置

根据上述计算,夹具连接板的长度 S 由原来初定的 160mm 加长到 188mm,直线导轨选型不变,需要重新校验直线导轨的位置。

直线导轨安装孔中心与夹具连接板两端的距离 15.5mm 不变,因此夹具连接板加长的距离28mm留在了夹具连接板中部，即按照小齿轮轴直径预留20mm计算，直线导轨右端与小齿轮轴边缘的距离由原来的－0.5mm加大为13.5mm，如图5-1-16所示。

2. 工件位置的校验

夹具连接板的长度加长后，直线导轨与工件中心的距离随之加大，因此需要校验两者的位置关系。如图5-1-16所示，工件半径32.5mm，直线导轨右端超过工件左侧边缘位置，因此直线导轨行程能够满足夹爪夹持工件的要求。

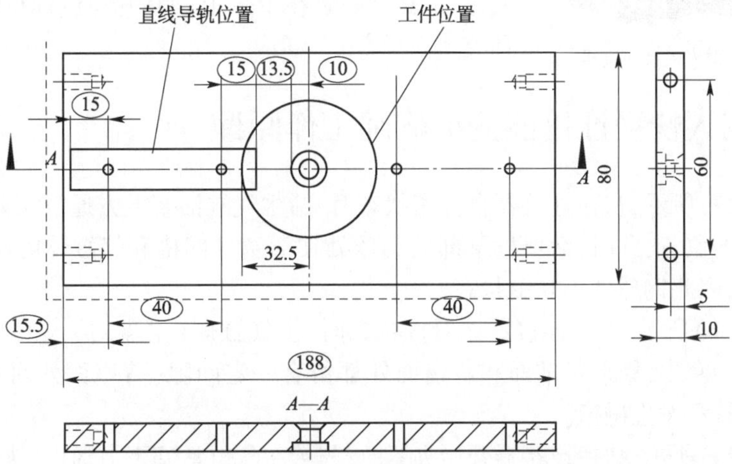

图5-1-16　直线导轨和工件的位置（尺寸单位：mm）

3. 确定活塞行程

在计算夹具连接板长度时，预定夹爪张开时，与工件边缘的单侧间距 $W=10$mm；即活塞行程应大于10mm，根据图5-1-7气缸标准行程，ϕ20mm缸径的气缸，活塞行程取15mm。

任务二　气压结合式夹具的安装（外夹与内撑）

学习目标

1. 知识目标

(1)掌握气压结合式夹具的装配步骤；

(2)在实际装配过程中，理解零件之间的位置关系、各零件的作用和夹具的工作原理；

(3)学习工具和标准件的使用方法，培养机械结构的装配技能。

2. 学习重点

掌握气压夹持式夹具设计过程中，夹紧力计算、外购件选型、结构设计等环节的基本方法。

知识准备

一、快换连接器的结构和工作原理

快换连接器是一种使机器人能够自动更换工具的装置。采用快换连接器后，一台机器

图 5-2-1　机器人快换连接器

人可以使用多种工具，执行多项作业，实现机器人功能的多元化，大大提高了生产设备的柔性，节省了设备开支。

快换连接器由两部分组成，分别称为主盘和工具盘，两部分可以自动锁紧连接，同时可以连通电信号，传递气体、水等工作介质。如图 5-2-1 所示，大多数的快换连接器使用气压锁紧主盘和工具盘。快换连接器的主盘安装在机器人上，工具盘安装在工具上，例如抓具、焊枪或毛刺清理工具等。

二、机器人快换连接器的结构和工作原理

如图 5-2-2a）所示，快换连接器在分离状态时，给主气缸活塞上方通以“释放气压”，推动活塞处于靠下的位置，此时，活塞杆下部的钢球处在活塞杆凹槽和气缸体的座孔之间，有较大的活动空间，因此钢球处于自由状态。

如图 5-2-2b）所示，快换连接器在对接状态时，主气缸侧（主盘）插入工具盘中，锥形定位销落入定位销套中，锥形基准面和着座面处都留有一定间隙（着座面处间隙 0.5mm），以防止主盘和工具盘发生碰撞。

如图 5-2-2c）所示，快换连接器开始夹紧时，先给主气缸活塞下方通以“夹紧气压”，活塞杆向上升起，将钢球从活塞杆下部凹槽中挤出，因此钢球会从主气缸体下部的钢球座孔中向外探出，卡在外面工具侧对应的凹槽中，推动工具侧向上升起。工具侧向上升起首先使锥形基准面处间隙消除，完成定位；工具侧继续向上移动，推动锥形套一起上移，直至着座面处间隙消除，锁紧结束。

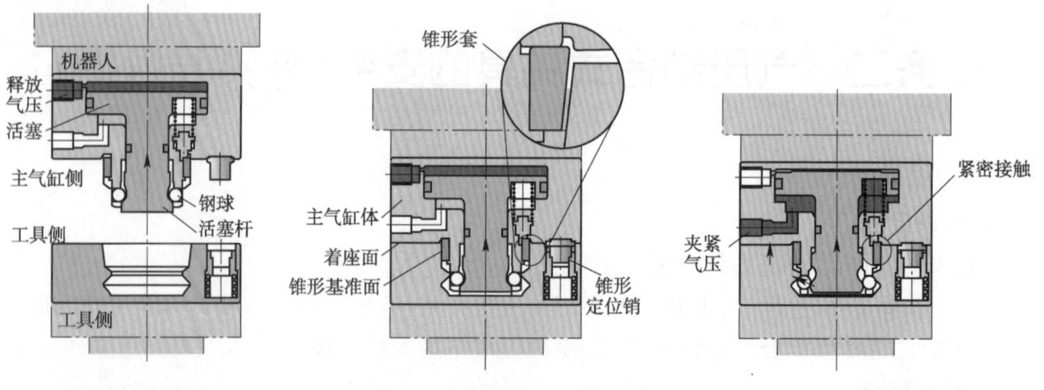

图 5-2-2　机器人快换连接器的结构

任务实施

上两节课学习了气压结合外夹式夹具的设计和气压结合内撑式夹具的设计，了解了气压结合式夹具的设计原理，这节课继续来学习气压结合式夹具的安装操作，依据图 5-2-3 所示气压结合式夹具的结构，来完成气压结合式夹具的安装。

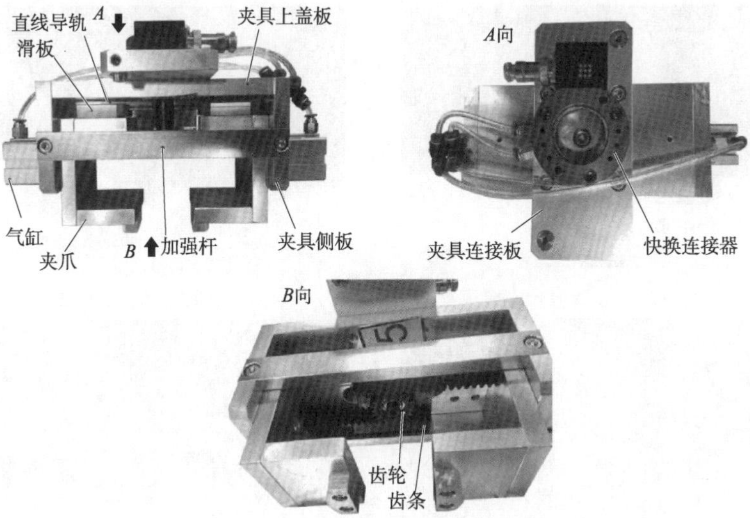

图 5-2-3　气压结合式夹具

(1)首先将要安装的气压结合式夹具的所有零部件、一整套内六角扳手和一把十字螺丝刀整齐放到工具台上,方便进行安装操作(图 5-2-4)。

图 5-2-4　步骤(1)

(2)3 个螺栓从下向上,穿入到夹具连接板的光孔中,与另一侧快换连接器的螺纹孔旋合,将快换连接器固定在夹具连接板的上平面(图 5-2-5)。

(3)4 个螺栓从上向下,穿入到夹具连接板的光孔中,与另一侧夹具体上盖板的螺纹孔旋合,将夹具连接板固定在夹具体上盖板上(图 5-2-6)。

图 5-2-5　步骤(2)

图 5-2-6　步骤(3)

(4)每组 2 个螺栓,从下向上,将 2 组直线导轨与滑板组件固定在夹具体上盖板的下平面上(图 5-2-7)。

(5)用一个中心螺栓,从上向下,穿过夹具连接板的中心孔,将齿轮轴连同齿轮一起,固定在夹具连接板的中心座孔中(图 5-2-8)。

(6)将左右气缸分别固定在左右夹具体侧板的外侧。安装时注意方向,应使气缸的进气口向上,以便于和快换连接器的气管连接(图 5-2-9)。

(7)将夹爪块装好后放在一边备用(图 5-2-10)。

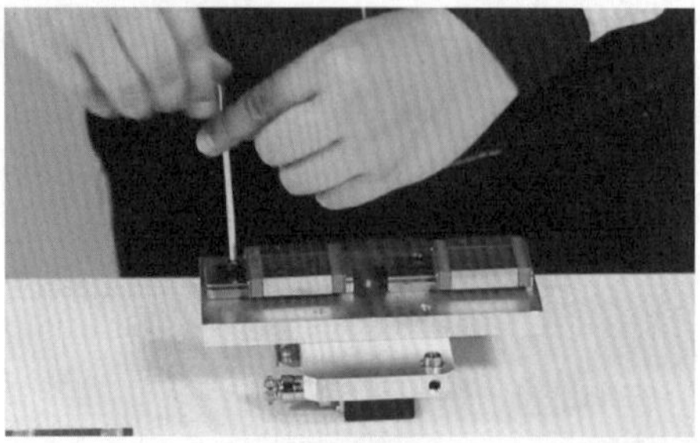

图 5-2-7　步骤(4)

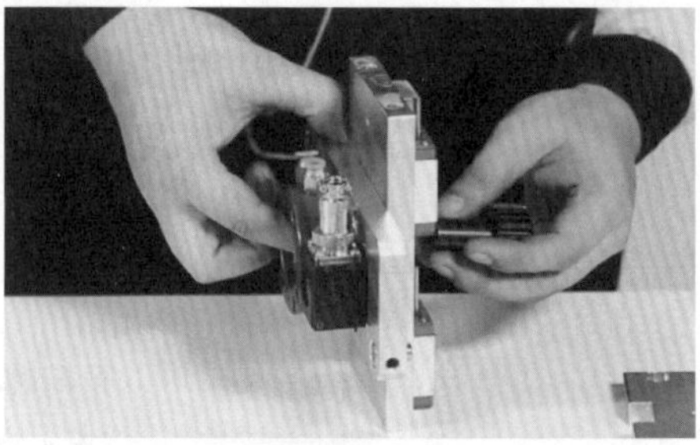

图 5-2-8　步骤(5)

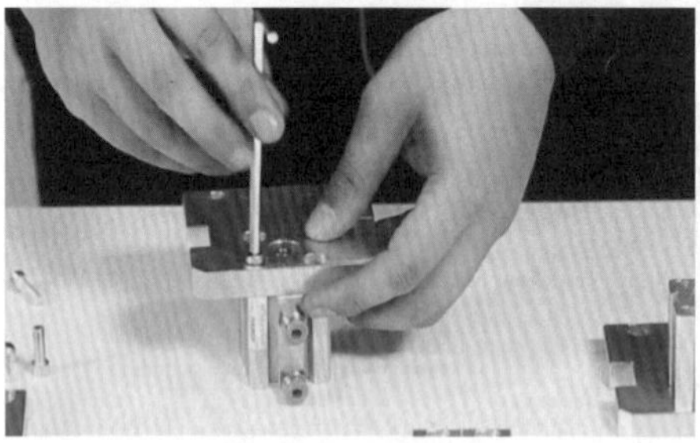

图 5-2-9　步骤(6)

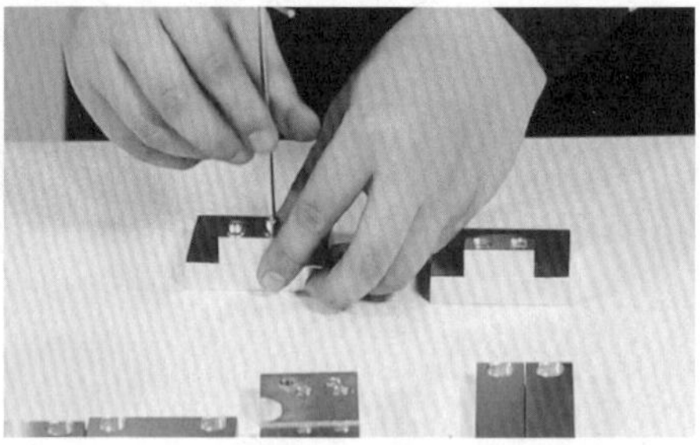

图 5-2-10　步骤(7)

(8)每组 4 个螺栓,从下向上,分别将左右夹爪与左右滑板固定(图 5-2-11)。

(9)将带有气缸的左右夹具体侧板固定在夹具体上盖板的两侧(图 5-2-12)。

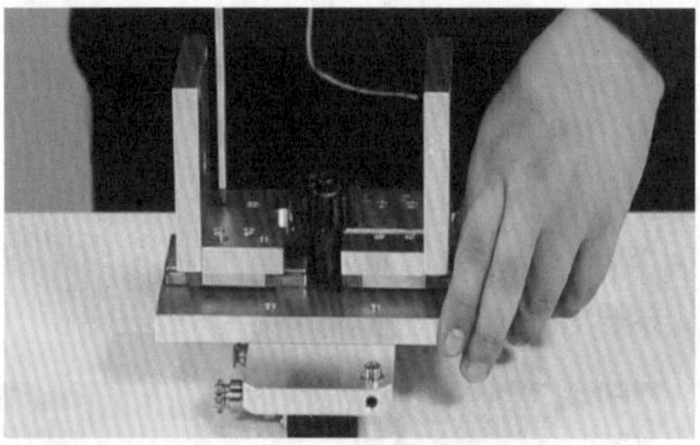

图 5-2-11　步骤(8)

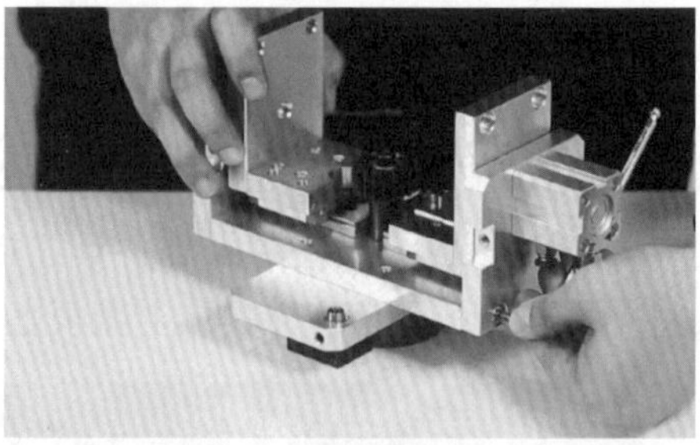

图 5-2-12　步骤(9)

(10)将左右气缸的活塞杆前端分别与左右夹爪的中心孔连接(图 5-2-13)。

(11)将两个夹爪向左右两侧分开,分别达到左右极限位置,然后用每组 2 个螺栓,将左右齿条分别与左右夹爪固定(图 5-2-14)。

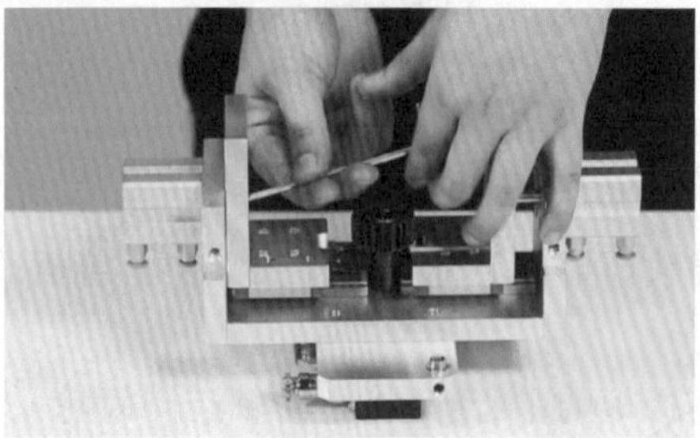

图 5-2-13　步骤(10)

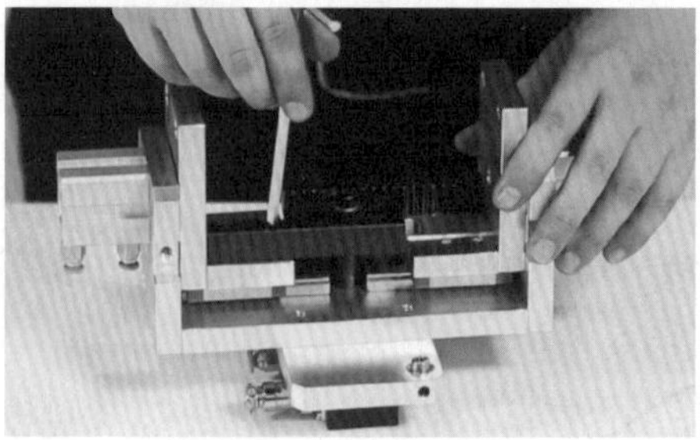

图 5-2-14　步骤(11)

注意,安装时两齿条齿面相对,同时与齿轮的两侧啮合。

(12)将左右夹爪块与左右夹爪固定(图 5-2-15)。

(13)最后将加强杆两端与左右夹具体侧板固定(图 5-2-16)。

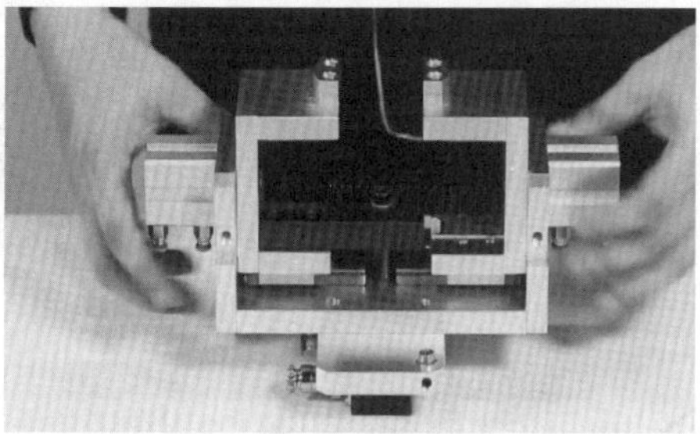

图 5-2-15　步骤(12)

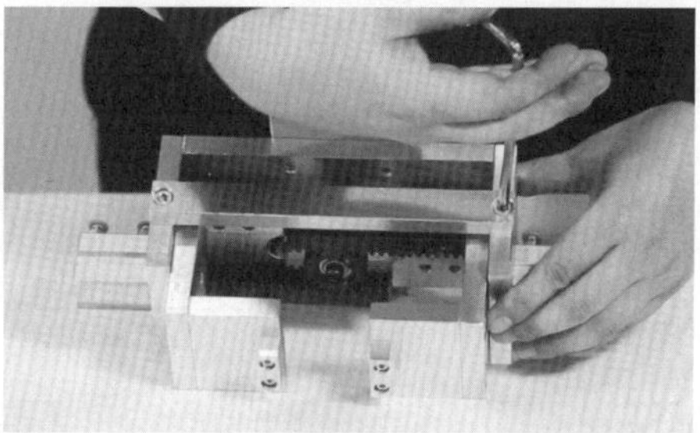

图 5-2-16　步骤(13)

任务三　气压结合式夹具的调试

学习目标

1. 知识目标

(1)掌握气压结合式夹具的调试步骤;

(2)在实际调试过程中,掌握三轴机器人坐标系中各坐标轴的方向,软件虚拟示教器的使用方法;

(3)用三轴坐标系机器人及气压结合式夹具搬运工件的步骤和方法。

2. 学习重点

掌握气压结合式夹具的调试步骤。

知识准备

气压结合式夹具的调试路径如图 5-3-1 所示。

夹具上方位置 B→夹具放置位置 A→拾取指令→夹具上方位置 B→工件上方位置 D→工件抓取位置 C→拾取指令→工件上方位置 D→工件放置上方位置 F→工件放置位置 E→放置指令。

通过软件中的虚拟示教器(图 5-3-2)的 *X*、*Y*、*Z* 键控制机器人携带夹具、工件,依次到达上述各路径点,通过“拾取”“放置”键控制夹具抓取和释放工件,完成调试过程。

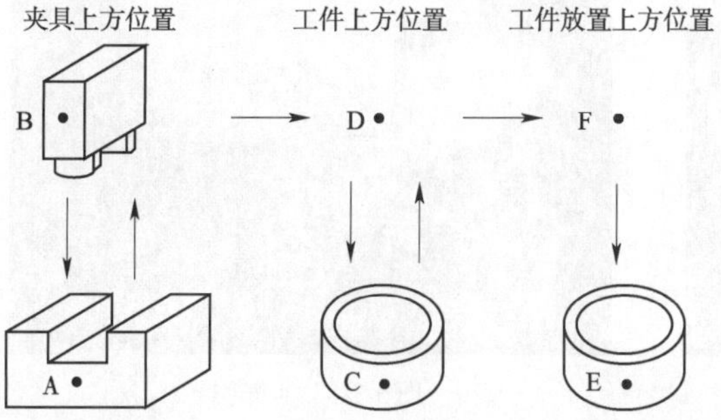

图 5-3-1　调试路径

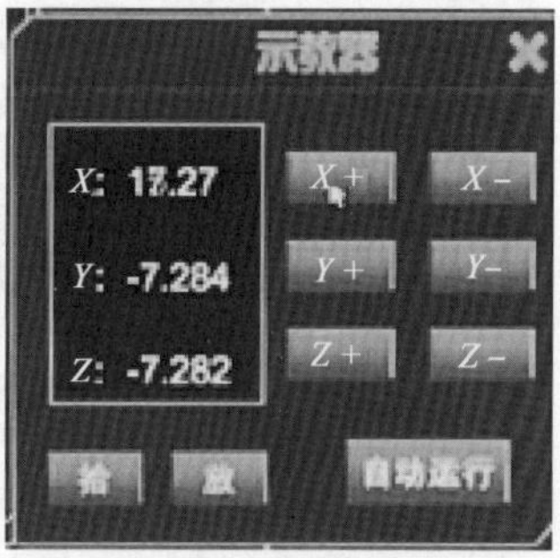

图 5-3-2　虚拟示教器

任务实施

(1)打开工作台的柜门,可以看到柜门里的电气元件,将左上方的电源开关打开(图 5-3-3)。

(2)工作站右上方的触摸屏变亮,处于打开状态,按下“开始”按钮(图 5-3-4)。

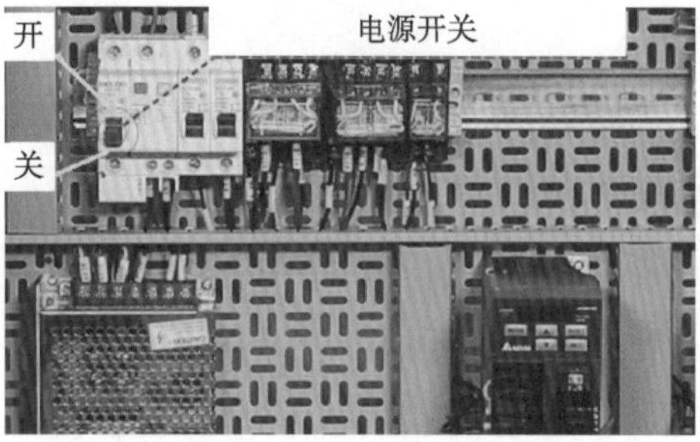

图 5-3-3　步骤(1)

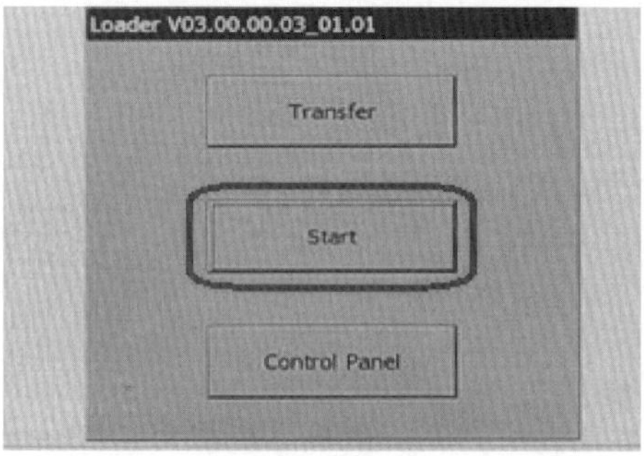

图 5-3-4　步骤(2)

(3)打开空压机上的电源开关(图 5-3-5),压力表上的指针将会顺时针旋转,表示气压上升;将出气阀打开(图中开关及阀均处于开启位置)。

(4)将调压阀上的气源开关打开(图 5-3-6)。

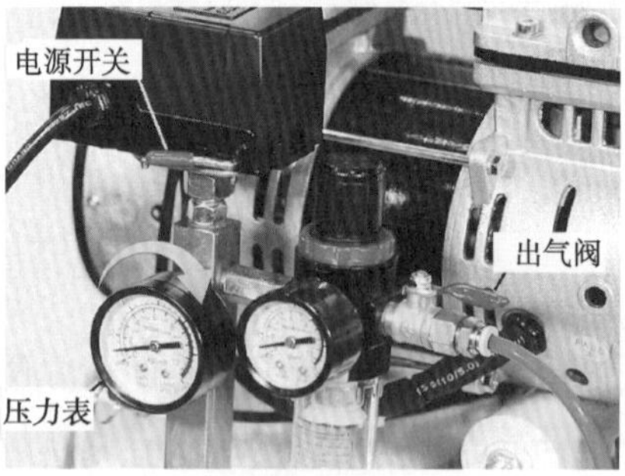

图 5-3-5　步骤(3)

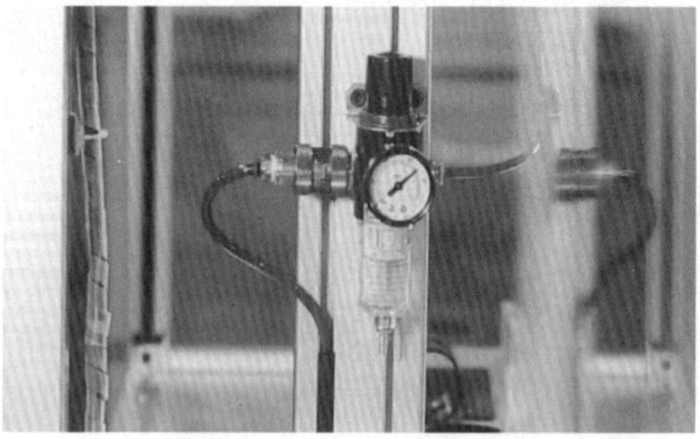

图 5-3-6　步骤(4)

(5)操作触摸屏,点击“工具盘”右侧“锁紧/松开”按钮(图 5-3-7)。

(6)检查凸缘盘的钢珠有无锁紧、松开动作。以检查气源是否正常打开(图 5-3-8)。

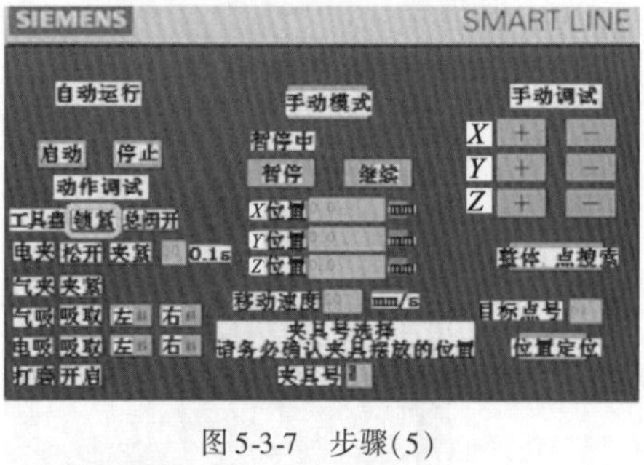

图 5-3-7　步骤(5)

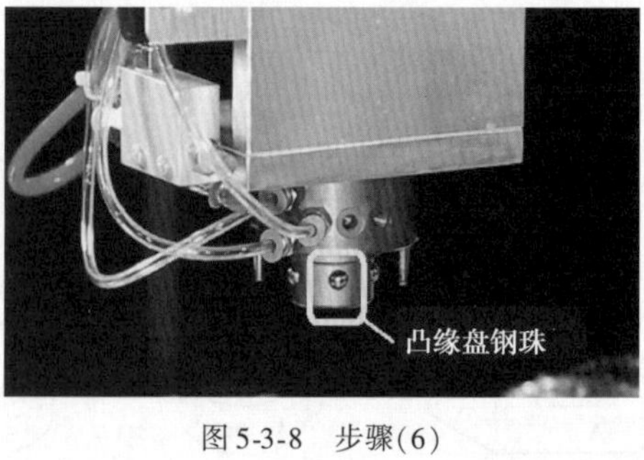

图 5-3-8　步骤(6)

注意:如果没有锁紧、松开动作,检查气路阀是否打开或电磁阀是否正常。排除故障后才可以进行后续操作。

(7)打开工业机器人夹具教学实训软件。在电脑中找到工业机器人夹具教学实训软件的图标,双击打开,进入工业机器人夹具教学实训软件(图5-3-9)。

(8)选择实训夹具,在实训软件中,点击实训项目二气压结合夹持式夹具(图5-3-10)。

图5-3-9　步骤(7)

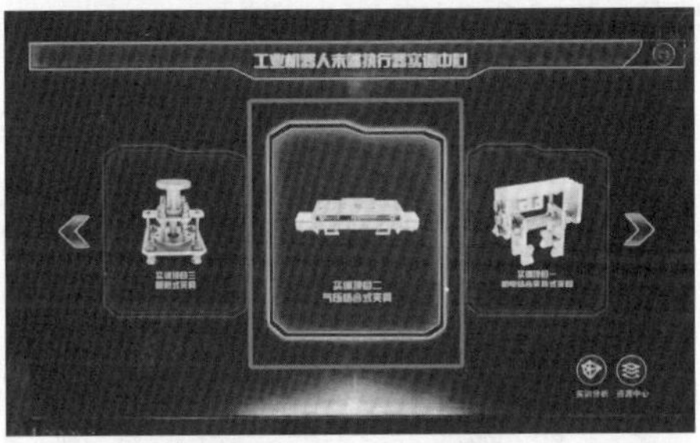

图5-3-10　步骤(8)

(9)选择气压结合内撑式夹具,点击开始实训(图5-3-11)。

(10)实训步骤一是否完成气压结合内撑式夹具的设计,选择是,已经完成气压结合内撑式夹具的设计(图5-3-12)。

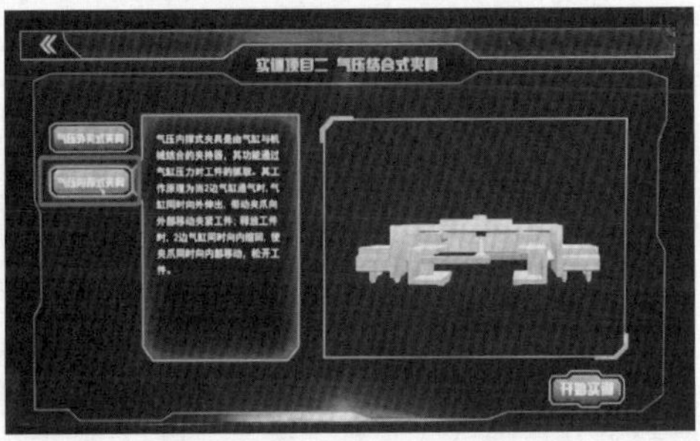

图5-3-11　步骤(9)

图5-3-12　步骤(10)

(11)实训步骤二进行气压结合内撑式夹具的安装,在实训步骤的右框中,将正确的气压结合内撑式夹具拖拽至三轴直角坐标机器人处,完成软件中的气压结合内撑式夹具安装(图5-3-13)。

(12)然后将实物中对应的气压结合内撑式夹具安装到三轴直角坐标机器人处(机器人来到夹具上方,图5-3-14)。

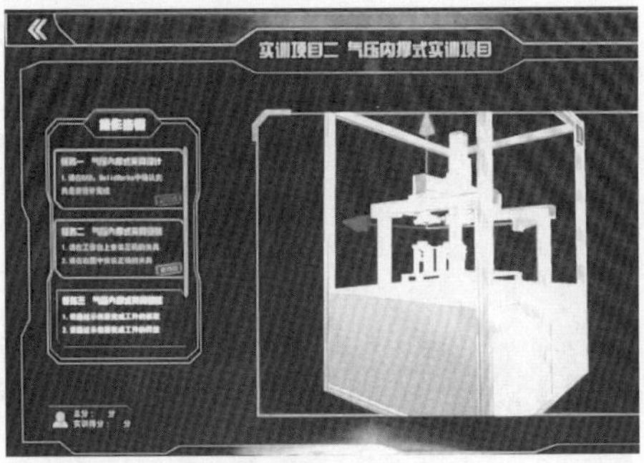

图5-3-13　步骤(11)

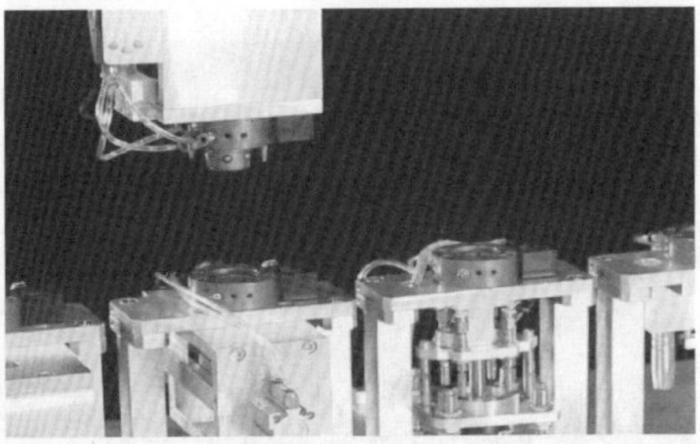

图5-3-14　步骤(12)

(13)然后将实物中对应的气压结合内撑式夹具安装到三轴直角坐标机器人处(安装成功,图 5-3-15)。

(14)实训步骤三进行气压结合内撑式夹具的搬运工作,在软件虚拟示教器中通过点击 *XYZ* 按钮(图 5-3-16)。

图 5-3-15　步骤(13)

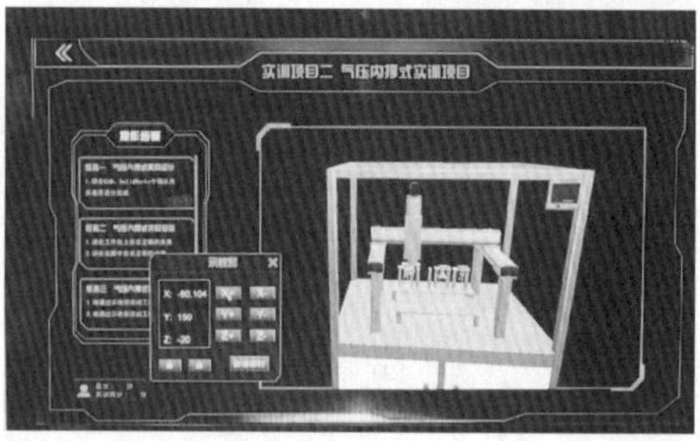

图 5-3-16　步骤(14)

(15)移动机器人和夹具至工件的上方位置(图 5-3-17)。

(16)移动机器人和夹具至工件的抓取位置,点击拾取按钮,气压结合内撑式夹具夹持工件(图 5-3-18)。

图 5-3-17　步骤(15)

图 5-3-18　步骤(16)

(17)通过点击 *XYZ* 按钮,移动机器人、夹具和工件至工件放置位置的上方(图 5-3-19)。

(18)通过点击 *XYZ* 按钮,移动机器人、夹具和工件至工件放置位置的上方、工件放置位置,点击放置按钮,气压结合内撑式夹具释放工件(图 5-3-20)。

图 5-3-19　步骤(17)

图 5-3-20　步骤(18)

任务四　气压结合式夹具的应用

学习目标

1. 知识目标

(1) 了解气压结合式夹具的特点和应用领域;

(2) 学习通过实训软件控制三轴直角坐标机器人及气压结合式夹具自动搬运工件的步骤和方法。

2. 学习重点

学习通过实训软件控制三轴直角坐标机器人及气压结合式夹具自动搬运工件的步骤和方法。

知识准备

气压结合式夹具(图 5-4-1)的特点和应用领域。

图 5-4-1　气压结合式夹具

一、优点

(1)气压结合式夹具的工作介质是空气,空气从大气中取之不竭,用过的空气排入大气不会造成污染,管路泄露也不会导致严重后果;

(2)空气黏度小,流动阻力小,适合远距离输送;

(3)气动元件的精度和制造成本低,因此气压结合式夹具的价格低;

(4)维护简单,使用安全,无污染,适合食品、药品等领域;

(5)气动元件适应性强,能够在恶劣环境下(如强振动、强冲击、强腐蚀、强辐射等)工作。

基于上述特点,在无特殊要求的机器人抓取、搬运作业中,气压结合式夹具是首选的机器人末端执行器。

二、缺点

(1)气压的传递速度在声速(340m/s)以内,所以气压结合式夹具的工作频率和响应速度远远不及机电结合式夹具。由于气压结合式夹具动作的滞后性,在机器人编程中,夹具动作指令的后面需要设置等待时间(一般传输距离 5m 以内,等待时间 0.5 ~1s);

(2)气压结合式夹具只能完成简单的抓、放动作,不能进行手指中间点位的控制及速度控制,因此不适合做高精度的抓、放动作。

任务实施

(1)设备的工作台有 4 个工具座,对应放置 9 种夹具。夹具的位置在程序中固定,不能随意互换(图 5-4-2)。

(2)工具座与夹具号的对应关系分别是:一号工具座对应放置机电外夹式夹具(1 号夹具)或机电内撑式夹具(5 号夹具),见图 5-4-3。

图 5-4-2 步骤(1)

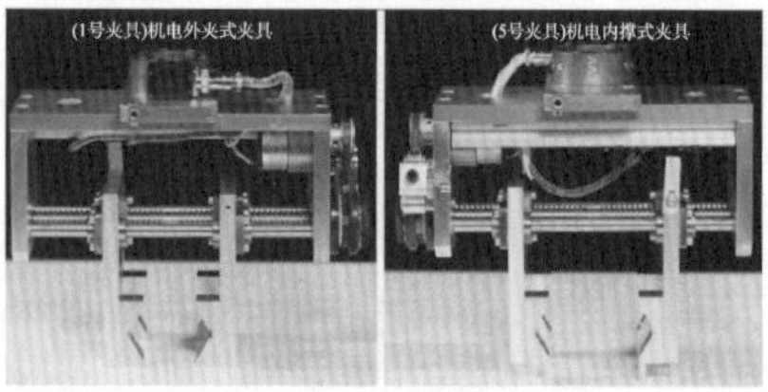

图 5-4-3 步骤(2)

(3)二号工具座对应放置气压外夹式夹具(2 号夹具)或气压内撑式夹具(6 号夹具),见图 5-4-4。

(4)三号工具座对应放置真空吸附式夹具(3 号夹具)或电磁吸附式夹具(7 号夹具),见图 5-4-5。

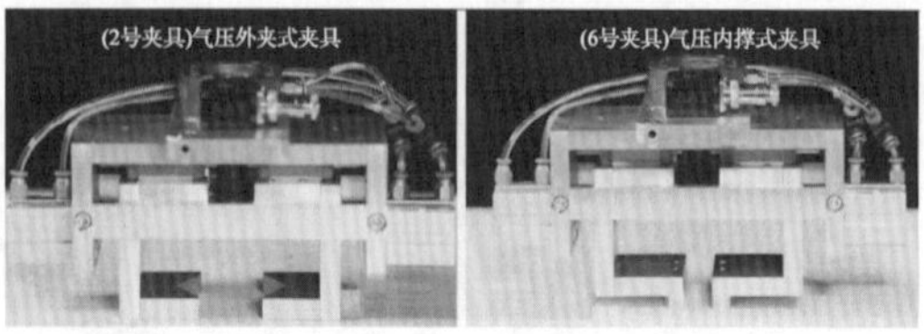

图 5-4-4 步骤(3)

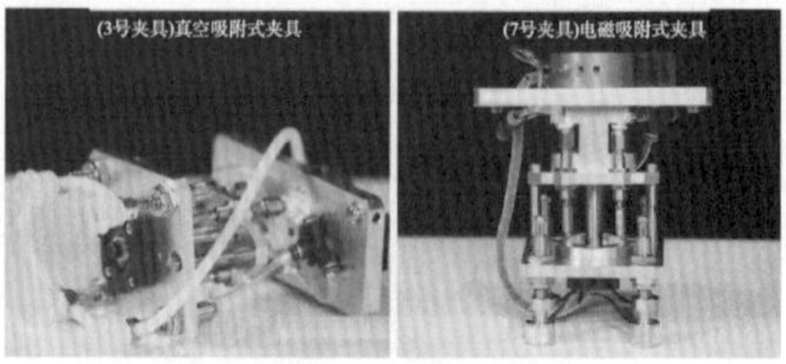

图 5-4-5 步骤(4)

(5)四号工具座对应放置专用打磨式夹具(4 号夹具)或专用焊接式夹具(8 号夹具)或专用喷涂式夹具(9 号夹具),见图 5-4-6。

(6)选择对应的夹具号:在工作站右上方的触摸屏中,找到夹具号的输入框,点击输入框(图 5-4-7)。

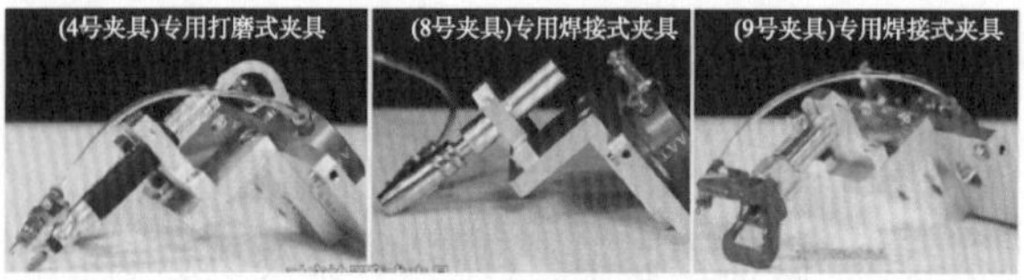

图 5-4-6 步骤(5)

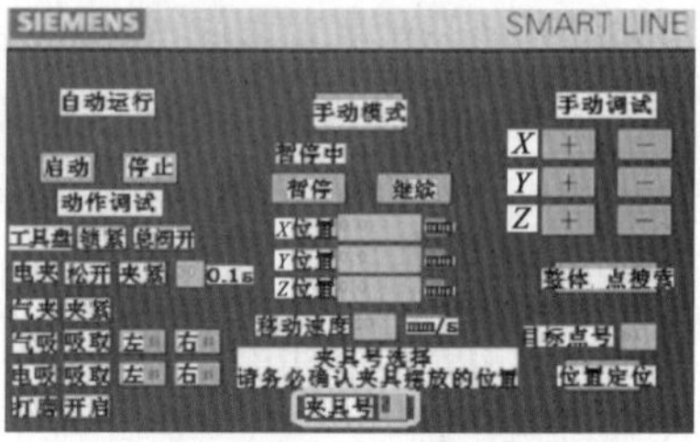

图 5-4-7 步骤(6)

(7)输入数字 6,点击确定键(图 5-4-8)。

(8)回原点:设备进行自动操作前,需先进行回原点,在触摸屏中,找到回原点键,点击按钮(图 5-4-9)。

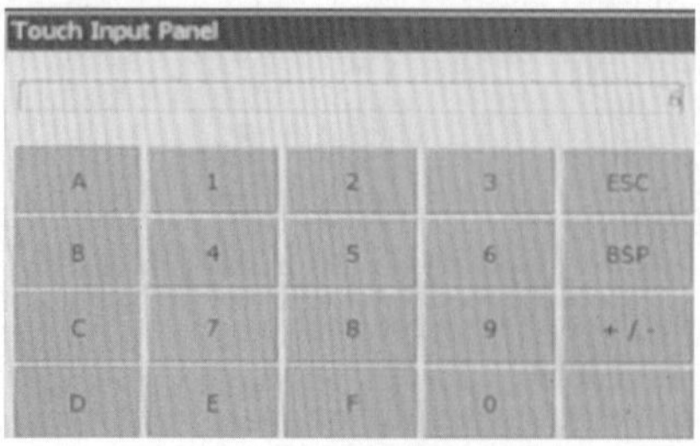

图 5-4-8 步骤(7)

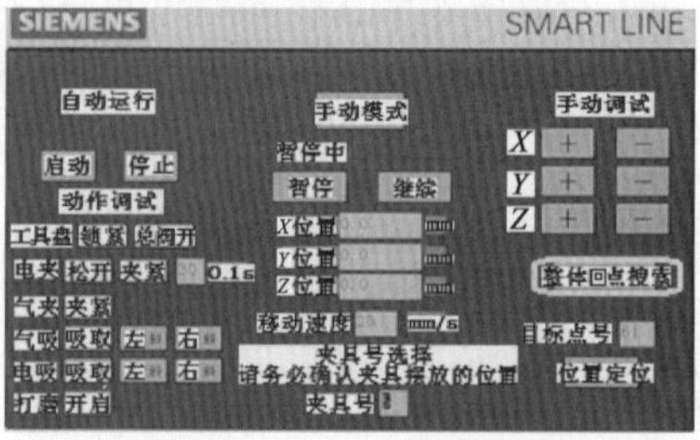

图 5-4-9 步骤(8)

(9)机器人回到原点位置(图5-4-10)。

(10)在触摸屏中,找到自动模式键,点击进行切换,切换运行模式为自动模式(图5-4-11)。

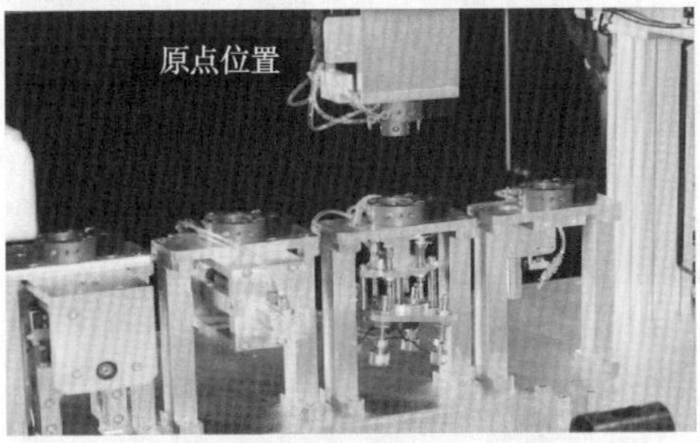

图5-4-10 步骤(9)

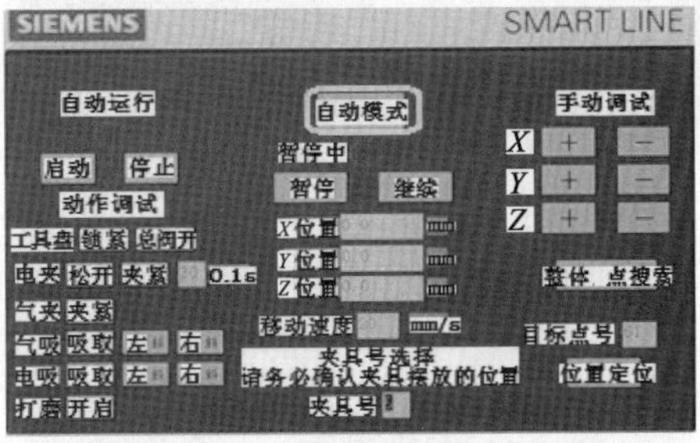

图5-4-11 步骤(10)

(11)在触摸屏中,找到移动速度的输入框,点击进入(图5-4-12)。

(12)输入数字20,点击确定键(图5-4-13)。

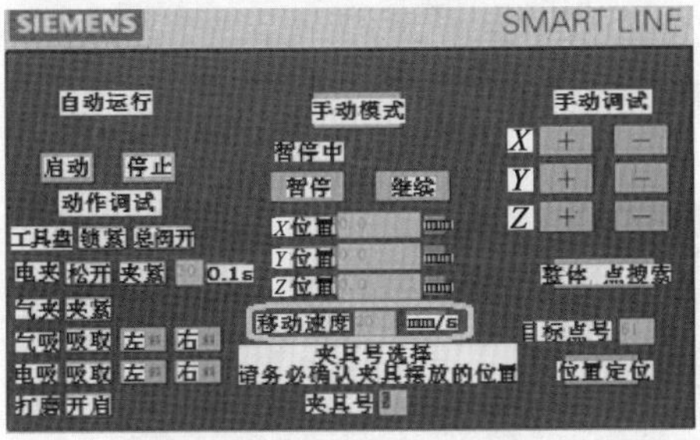

图5-4-12 步骤(11)

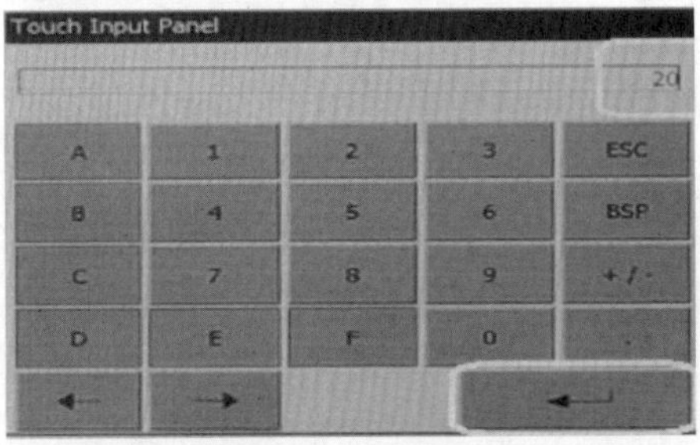

图5-4-13 步骤(12)

(13)点击启动键,三轴直角坐标机器人开始运作(图5-4-14)。

(14)先是运动到二号工具座的上方位置(图5-4-15)。

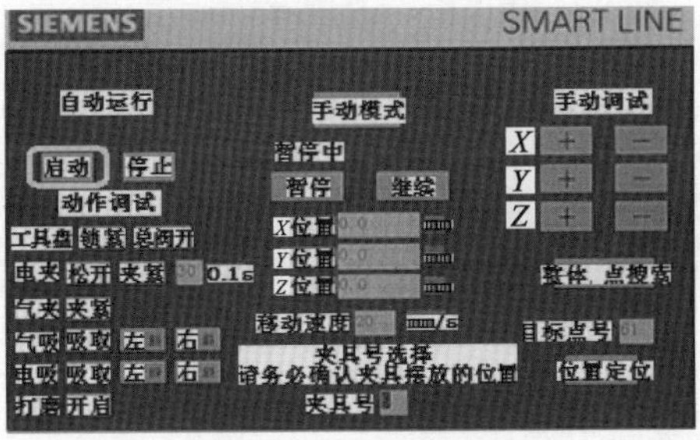

图5-4-14 步骤(13)

图5-4-15 步骤(14)

(15)接着向下运动至气压内撑式夹具的夹持位置,进行夹具的夹持(图5-4-16)。

(16)将气压内撑式夹具夹持后,向上运动,运动至前一个位置后,开始向前运动,运动至气压夹具的夹持工件上方(图5-4-17)。

(17)接着向下运动,运动至工件处,进行工件的抓取(图5-4-18)。

(18)将工件搬运至工件放置处,进行工件的放置(图5-4-19)。

(19)重复操作,又将工件从放置位置重新抓取,并放置回最初开始的位置(图5-4-20)。

(20)放完工件后,又将夹具重新放回到二号工具座(图5-4-21)。

图 5-4-16　步骤(15)

图 5-4-17　步骤(16)

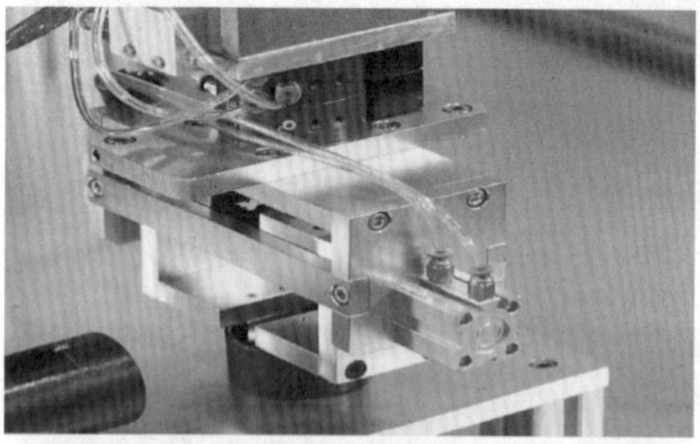

图 5-4-18　步骤(17)

图 5-4-19　步骤(18)

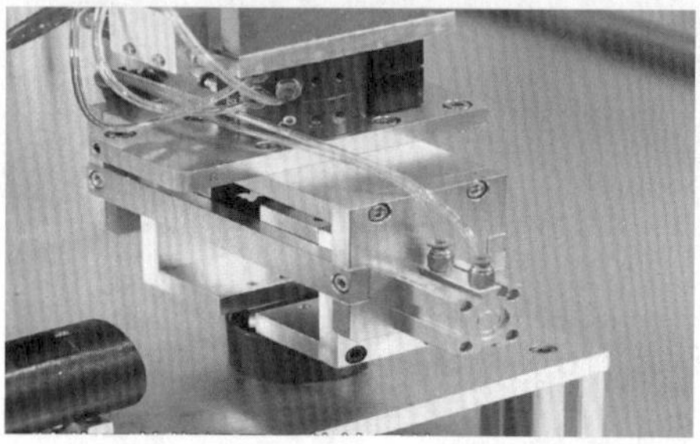

图 5-4-20　步骤(19)

图 5-4-21　步骤(20)

(21)最后,机器人回到原点位置(图 5-4-22)。

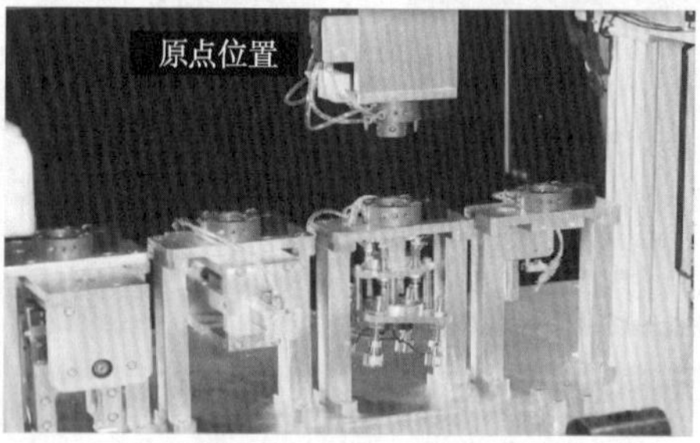

图 5-4-22　步骤(21)

项目小结

本项目内容主要讲述了气压夹持式末端执行器的设计以及在夹具工作站中的实训操作,在本项目的学习中,学生主要要掌握气压夹持式末端执行器的设计思路,组合安装以及调试应用。

项目六　吸附式夹具的实训

任务一　吸附式夹具的设计(真空与电磁)

学习目标

1. 知识目标

了解吸附式夹具的设计思路,结合实际案例掌握设计过程中,夹紧力的计算、外购件选型、结构设计的基本方法。

2. 学习重点

了解吸附式夹具的设计思路,结合实际案例掌握设计过程中,夹紧力的计算、外购件选型、结构设计的基本方法。

知识准备

吸附式夹具的设计首先要考虑所需的吸盘吸力计算。计算被抓取工件的质量是所有设计的基础,在明确了工件质量后,就可以确定吸盘所需的吸力。除了克服工件重力,真空吸盘还要承受由加速度产生的惯性力。下面介绍3种最常见的负载情况及计算方法。

一、真空吸盘水平放置,受垂直负载

如图6-1-1所示,工件从托盘上被吸取,并以加速度a(m/s^2)被垂直提升(无横向运动)。

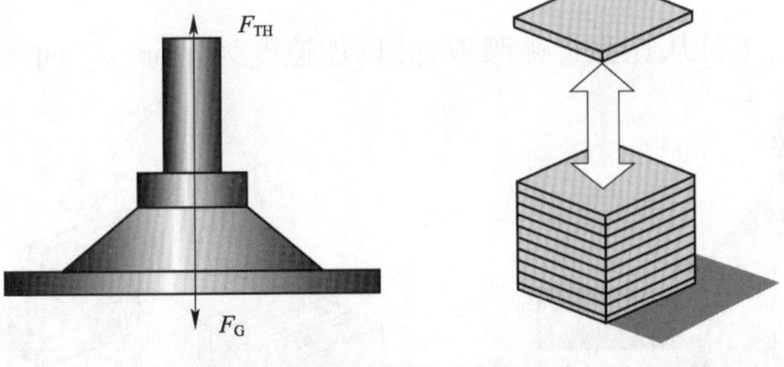

图6-1-1　吸盘水平放置,工件被垂直提升

$$F_{TH}=m\times(g+a)\times S$$

式中:F_{TH}——吸力(N);

m——工件质量(kg);

g——重力加速度(9.8m/s^2);

a——系统加速度(m/s^2);

S——系统安全系数。

在实际应用中必须考虑许多影响吸力的因素,如工件表面的粗糙度和硬度(变形性)等,因此,建议安全系数(S)为4倍。德国事故预防法规要求的最低安全系数为1.5倍。如果工件需要旋转和翻转,建议选取安全系数至少为8或更高,以满足翻转过程中所需的力。

二、真空吸盘水平放置,同时受水平和垂直负载

如图6-1-2所示,工件从托盘上被吸取,然后被水平搬运,水平运动加速度为a(m/s²),在水平搬运过程中,吸盘承受工件的重力和水平运动加速的惯性力。

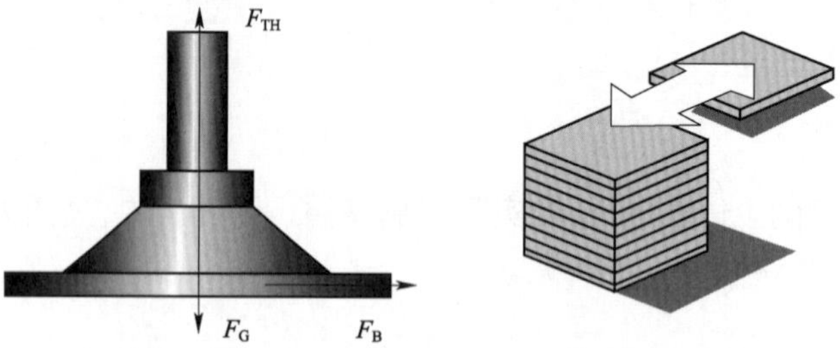

图6-1-2　吸盘水平放置,工件被垂直提升后水平移动

$$F_{TH} = m \times \left(g + \frac{a}{\mu}\right) \times S$$

式中:F_{TH}——吸盘吸力(N);

m——工件质量(kg);

g——重力加速度(9.8m/s²);

a——水平运动加速度(m/s²),包括急停情况下的水平加速度;

S——系统安全系数;

μ——吸盘与工件间的摩擦系数。

三、真空吸盘垂直放置,受垂直负载力

如图6-1-3所示,工件从托盘上被吸取,并以加速度为a(m/s²)向正上方运动。

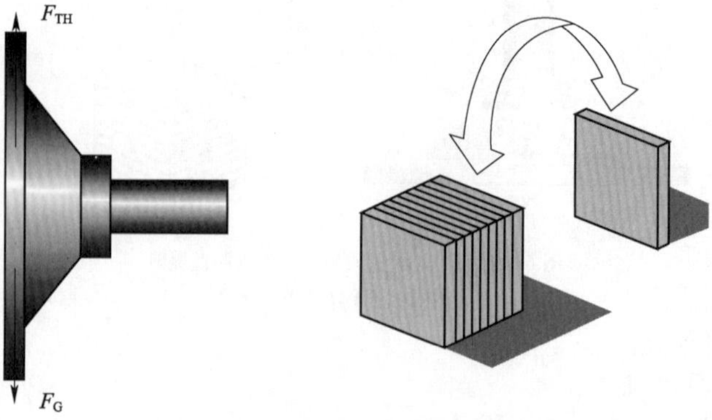

图6-1-3　吸盘垂直放置,受垂直负载

$$F_{TH} = \frac{m}{\mu} \times (g + a) \times S$$

式中：F_{TH}——吸盘吸力(N)；

m——工件质量(kg)；

g——重力加速度($9.8m/s^2$)；

a——垂直移动加速度(m/s^2)，包括急停情况下的垂直移动加速度；

S——系统安全系数；

μ——吸盘与工件间的摩擦系数。

四、单个吸盘的吸力

$$F_S = \frac{F_{TH}}{n}$$

式中：F_{TH}——吸盘总吸力(N)；

F_S——单个吸盘吸力；

n——吸盘数量。

任务实施

一、真空吸力的计算及吸盘选型

1. 工件与吸盘间作用力的分析

如图 6-1-4，按照最不利的情况，吸盘吸附工件后，机器人携带工件向右上方加速运动，工件受到以下 4 个力的作用：

mg——工件重力；

ma_x——水平方向惯性力；

ma_y——垂直方向惯性力；

F——吸盘吸力。

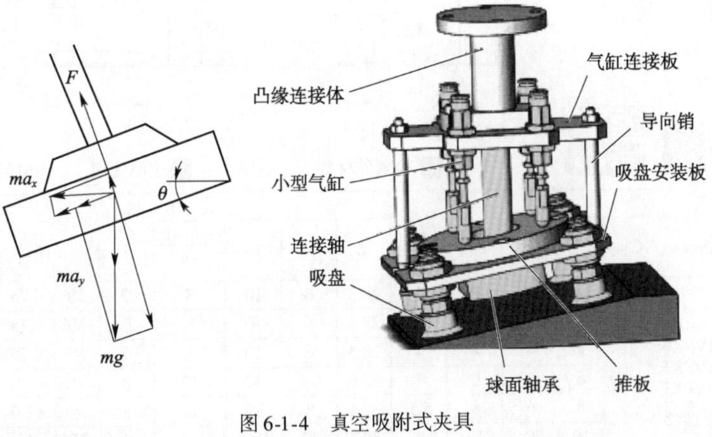

图 6-1-4　真空吸附式夹具

(1)计算工件质量

工件为长方体(材质：铝合金)。其长×宽×高尺寸为 100(mm)×100(mm)×10(mm)。铝材的比重为 $2.75 \times 10^3 kg/m^3$，则工件质量 $m = 10^5 \times 10^{-9} \times 2.75 \times 10^3 = 0.275(kg)$。

(2)加速度计算

要求在水平、垂直方向上,速度从 0 加速到 200mm/s 用时 1s,则加速度:$a_x = a_y = 0.2\text{m/s}^2$。

2. 计算吸盘直径并选型

以工件为研究对象,工件上下平面垂直方向的力平衡方程:

$$[(mg + ma_y)\cos\theta - ma_x\sin\theta] + \frac{[(mg + ma_y)\sin\theta + ma_x\cos\theta]}{\mu}$$

$$= \pi \times r^2 \times 10^{-6} \times P_u \times 10^5 \times \frac{n}{S}(\text{N})$$

式中:m——工件质量,0.275kg;

g——重力加速度,9.8m/s^2;

a_x——水平运动加速度 0.2m/s^2;

a_y——垂直运动加速度 0.2m/s^2;

θ——工件倾角 15°;

μ——吸盘与工件间的摩擦系数(0.1 油性表面;0.2~0.3 潮湿表面;0.5 木材,金属,玻璃,石材表面;0.6 粗糙表面);

r——吸盘有效吸附半径 mm;

P_u——真空度 0.4bar;

n——吸盘数量 4;

S——安全系数 4。

代入上式,得 $r = 5.7$mm。吸盘有效吸附直径大于 11.4mm。

如图 6-1-5 所示,选择 No. 20 吸盘,唇口直径 $d = 20$mm。

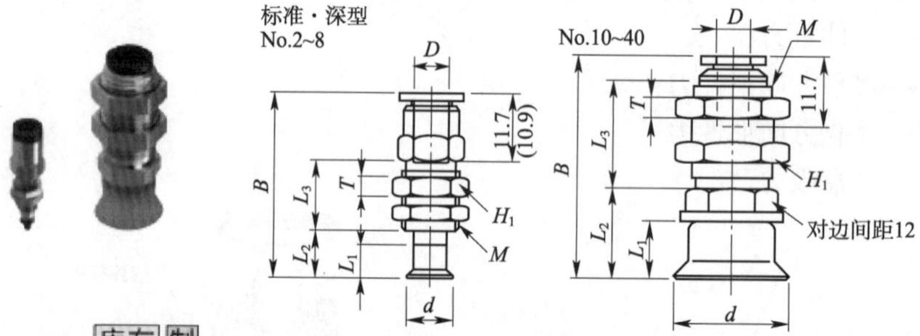

⑦φ2~4为（）内尺寸。

M 金属件材质 黄铜 S 表面处理 无电解镀镍

型式		D	d	L_1	K 形状						
Type	No.				B	L_2	L_3	对边间距 H_1	T	M	质量 g
MVPKN MVPKE MVPKF (标准型)	2	4	2	4	28.3	6	10	8	2	M6×0.75	6
	3	4	3	4	28.3	6	10	8	2	M6×0.75	6
	4	4	4	4	28.3	6	10	8	2	M6×0.75	6
	6	6	6	7	32.6	9.5	12	12	3	M10×1.0	12.5
	8	6	8	5.5	31.1	8	12	12	3	M10×1.0	12.5
	10	6	10	8	34.1	12	18.5	14	4	M12×1.0	21
	15	6	15	9	35.1	13	18.5	14	4	M12×1.0	21.5
	20	6	20	10	37.7	15.6	18	17	4	M14×1.0	36.5

图 6-1-5 真空吸盘选型表(尺寸单位:mm)

二、总体设计

如图 6-1-4 所示,4 个吸盘安装在吸盘安装板上,分布在正方形的 4 个角上,与工件形状吻合,并且吸盘之间距离尽可能大,使得工件被吸附后具有更好的稳定性。

由于工件上表面是倾斜的,因此吸附工件时,吸盘安装板应能够带着吸盘一起,随着工件上表面转动角度。为此,吸盘安装板与连接轴之间通过球面轴承连接,球面轴承允许吸盘安装板在 0° ~25°之间转动。

为了推动吸盘安装板倾斜,使 4 个吸盘与工件紧密贴合,需要 4 个小型气缸。小型气缸上端固定在气缸连接板上,活塞杆向下伸出,抵触在推板上,推板固定在吸盘安装板上。当向 4 个活塞供气时,活塞杆下端伸出,推动吸盘安装板随工件上表面的倾斜角度转动。气缸连接板与凸缘连接体固定,凸缘连接体上部的凸缘与机器人的工具安装凸缘配合连接。

球面轴承的旋转方向是任意的,为了使吸盘安装板在转动时保持方向稳定,只沿着工件表面的倾斜方向摆动,而不会绕连接轴中心回转,在气缸连接板上固定有两根向下伸出的导向销,导向销的下端插入吸盘安装板两侧的开槽中,这样使吸盘安装板只能沿工件的倾斜角度摆动,其他方向的自由度被限制。

三、吸盘安装板设计及球面轴承选型

吸盘安装板上要布置 4 个小吸盘结构,结合球面轴承的选型(图 6-1-6),在设计软件中将球面轴承的尺寸与吸盘安装板进行匹配,确定吸盘安装板的相关尺寸(图 6-1-7)。确定后的吸盘安装板尺寸见表 6-1-1。

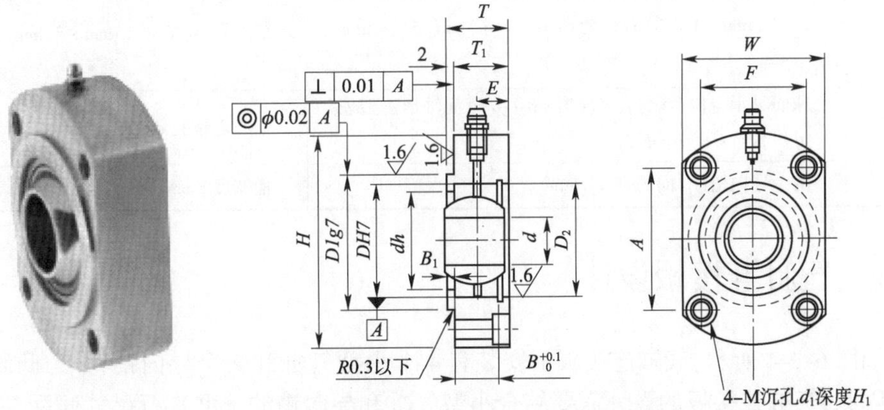

参数 d	D_{H7}	B	B_1	H	W	T	T_1	E	A	F	M	d_1	H_1	容许倾斜角度 a_1°	容许倾斜角度 a_2°	D_1
5	16	6	4	38	25	13	11	6	24	15	5	8	5	13°	30°	20
6	18	6.75	3.25	40	28			6.38	26	17					29°	23
8	22	9	2	45	31	14	12	7.5	29	19				14°	25°	27
10	26	10.5	2.5	50	36	16	14	8.25	31	25				13°		32
12	30	12	3	54	40	18	16	9	34	28						36

图 6-1-6 球面轴承选型表(尺寸单位:mm)

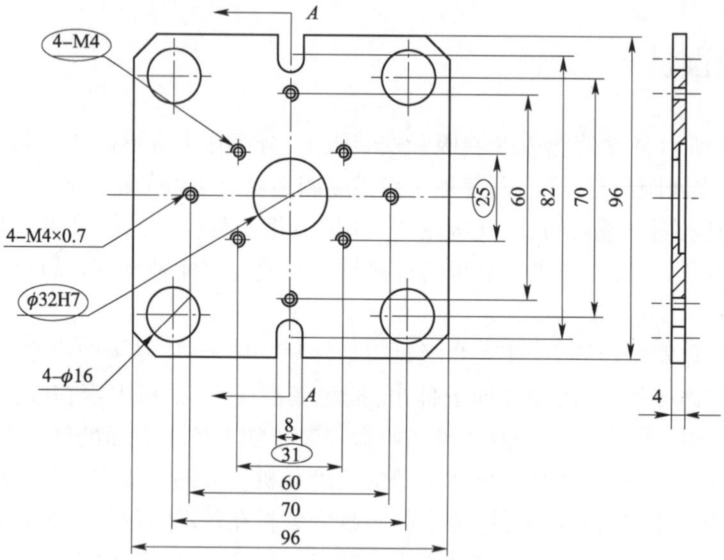

图 6-1-7　吸盘安装板(尺寸单位:mm)

吸盘安装板结构及尺寸　　表 6-1-1

结构尺寸	结 构 布 置	确定吸盘安装板相关尺寸
1	安装板外廓尺寸应接近工件的斜面尺寸(长 × 宽 = 100mm × 100mm)	确定吸盘安装板外廓尺寸:96mm × 96mm
2	4 个吸盘的布局应尽量接近安装板的外边缘,使工件的吸附稳定性最好	确定吸盘中心距:70mm × 70mm
3	布置推板的 4 个固定螺孔	螺纹孔:4 - M4 × 0.7,中心距:60mm × 60mm
4	布置球面轴承的固定螺孔:参照"图 6-1-6 球面轴承选型表" F = 25mm; A = 31mm, 台阶孔 M = 5mm, d_1 = 8mm; H_1 = 5mm	螺纹孔:中心距 25mm × 31mm,4-M4
5	球面轴承定位台阶孔:参照"图 6-1-6 球面轴承选型表"定位台阶:D_1g7 = ϕ32g7	中心定位孔 ϕ32H7
6	两个导向槽(导向销直径 7mm)	槽宽度 8mm

四、气缸连接板设计

如图 6-1-4 所示,气缸连接板上安装有 4 个小型气缸和 2 个导向销,并与凸缘连接体固定。因此,气缸连接板的设计需要结合小型气缸和导向销的选型进行尺寸匹配,并与凸缘连接体的连接尺寸相匹配。确定后的气缸连接板的尺寸如图 6-1-8 所示。

1. 气缸连接板与小型气缸的匹配

如图 6-1-9,板式安装单作用小型气缸,通过 M10 × 1.0 外螺纹上的两个薄型螺母将气缸连接板夹在中间,调整气缸连接板相对于 M10 × 1.0 外螺纹的上下夹持位置,可以改变气缸下部伸出气缸连接板的长度,使得活塞杆前端可以抵触到推板上平面,然后将两个螺母相互反方向旋紧,起到防松作用。

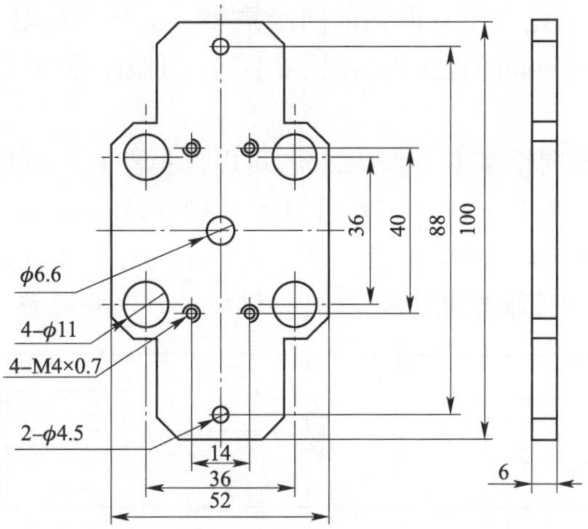

图 6-1-8　气缸连接板(尺寸单位:mm)

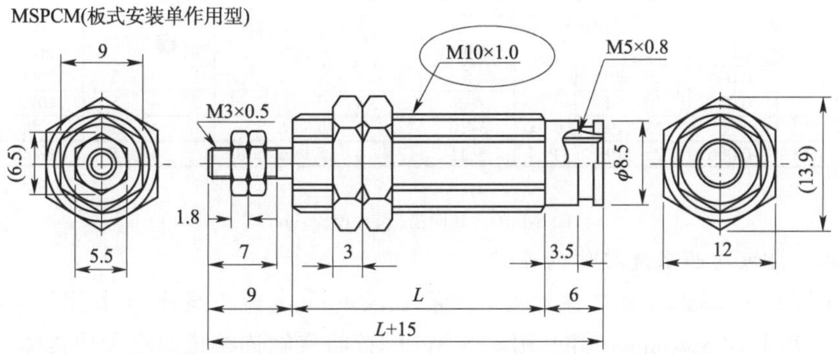

Example 使用范例	型式		❸ St行程(mm)选择	L
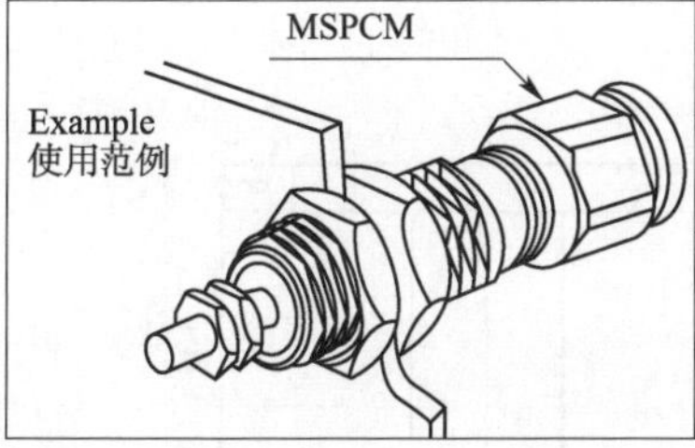	❶ Type	❷ 气缸内径(mm)		
	MSPCM	6	5	12.5
			10	19.5
			15	26.5

图 6-1-9　小型气缸(尺寸单位:mm)

小型气缸与气缸连接板的尺寸匹配包括两方面:一是 4 个小型气缸的 M10 ×1.0 外螺纹与气缸连接板的 4 – ϕ11mm 光孔匹配;二是 4 – ϕ11mm 光孔的间距 36 ×36mm 应保证 4 个活塞杆下端与推板的接触点在推板的面积范围内,这一点在设计推板时需要考虑。

2. 气缸连接板与导向销的匹配

如图 6-1-10 所示,导向销大径 *D* 分为 8、10、12、13mm 等规格,小径 *P*、小径长度 *F*、大径长度 *L* 可以以 1mm 为变化单位,在表中所规定的范围内向供应商定制。导向销与相关零件的匹配关系有 3 个:

(1)导向销大径端面螺纹孔 *N*(粗牙)取 M4,与穿过气缸连接板光孔 2 – ϕ4.5mm 的螺栓配合,将导向销固定在气缸连接板的下端面上;

(2)气缸连接板上,确定 2 个导向销的间距是 88mm,该间距处在下方吸盘安装板 2 个 8mm 宽开槽的间距(82 ~96mm)范围内(见图 6-1-7),即保证导向销下端落在吸盘安装板的开槽中;

(3)导向销选型。导向销基本不承受载荷,可以选择图 6-1-10 中大径 $D = 10 \sim 13$mm 的任意规格。在此我们选择 $D = 13$mm;考虑到与吸盘安装板 8mm 宽开槽匹配,小径 P 取 7mm;因为以小径作为导向段,因此小径长度 F 尽可能长,取允许范围的上限,$F = 4 \times 7 = 28$mm;大径长度 L 应与连接轴长度匹配,在连接轴设计时一并考虑。

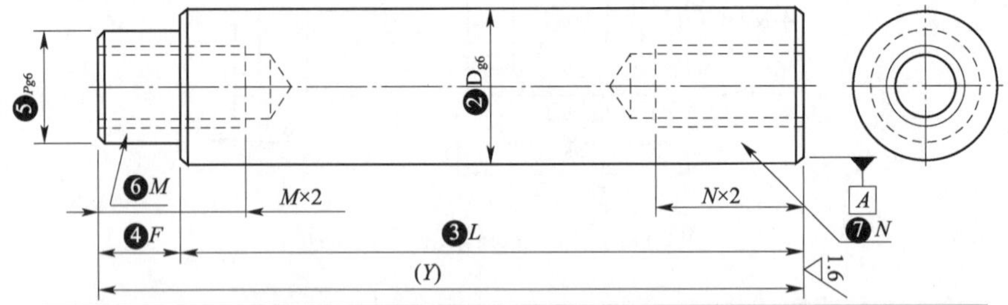

型式		指定单位1mm			❻M(粗牙螺纹)选择	❼N(粗牙)	(Y) Max.
❷Dg6		❸L	❹F	❺P			
8	-0.005	25~998		6	3	3 4 5	1000
10	-0.014	25~998	2	6~8	3 4 5	3 4 5	1000
12		25~1198	≤F≤	6~10	3 4 5 6	4 5	1200
13	-0.006	25~1198	P×4	6~11	3 4 5 6 8	4 5	1200

图 6-1-10 导向销(尺寸单位:mm)

3. 气缸连接板与凸缘连接体的匹配

气缸连接板上 4-M4 ×0.7 螺纹孔(间距 14 ×40mm)与凸缘连接体(图 6-1-11)上 4 - ϕ5mm 光孔(间距 14 ×40mm)匹配,用 4 个 M4 螺栓将气缸连接板与凸缘连接体固定。

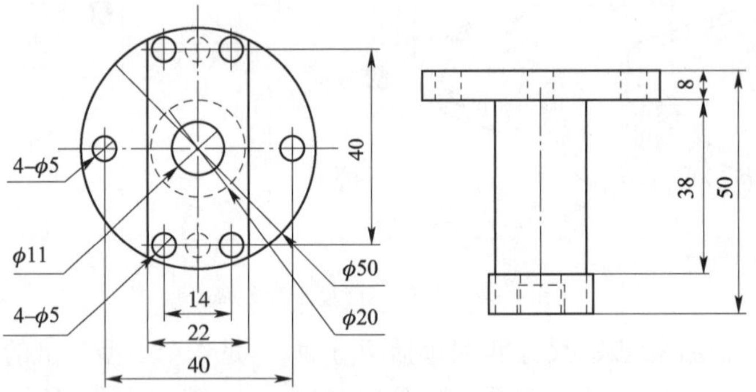

图 6-1-11 凸缘连接体(尺寸单位:mm)

总结气缸连接板与相关零件的匹配关系,见表 6-1-2。

气缸连接板与相关零件的匹配关系 表 6-1-2

结构尺寸		气缸连接板结构	配合零部件的相关尺寸
1	小型气缸	气缸连接板的 4 - ϕ11mm 光孔	小型气缸的 M10 ×1.0mm 外螺纹
2		4 - ϕ11mm 光孔的间距 36mm ×36mm	落在圆形推板的面积范围内

续上表

结构尺寸		气缸连接板结构	配合零部件的相关尺寸
3	导向销	气缸连接板光孔 2 - ϕ4.5mm	导向销大径端面螺纹孔 M4
4		2 个导向销的间距 88mm	在吸盘安装板 2 个 8mm 宽开槽的间距(82 ~ 96mm)范围内
5	凸缘连接体	气缸连接板上 4 - M4 ×0.7 螺纹孔	凸缘连接体上 4 - ϕ5mm 光孔
6		4 - M4 ×0.7 螺纹孔(间距 14 ×40mm)	4 - ϕ5mm 光孔(间距 14 ×40mm)

任务二　吸附式夹具的安装(真空与电磁)

学习目标

1. 知识目标

掌握吸附式夹具的装配步骤。在实际装配过程中,理解吸附式夹具零件之间的位置关系、各零件的作用和吸附式夹具的工作原理,学习工具和标准件的使用方法,培养机械结构的装配技能。

2. 学习重点

掌握吸附式夹具的装配步骤。

知识准备

电磁吸附式夹具的总体结构从上向下,有 4 个平面,分别是:夹具连接板,气缸连接板,吸盘安装板,4 个电磁吸盘的下平面。其中,夹具连接板与气缸连接板是一组,两者装配后应保持平行;吸盘安装板与 4 个吸盘的下平面是一组,两者装配后应保持平行。两组之间通过球面轴承连接,可以相对转动,使 4 个吸盘能够与倾斜的工件上平面紧密贴合。图 6-2-1为电磁吸盘座结构。

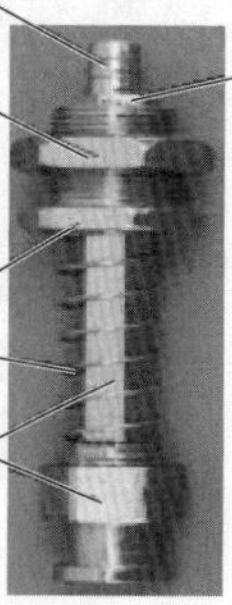

图 6-2-1　电磁吸盘座结构

一、夹具连接板与气缸连接板之间的平行度

由于这两个零件分别安装在连接块的上平面和下平面,因此它们之间的平行度由连接块上、下平面的平行度保证,也就是由连接块本身的加工精度决定,装配时只要保证零件的接触面清洁、无毛刺,将连接螺栓旋紧即可。

二、吸盘安装板与 4 个电磁吸盘的下平面之间的平行度

电磁吸盘座的结构见“项目三,任务 3 吸附式末端执行器”。

保证吸盘安装板与吸盘下平面的平行度,就是要求在自由状态下,4 个电磁吸盘座向

下的伸出长度相等。由于吸盘座导管在弹簧的推动下,相对于安装座向下移动到极限位置,因此,安装电磁吸盘座之前,需要检查吸盘座导管上端的限位螺母处于旋紧状态,同时保证吸盘安装板与安装座台阶根部接触到位,旋紧安装螺母,即可保证4个电磁吸盘的伸出长度相等。

任务实施

上两节课学习了真空吸附式夹具的设计和电磁吸附式夹具的设计,了解了吸附式夹具的设计原理,这节课继续来学习吸附式夹具的安装操作,根据图6-2-2电磁吸附式夹具,来完成吸附式夹具的安装。

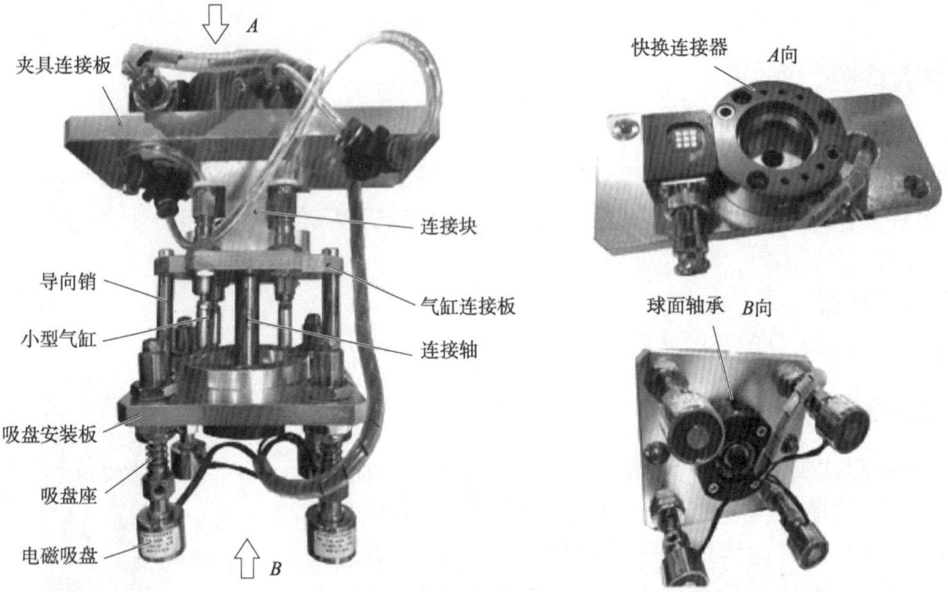

图6-2-2 电磁吸附式夹具

(1)首先将要安装的吸附式夹具的所有零部件、一整套内六角扳手和一套活动扳手整齐放到工具台上,方便进行安装操作(图6-2-3)。

(2)2个螺栓从夹具连接板中间的2个光孔插入,与连接板另一侧连接块的螺纹孔旋合,将夹具连接板与连接块固定(图6-2-4)。

图6-2-3 步骤(1)

图6-2-4 步骤(2)

(3)3个螺栓从夹具连接板下方的3个光孔插入,与另一侧快换连接器的螺纹孔旋合,将快换连接器固定在夹具连接板的上平面(图6-2-5)。

(4)将 2 个导向销和 4 个小型气缸安装在气缸连接板上。

注意,调整每个气缸缸体上两个调整螺母的位置,使 4 个小型气缸缸体向下伸出长度相等,然后将 2 个调整螺母反方向相互背紧,将气缸位置锁定(图 6-2-6)。

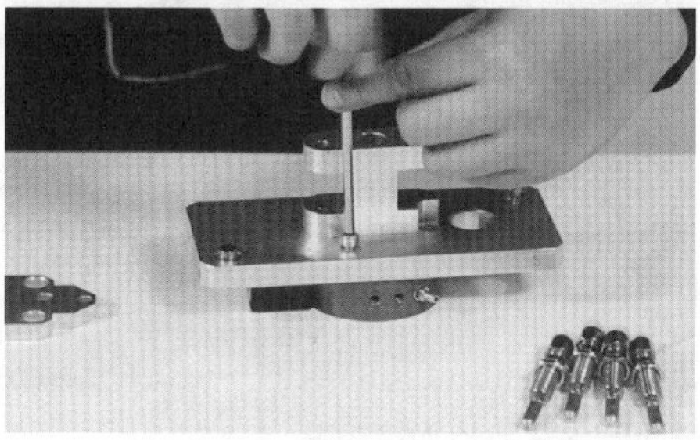

图 6-2-5　步骤(3)

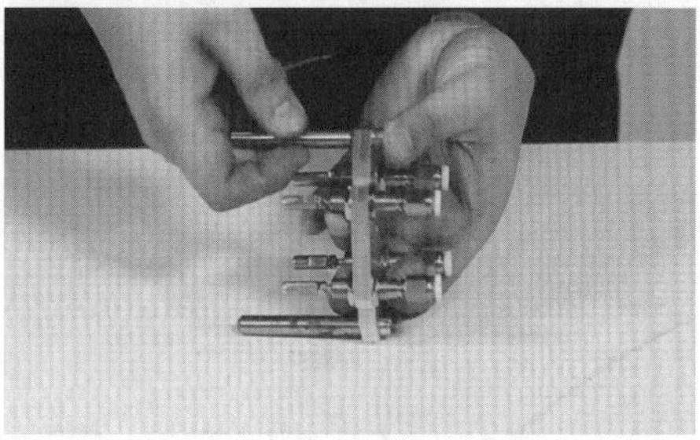

图 6-2-6　步骤(4)

(5)2 个螺栓从下方插入气缸连接板的光孔,与另一侧连接块的螺纹孔旋合,将气缸连接板固定在连接块的下平面(图 6-2-7)。

(6)将 4 个带有电磁吸盘的吸盘座安装在吸盘安装板上,应保证 4 个电磁吸盘的伸出长度相等;

可以在电磁吸盘装配好后,将 4 个电磁吸盘的下平面放置在平台上,检查吸盘安装板与平台是否平行,如不平行,需重新调整(图 6-2-8)。

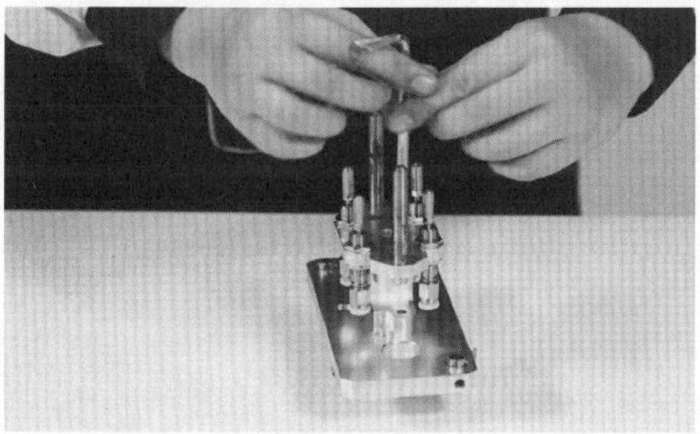

图 6-2-7　步骤(5)

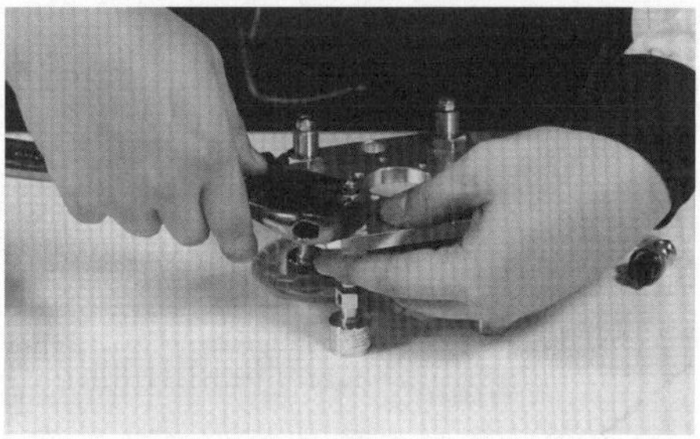

图 6-2-8　步骤(6)

(7)用 4 个螺栓将带有连接轴的球面轴承固定在吸盘安装板的下平面,连接轴向上插入到气缸连接板的中心孔中(图 6-2-9)。

(8)同时使 2 个导向销的下端插入到吸盘安装板两侧的光孔中(图 6-2-10)。

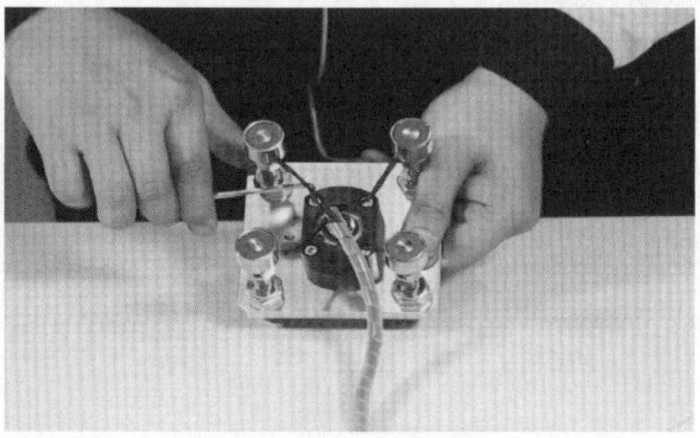

图 6-2-9　步骤(7)

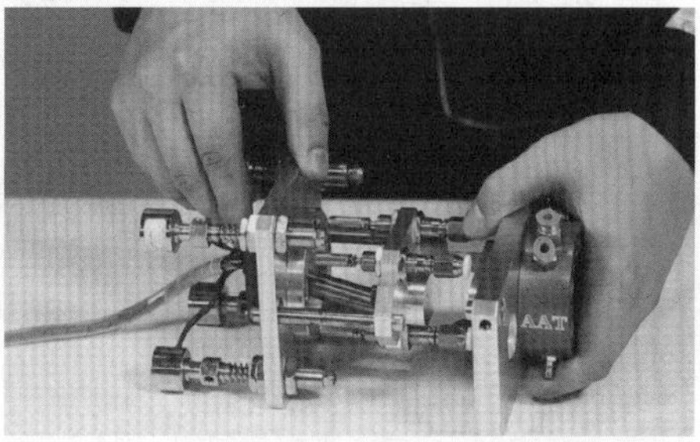

图 6-2-10　步骤(8)

(9)在夹具连接板上方的中心孔中装入中心螺栓,旋紧螺栓,将连接轴的上端与连接块和气缸安装板固定(图 6-2-11)。

(10)完成夹具安装(图6-2-12)。

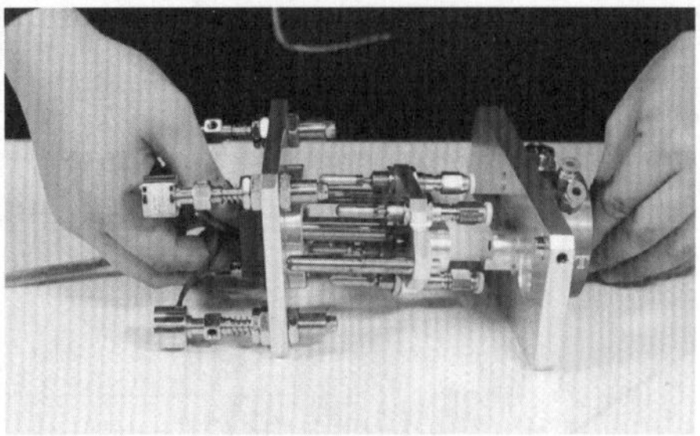

图6-2-11　步骤(9)

图6-2-12　步骤(10)

任务三　吸附式夹具的调试

学习目标

1. 知识目标

掌握吸附式夹具的调试步骤。在实际调试过程中,掌握三轴坐标系机器人中各坐标轴的方向,软件虚拟示教器的使用方法,用三轴坐标系机器人及吸附式夹具搬运工件的步骤和方法。

2. 学习重点

掌握吸附式夹具的调试步骤。

知识准备

一、电磁铁工作原理

电磁吸附式夹具采用的吸附元件是电磁铁,电磁铁的工作原理如图6-3-1所示。

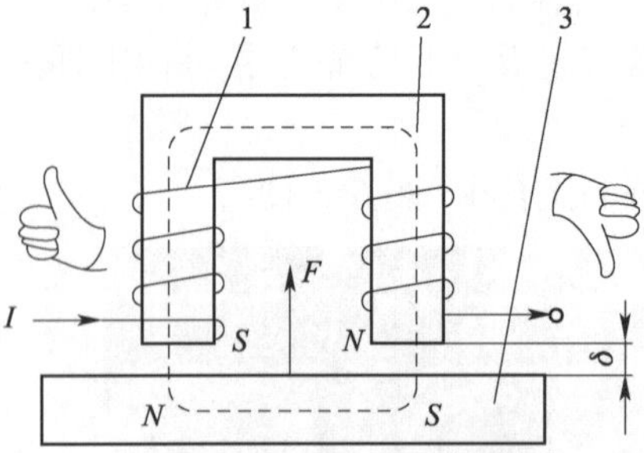

图6-3-1　电磁铁工作原理

1-线圈;2-铁芯;3-衔铁

当线圈1通电后,在铁芯2的内外产生磁场,根据线圈中电流 I 的方向,可用右手螺旋法则来确定磁力线的方向,磁力线出来的那个磁极为 N 极,磁力线进入的那个磁极为 S 极。

磁力线穿过铁芯,空气隙 δ 和衔铁3,衔铁3被磁化,其极性与铁芯线圈产生的磁场极性相反,根据异极性相吸的特性,衔铁受到电磁吸力 F 的作用被牢牢吸住,形成封闭磁路。

二、盘式电磁铁结构

实际使用时,往往采用盘式电磁铁(图6-3-2)。

如图6-3-2a)所示,衔铁3与铁芯2之间是固定的,衔铁内用隔磁材料5将磁场隔断,使磁场无法通过衔铁形成磁路;

如图 6-3-2b)所示,当衔铁靠近铁磁物体 4 时,物体被磁化,形成异性磁极,因而受到磁力吸引而被吸附;

如图 6-3-2c)所示,磁场通过被吸附的物体形成磁力线回路。

切断电流时,铁芯内外的磁场随即消失,工件将被释放。

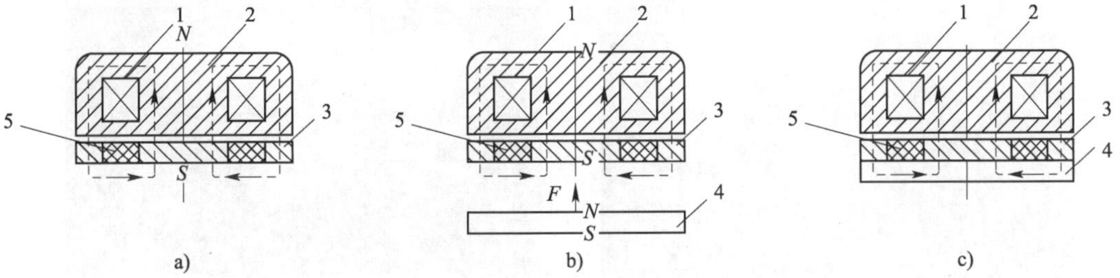

图 6-3-2　盘式电磁铁结构

1-线圈;2-铁芯;3-衔铁;4-工件;5-隔磁材料

任务实施

(1)打开工作台的柜门,可以看到柜门里的电气元件,将左上方的电源开关打开(图 6-3-3)。

(2)工作站右上方的触摸屏变亮,处于打开状态,按下"开始"按钮(图 6-3-4)。

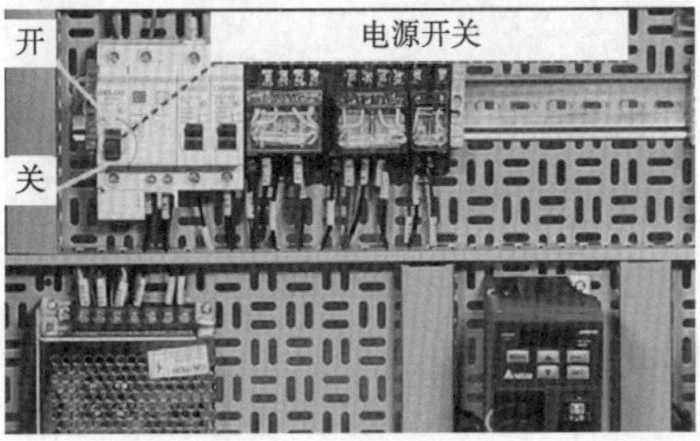

图 6-3-3　步骤(1)

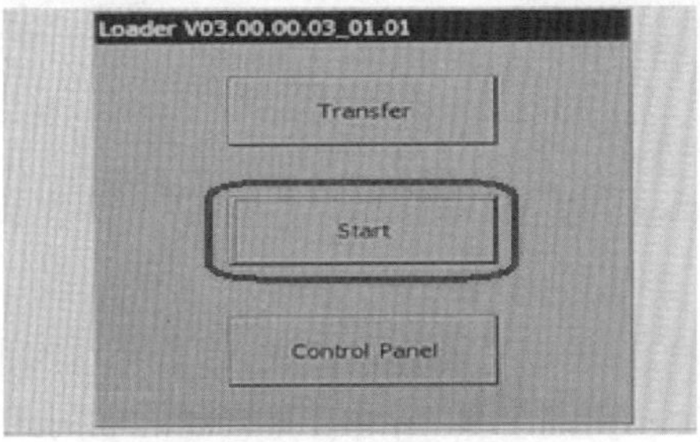

图 6-3-4　步骤(2)

(3)打开空压机上的电源开关,压力表上的指针将会顺时针旋转,表示气压上升;将出气阀打开。(图 6-3-5 中开关及阀均处于开启位置)

(4)将调压阀上的气源开关打开(图 6-3-6)。

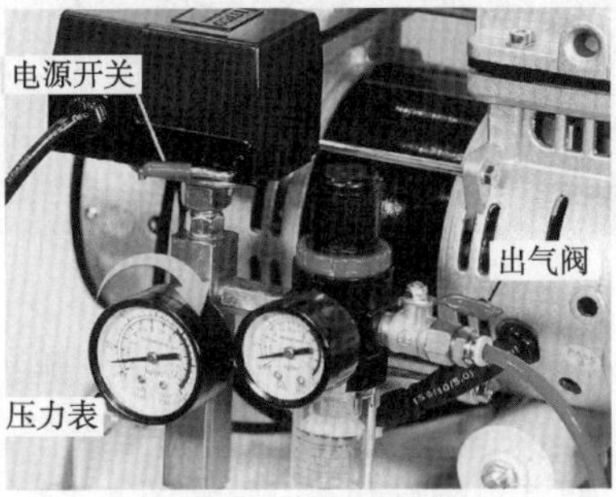

图 6-3-5　步骤(3)

图 6-3-6　步骤(4)

(5)操作触摸屏,点击"工具盘"右侧"夹紧/松开"按钮(图 6-3-7)。

(6)检查凸缘盘的钢珠有无锁紧、松开动作。以检查气源是否正常打开(图 6-3-8)。

注意:如果没有锁紧、松开动作,检查气路阀是否打开或电磁阀是否正常。排除故障后才可以进行后续操作。

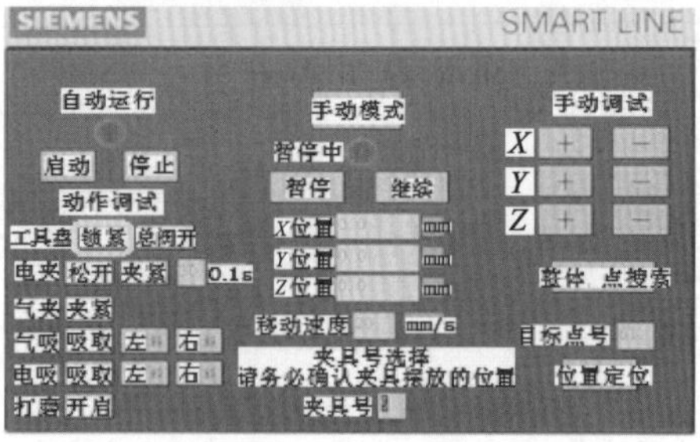

图 6-3-7　步骤(5)

图 6-3-8　步骤(6)

(7)打开工业机器人夹具教学实训软件:在电脑中找到工业机器人夹具教学实训软件的图标,双击打开,进入工业机器人夹具教学实训软件(图 6-3-9)。

(8)在实训软件中,点击实训项目三吸附式夹具(图 6-3-10)。

图 6-3-9　步骤(7)

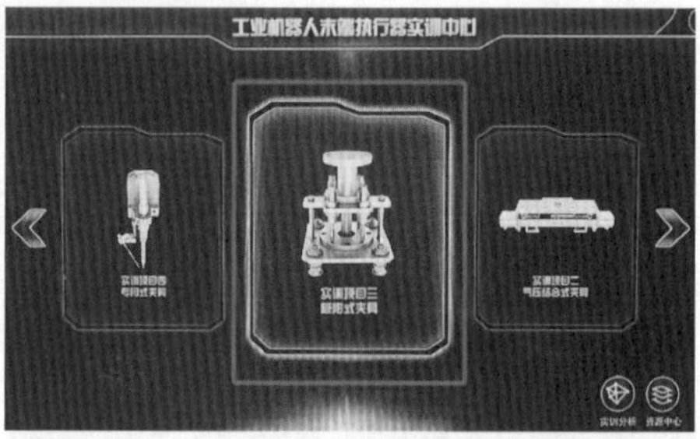

图 6-3-10　步骤(8)

(9)选择电磁吸附式夹具,点击开始实训(图 6-3-11)。

(10)实训步骤一,是否完成电磁吸附式夹具的设计,选择是,已经完成电磁吸附式夹具的设计(图 6-3-12)。

图 6-3-11　步骤(9)

图 6-3-12　步骤(10)

(11)实训步骤二,进行电磁吸附式夹具的安装,在实训步骤的右框中,将正确的电磁吸附式夹具拖拽至三轴直角坐标机器人处,完成软件中的电磁吸附式夹具安装。

然后将实物中对应的电磁吸附式夹具安装到三轴直角坐标机器人处(图 6-3-13)。

(12)实训步骤三,进行电磁吸附式夹具的搬运工作,在软件虚拟示教器中通过点击 *XYZ*

按钮来完成(图 6-3-14)。

(13)移动机器人和夹具至工件的上方位置(图 6-3-15)。

(14)移动机器人和夹具至工件的抓取位置,点击拾取按钮(图 6-3-16)。

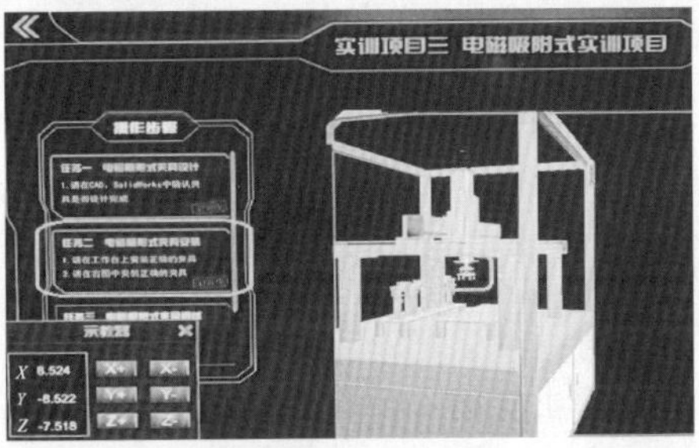

图 6-3-13 步骤(11)

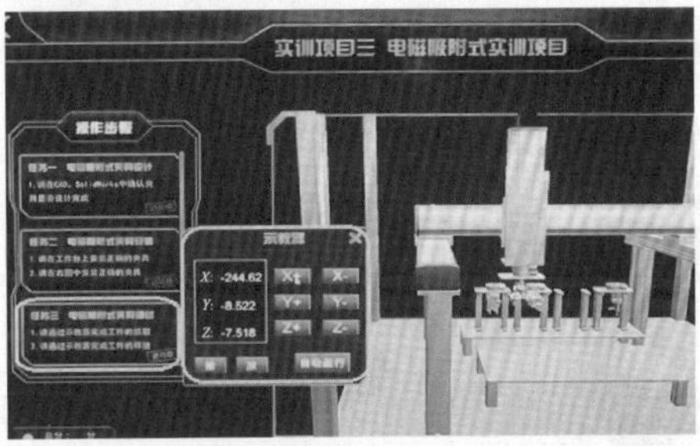

图 6-3-14 步骤(12)

图 6-3-15 步骤(13)

图 6-3-16 步骤(14)

(15)通过点击 *XYZ* 按钮,移动机器人、夹具和工件至工件放置位置的上方(图 6-3-17)。

(16)通过点击 *XYZ* 按钮,移动机器人、夹具和工件至工件放置位置,点击放置按钮,夹具释放工件(图 6-3-18)。

图 6-3-17 步骤(15)

图 6-3-18 步骤(16)

任务四 吸附式夹具的应用

学习目标

1. 知识目标

了解吸附式夹具的特点和应用领域,学习通过实训软件控制三轴直角坐标机器人及吸附式夹具自动搬运工件的步骤和方法。

2. 学习重点

学习通过实训软件控制三轴直角坐标机器人及吸附式夹具自动搬运工件的步骤和方法。

知识准备

吸附式夹具也称吸盘，分为电磁吸盘和真空吸盘两种，如图 6-4-1 所示。

a)电磁吸盘　　b)真空吸盘

图 6-4-1　吸附元件

一、吸附式夹具的特点

1. 所需的作业空间小

由于吸附式夹具采用单面吸附的方式，只接触工件的顶面，不接触工件的侧面和底面，因此所需的作业空间小。与夹持式夹具相比，工件侧面不需留出夹持空间，因此工件可以紧密码放，节省空间，机器人吸附及搬运动作简单。

2. 不伤工件

吸附式夹具与工件接触面积较大，或者是柔性接触，因此不会对工件表面造成任何损伤。在某些行业（如玻璃制品），对工件表面质量的要求特别严格，只能用吸附式夹具。

二、吸附式夹具的局限性

1. 真空吸盘

（1）易损耗。由于真空吸盘用橡胶制造，直接接触物体，磨损严重，所以损耗快，它是气动易损件。

（2）要求气密性。对被吸附工件的材料没有要求，但要求吸盘与工件接触面要能够密封，不漏气。要求工件上表面有与吸盘匹配的足够大的吸附面积。

（3）真空吸盘由于用橡胶材料制成，因此单个吸盘的承载能力有限。

2. 电磁吸盘

（1）电磁吸盘是利用电磁铁通电后产生的电磁吸力来吸附工件，因此只能对铁磁物体起作用。

（2）由于铁磁物体在被吸附后，不能够完全退磁，因此对于某些不允许有剩磁的零件，不能使用这种取料方式。

任务实施

（1）设备的工作台有 4 个工具座，对应放置 9 种夹具。夹具的位置在程序中固定，不能随意互换（图 6-4-2）。

（2）工具座与夹具号的对应关系分别是：一号工具座对应放置机电外夹式夹具（1 号夹具）或机电内撑式夹具（5 号夹具），见图 6-4-3。

（3）二号工具座对应放置气压外夹式夹具（2 号夹具）或气压内撑式夹具（6 号夹具），见图 6-4-4。

图 6-4-2 步骤(1)

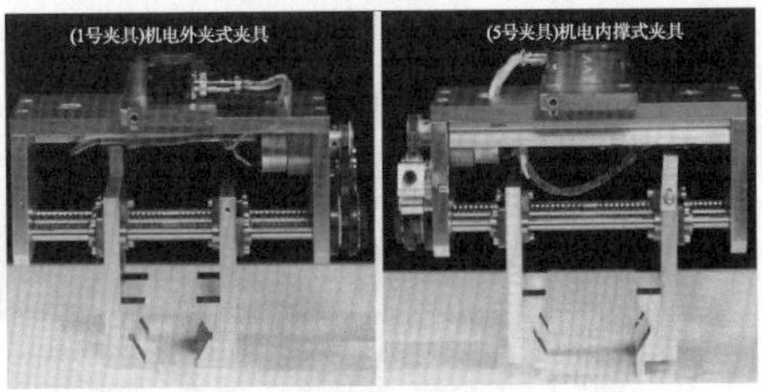

图 6-4-3 步骤(2)

(4)三号工具座对应放置真空吸附式夹具(3 号夹具)或电磁吸附式夹具(7 号夹具),见图 6-4-5。

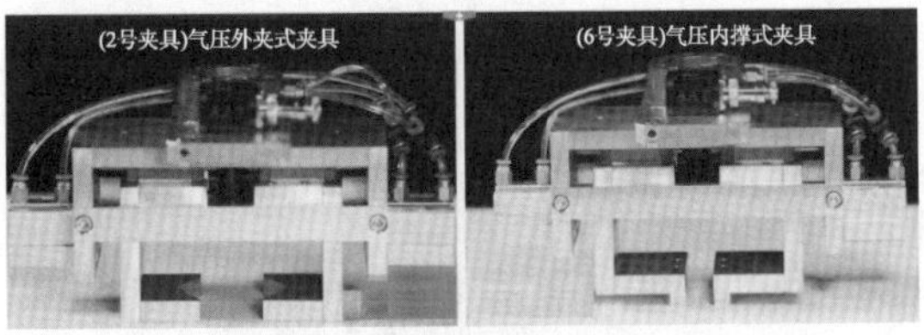

图 6-4-4 步骤(3)

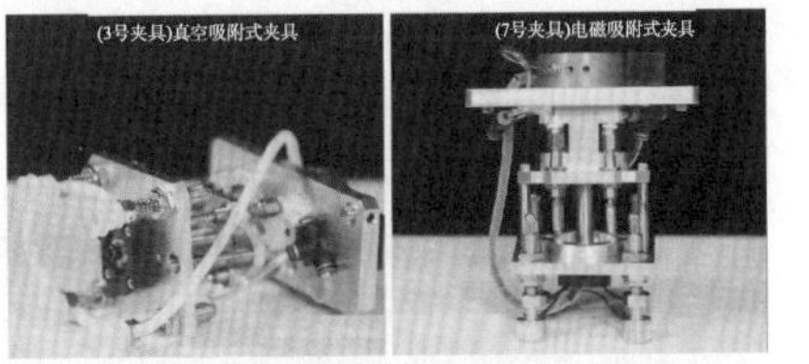

图 6-4-5 步骤(4)

(5)四号工具座对应放置专用打磨式夹具(4 号夹具)或专用焊接式夹具(8 号夹具)或专用喷涂式夹具(9 号夹具),见图 6-4-6。

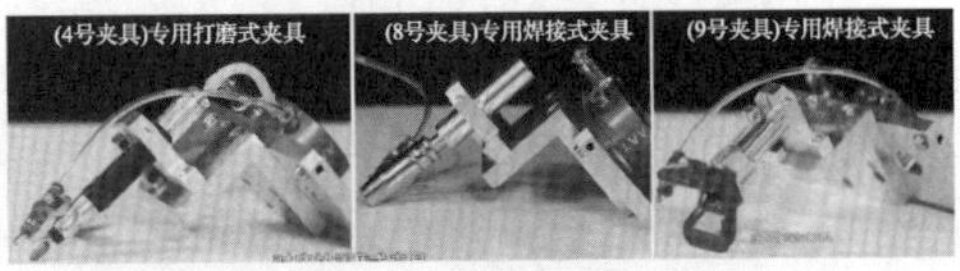

图 6-4-6 步骤(5)

(6)选择对应的夹具号:在工作站右上方的触摸屏中,找到夹具号的输入框,点击输入框(图 6-4-7)。

(7)输入数字 7,选择电磁吸附式夹具,点击确定键(图 6-4-8)。

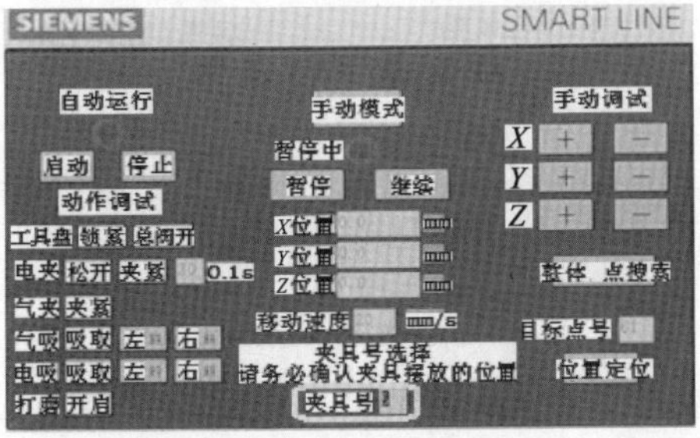

图 6-4-7 步骤(6)

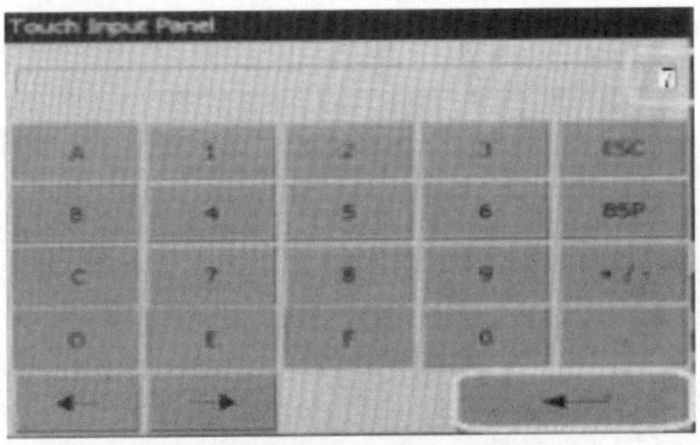

图 6-4-8 步骤(7)

(8)回原点:设备进行自动操作前,需先进行回原点,在触摸屏中,找到回原点键,点击按钮(图 6-4-9)。

(9)机器人回到原点位置(图 6-4-10)。

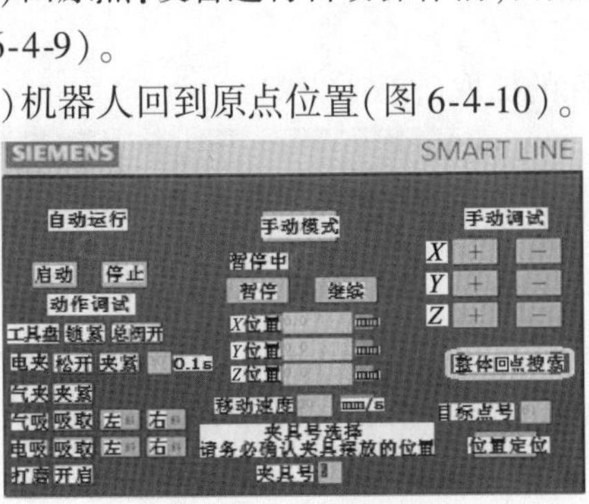

图 6-4-9 步骤(8)

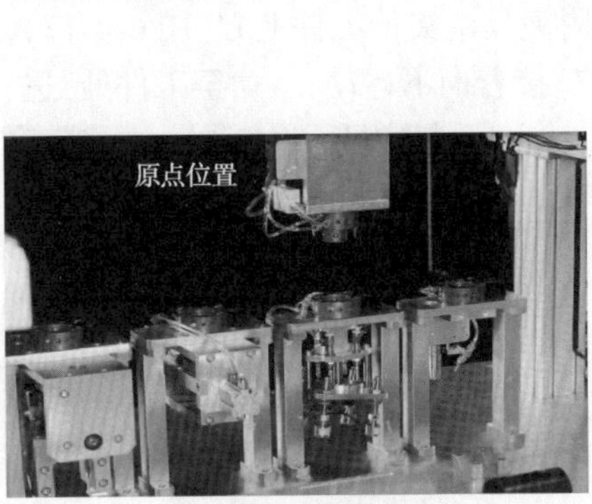

图 6-4-10 步骤(9)

(10)在触摸屏中,找到运行模式键,点击进行切换,切换运行模式为自动模式(图6-4-11)。

(11)在触摸屏中,找到移动速度的输入框,点击按钮(图6-4-12)。

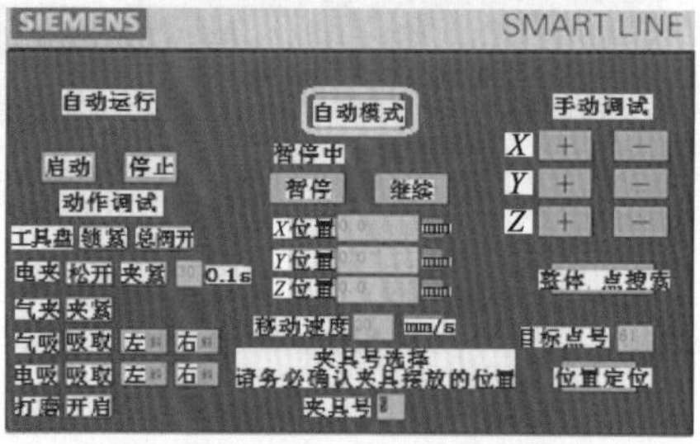

图6-4-11 步骤(10)

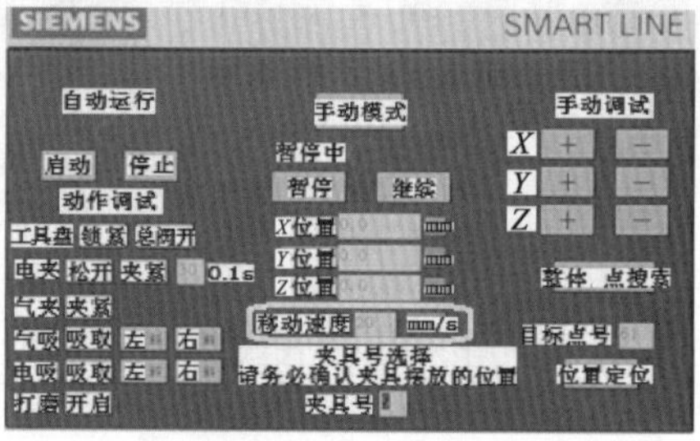

图6-4-12 步骤(11)

(12)输入数字20,点击确定键(图6-4-13)。

(13)点击启动键,三轴直角坐标机器人开始运作(图6-4-14)。

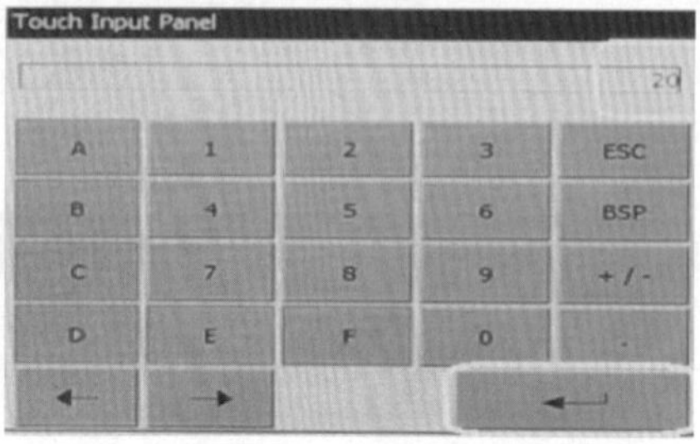

图6-4-13 步骤(12)

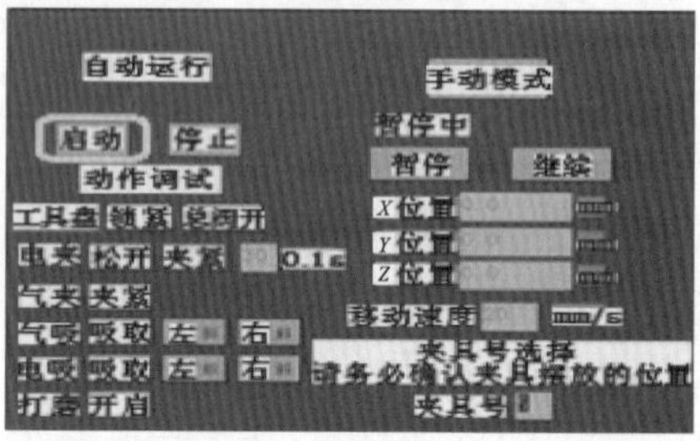

图6-4-14 步骤(13)

(14)机器人先是运动到三号工具座的上方位置(图6-4-15)。

(15)接着向下运动至电磁吸附式夹具的夹持位置,进行夹具的夹持(图6-4-16)。

图6-4-15 步骤(14)

图6-4-16 步骤(15)

(16)将电磁吸附式夹具夹持后,向上运动,运动至前一个位置后,开始向前运动,运动至电磁吸附夹具的夹持工件上方(图6-4-17)。

(17)接着向下运动,运动至工件处,进行工件的抓取(图6-4-18)。

图6-4-17 步骤(16)

图6-4-18 步骤(17)

(18)将工件搬运至工件放置处,进行工件的放置(图 6-4-19)。

(19)重复操作,又将工件从放置位置重新抓取,并放置回最初开始的位置(图 6-4-20)。

图 6-4-19　步骤(18)

图 6-4-20　步骤(19)

(20)放完工件后,又将夹具重新放回到 3 号工具座(图 6-4-21)。

(21)最后,机器人回到原点位置(图 6-4-22)。

图 6-4-21　步骤(20)

图 6-4-22　步骤(21)

项目小结

本项目内容主要讲述了吸附式末端执行器的设计以及在夹具工作站中的实训操作,在本项目的学习中,学生主要要掌握吸附式末端执行器的设计思路,组合安装以及调试应用。

项目七　专用式夹具的实训

任务一　专用式夹具的设计(焊接、打磨与喷涂)

学习目标

1. 知识目标

了解专用夹具的设计思路,结合专用焊枪夹具实例,掌握设计过程中外购、外协件选型及参数确定,结构件设计的基本方法及尺寸匹配。

2. 学习重点

了解专用夹具的设计思路。

掌握设计过程中外购、外协件选型及参数确定,结构件设计的基本方法及尺寸匹配。

知识准备

专用焊枪夹具的作用是将焊枪和保护气体的喷嘴连接到机器人的工具安装凸缘上,如图 7-1-1、图 7-1-2 所示。

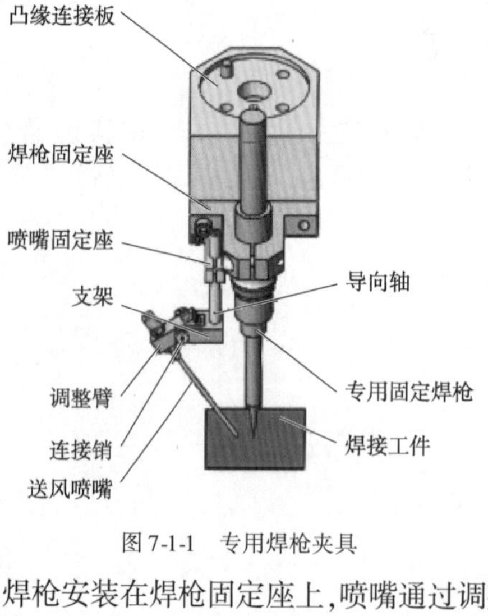

图 7-1-1　专用焊枪夹具

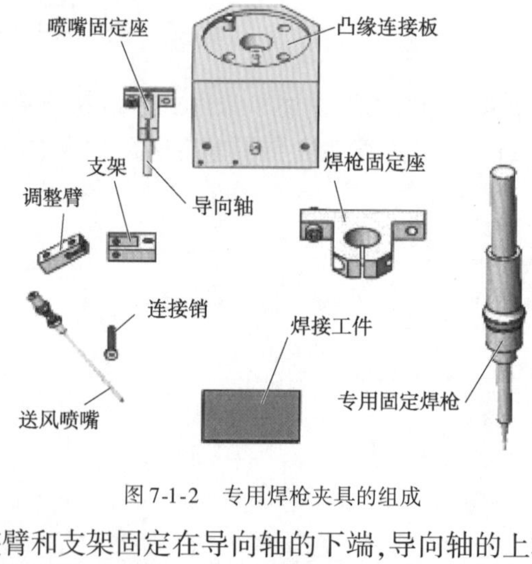

图 7-1-2　专用焊枪夹具的组成

焊枪安装在焊枪固定座上,喷嘴通过调整臂和支架固定在导向轴的下端,导向轴的上端和喷嘴固定座连接。凸缘连接板是一个 90°的直角构件,由垂直面和水平面构成。焊枪固定座和喷嘴固定座都与凸缘连接板的垂直面固定,凸缘连接板的水平面与机器人的安装凸缘连接。

要求焊枪和喷嘴在高度方向上可以调整,因此焊枪固定座和喷嘴固定座都采用带开口的卡箍结构,当锁紧螺栓拧紧时,可将焊枪或导向轴箍紧。松开锁紧螺栓后,可以调整焊枪或喷嘴的高度。

送风喷嘴除了高度方向可调外，与焊枪之间的夹角也要可以调整，以改变送风角度。因此送风喷嘴与导向轴下端之间通过调整臂和支架连接，调整臂可以相对于支架转动角度，从而带动喷嘴一起转动相应角度。

任务实施

一、结构件的设计及尺寸匹配

1. 凸缘连接板

从上述分析可以看出，凸缘连接板是焊枪夹具的基础构件，它要与机器人安装凸缘、焊枪固定座、喷嘴固定座连接，采用90°的直角结构，可以将与机器人的连接和与工具的连接分配在相互垂直的两个方向上，使夹具结构更加紧凑，同时便于机器人对工具姿态的控制（图7-1-3）。

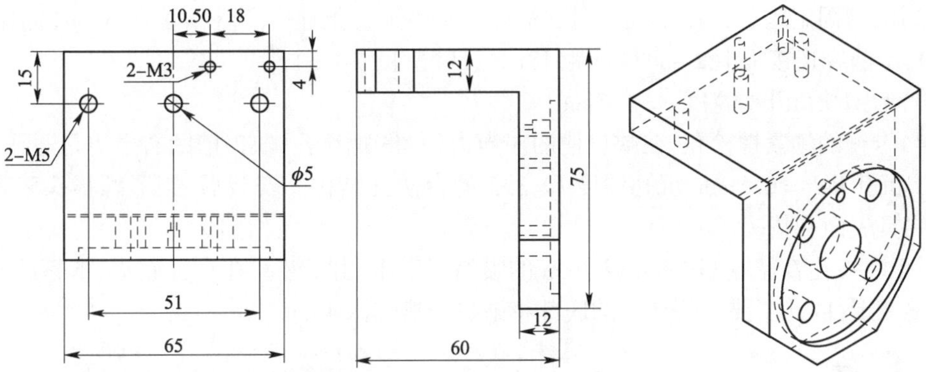

图7-1-3 凸缘连接板（尺寸单位：mm）

2. 焊枪固定座

焊枪固定座上有四部分结构（图7-1-4）。

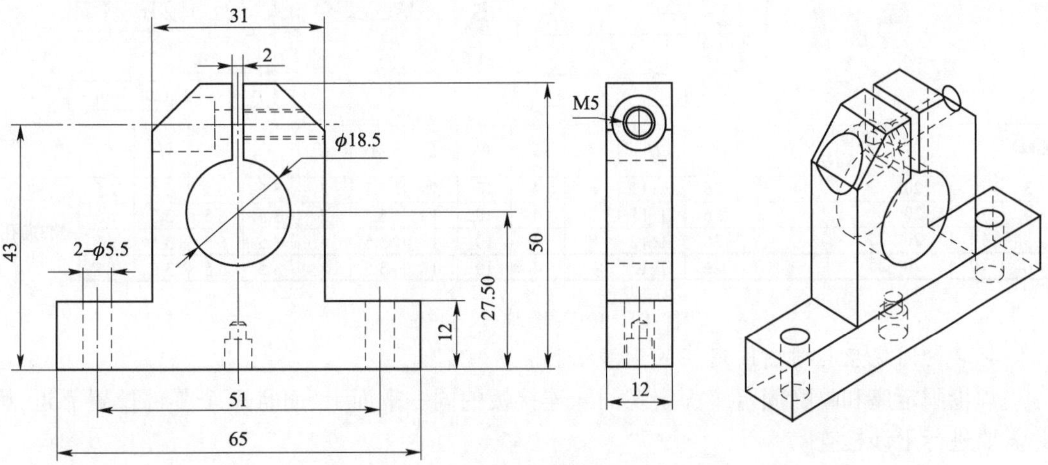

图7-1-4 焊枪固定座（尺寸单位：mm）

(1)在焊枪固定座上,与凸缘连接板的接合面上有 2 个光孔 2 – ϕ5.5mm(间距 51mm),与凸缘连接板上的 2 – M5 螺纹孔(间距 51mm)匹配(图 7-1-3);中间是一个 ϕ5mm 的定位销孔,与凸缘连接板上 ϕ5mm 定位销孔匹配。

通过这一组螺栓和定位销,将焊枪固定座固定在凸缘连接板上。

(2)焊枪安装夹孔 ϕ18.5mm,与专用焊枪的安装部位直径 ϕ18.5 配合(图 7-1-7)。

(3)卡箍的缺口开槽,槽宽度 2mm,当锁紧螺栓拧紧时,缺口槽逐渐合拢,将焊枪夹紧。

(4)卡箍的锁紧螺栓孔,在缺口槽的右半边是 M5 螺纹孔,缺口槽左半边是通孔加沉孔的台阶孔结构。

3. 喷嘴固定座

喷嘴固定座采用标准定制件,需要在厂家提供的选型表中选择相关参数(图 7-1-5),需要选择以下几项参数:

(1)喷嘴固定座的主参数是装夹孔直径 D,与所选择导向轴直径匹配。导向轴选型如图 7-1-6,导向轴连接的送风喷嘴质量很轻,为减小夹具质量,导向轴外径 D 采用选型表中最细的 6mm,因此喷嘴固定座的装夹孔直径 D 也选择 ϕ6mm。

(2)喷嘴固定座上,与凸缘连接板的接合面上有 2 个通孔,直径 d = 3.5mm(间距 L_1 = 18mm),与凸缘连接板上 2 – M3(间距 18mm)匹配(图 7-1-3)。

(3)卡箍缺口开槽宽度 c = 1.5mm。

(4)卡箍的锁紧螺栓孔,在缺口槽的左半边是 M3 螺纹孔,缺口槽的右半边是通孔 ϕd_2 = 3.5mm,沉孔 ϕd_1 = 6.5mm,沉孔深度 l = 3.5 的台阶孔结构。安装后,锁紧螺栓头陷入沉孔中,使夹具表面平整。

对于装夹孔直径 D 是 3mm 或 4mm 的喷嘴固定座,由于装夹孔直径较小,卡箍的刚度较大,不易变形,因此需要在装夹孔的底部将缺口开槽加深 4mm。

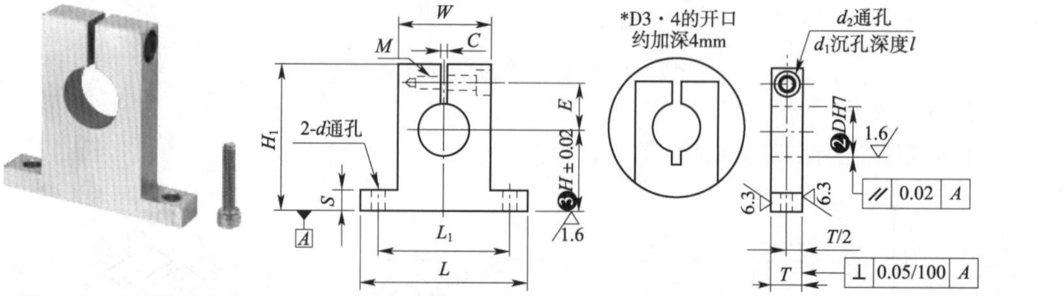

❷D	高度选择 ❸H	L	H_1	T	S	W	L_1	d	E	d_2	d_1	l	C	紧固螺栓 M
3	10 15 20	26	H+11	8	4	10	18	3.5	7	3.5	6.5	3.5	1.5	M3通孔
4	10 15 20	26	H+11	8	4	10	18	3.5	7	3.5	6.5	3.5	1.5	
5	10 15 20 25	26	H+12	8	4	10	18	3.5	8	3.5	6.5	3.5	1.5	
6	10 15 20 25	26	H+12	8	4	10	18	3.5	8	3.5	6.5	3.5	1.5	

图 7-1-5 喷嘴固定座(尺寸单位:mm)

4. 焊枪固定座与喷嘴固定座的干涉检验

焊枪固定座和喷嘴固定座固定在凸缘连接板的同一平面上,而且两个零件位置靠近,因此需要进行干涉检查。

根据图 7-1-4,焊枪固定座与凸缘连接板接合面尺寸是 65 × 12mm;根据图 7-1-5,喷嘴固定座与凸缘连接板接合面尺寸是 $L \times T = 26 \times 8$mm，将这两组尺寸标注在图 7-1-6 中，与凸缘连接板尺寸对照，得出结论：

(1)焊枪固定座与凸缘连接板两侧边缘对齐；

(2)喷嘴固定座右侧、上侧边缘与凸缘连接板边缘对齐；

(3)焊枪固定座与喷嘴固定座之间，高度方向留出间隙 $\Delta = 1$mm。

满足设计要求。专用焊枪尺寸如图 7-1-7 所示。

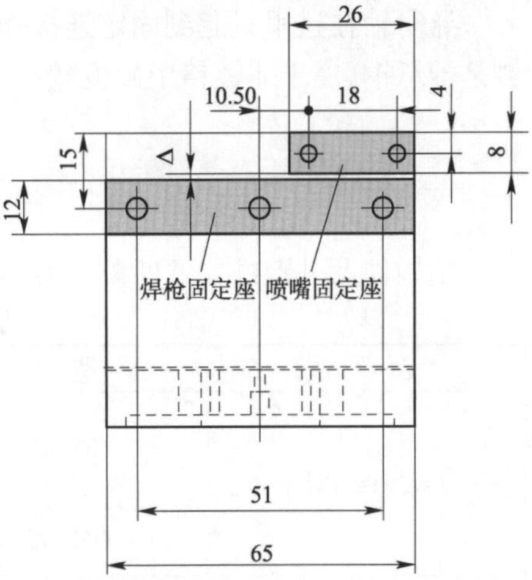

图 7-1-6　焊枪与喷嘴连接关系(尺寸单位：mm)

5. 导向轴的材料及表面处理

从图 7-1-8 可以看出，导向轴根据材料和表面处理方法不同，分为 4 种型号，其中 SFJZ 和 SSFJZ 没有镀铬，PSFJZ 和 PSSFJZ 有镀铬，镀铬后表面更加光洁美观，硬度可以进一步提高。SFJZ 和 PSFJZ 采用轴承钢 GCr15，硬度比 SSFJZ 和 PSSFJZ 的不锈工具钢 9Cr18 要高。

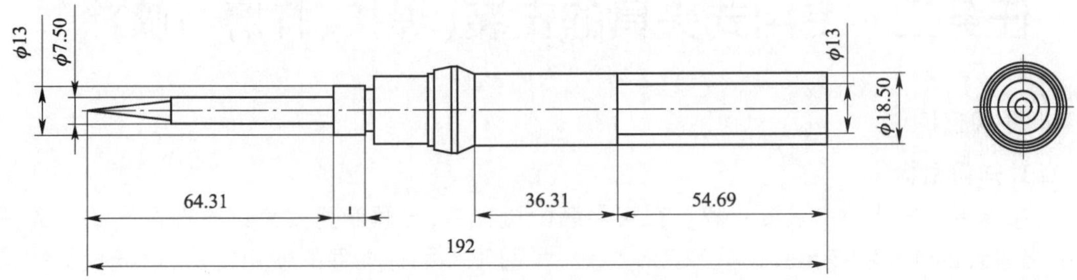

图 7-1-7　专用焊枪(尺寸单位：mm)

Type	D公差	M相当材质	H硬度		S表面处理
SFJZ	g6	GB: GCr15 JIS: 相当于SUJ2	58HRC~	高频淬火	—
SSFJZ		GB: 9Cr18 JIS: 相当于SUS440C	56HRC~		
PSFJZ		GB: GCr15 JIS: 相当于SUJ2	58HRC~		镀硬铬 镀层硬度HV750~ 镀层厚度3μ以上
PSSFJZ		GB: 9Cr18 JIS: 相当于SUS440C	56HRC~		

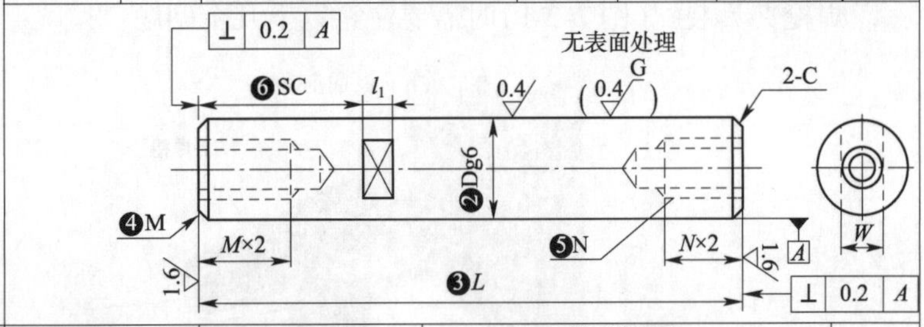

型式		❸L	❹M(粗牙螺纹)	扳手槽尺寸			C
❶Type	❷Dg6		指定单位1mm	❺N(粗牙螺纹)	❻SC	W	l_1	
SFJZ	6	−0.004 −0.012	20~800	3	SC=指定单位1mm ? SC+l_1≤L ? SC≥0	5	8	0.5以下
SSFJZ	8	−0.005 −0.014	20~1000	3　4　5		7		
PSFJZ	10		20~1000	3　4　5　6		8		
PSSFJZ	12		20~1200	4　5　6　8		10		

图 7-1-8　导向轴选型(尺寸单位：mm)

导向轴在这里只起到固定连接作用,没有相对运动,不存在摩擦,因此选用 SFJZ 型,材料是轴承钢,属于非镀铬中硬度较高的一种,可以满足使用要求。

二、小结

结构件及外购件尺寸匹配见表 7-1-1。

结构件、外购件尺寸匹配　　表 7-1-1

零件 A	零件 B	零件 A	零件 B
凸缘连接板	与焊枪固定座	2 - M5 螺纹孔(间距 51mm)	光孔 2 - $\phi5.5$(间距 51mm)
		$\phi5$mm 的定位销孔	$\phi5$mm 的定位销孔
	与喷嘴固定座	2 - M3 螺纹孔(间距 18mm)	2 个通孔,直径 $d=3.5$mm(间距$L_1=18$mm)
焊枪固定座	与焊枪	装夹孔 $\phi18.5$mm	专用焊枪的安装部位直径 $\phi18.5$mm
喷嘴固定座	与导向轴	装夹孔直径 $D=\phi6$mm	导向轴外径 $D=6$mm

任务二　专用式夹具的安装(焊接、打磨与喷涂)

学习目标

1. 知识目标

掌握专用式夹具的装配步骤。在实际装配过程中,理解专用式夹具零件之间的位置关系、各零件的作用和专用式夹具的工作原理,学习工具和标准件的使用方法,培养机械结构的装配技能。

2. 学习重点

掌握专用式夹具的装配步骤。

知识准备

焊枪夹具装配(图 7-2-1)时需要注意以下几个问题:

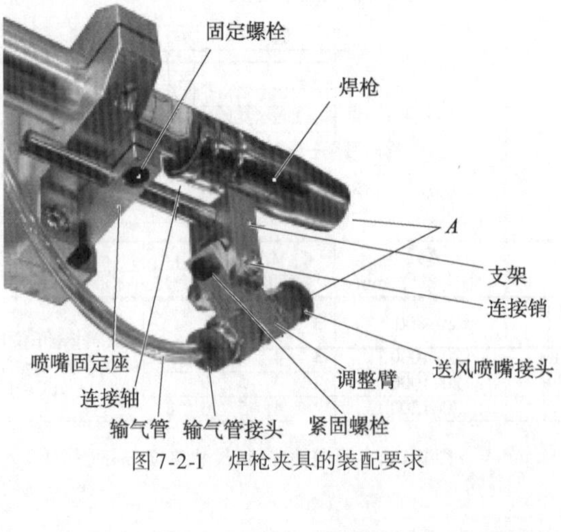

图 7-2-1　焊枪夹具的装配要求

（1）保证支架、调整臂、喷嘴、焊枪处于同一个平面，这样，喷嘴喷出的气流与焊丝才能够交汇于同一点 A。

为了达到这一目的，先将支架固定在连接轴下端，连接轴上端插入喷嘴固定座孔中。旋转连接轴，使其带着支架、调整臂、喷嘴一起，相对于喷嘴固定座旋转，直到支架、调整臂、喷嘴、焊枪四者处于同一平面中，最后将喷嘴固定座上的固定螺栓拧紧，固定连接轴的位置。

（2）调整喷嘴相对于焊枪的角度，通过改变调整臂相对于支架的角度来实现。首先拧紧调整臂上的紧固螺栓，使调整臂与连接销固定，然后转动调整臂（连接销随着一同转动），调整喷嘴角度，最后拧紧连接销螺母，将调整臂和支架固定。

任务实施

上两节课学习了专用式夹具的设计，了解了专用式夹具的设计原理，这节课继续来学习专用式夹具的安装操作，根据图 7-2-2 焊枪夹具结构，来完成专用式焊枪夹具的安装。

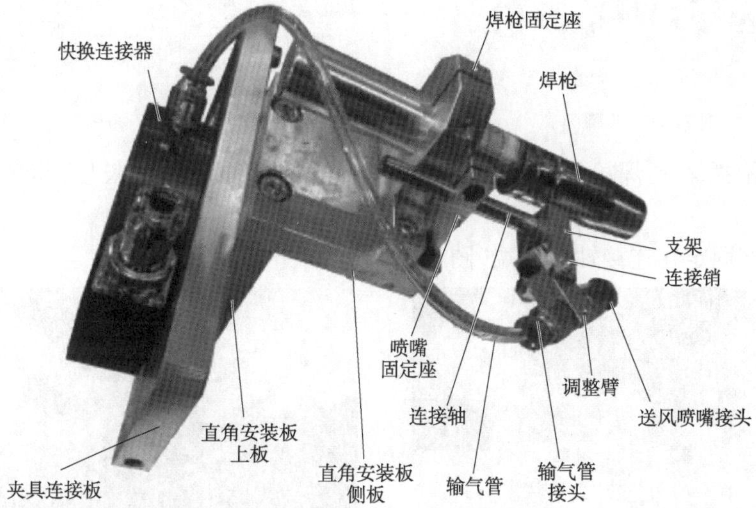

图 7-2-2　焊枪夹具

（1）首先将要安装的专用式夹具的所有零部件、一整套内六角扳手和一套活动扳手整齐放到工具台上（图 7-2-3），方便进行安装操作。

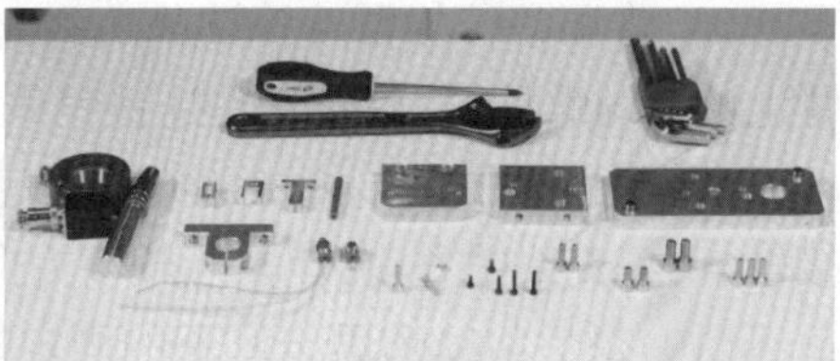

图 7-2-3　步骤(1)

（2）将 2 个螺栓从夹具连接板上方的 2 个光孔插入，与另一侧的直角安装板上板的螺纹孔旋合，将直角安装板上板固定在夹具连接板的下平面（图 7-2-4）。

（3）将 3 个螺栓从夹具连接板下方的 3 个光孔插入，与另一侧快换连接器的螺纹孔旋合，将快换连接器固定在夹具连接板的上平面（图 7-2-5）。

（4）用 2 个螺栓将直角安装板侧板安装在直角安装板的上板上（图 7-2-6）。

（5）用 2 个螺栓将焊枪固定座安装在直角安装板侧板的平面上（图 7-2-7）。

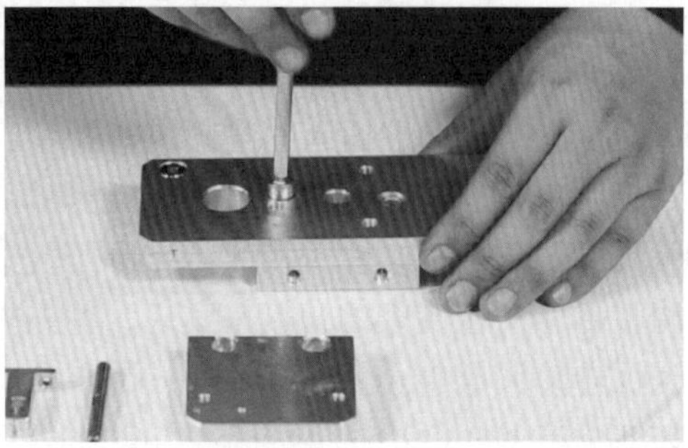

图7-2-4　步骤(2)

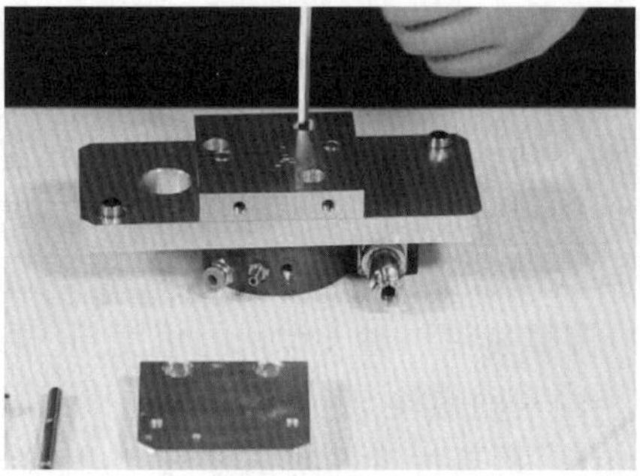

图7-2-5　步骤(3)

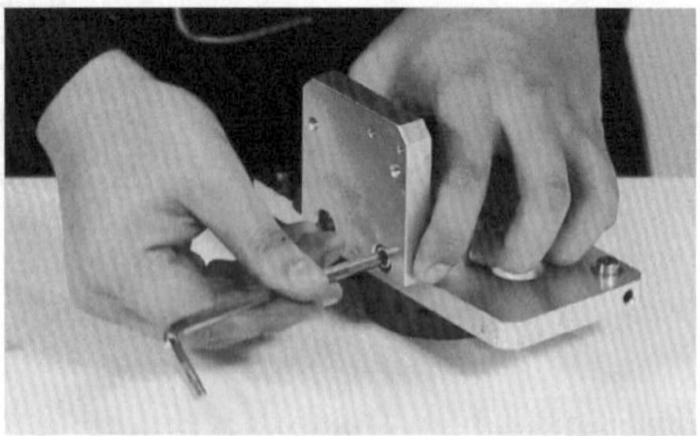

图7-2-6　步骤(4)

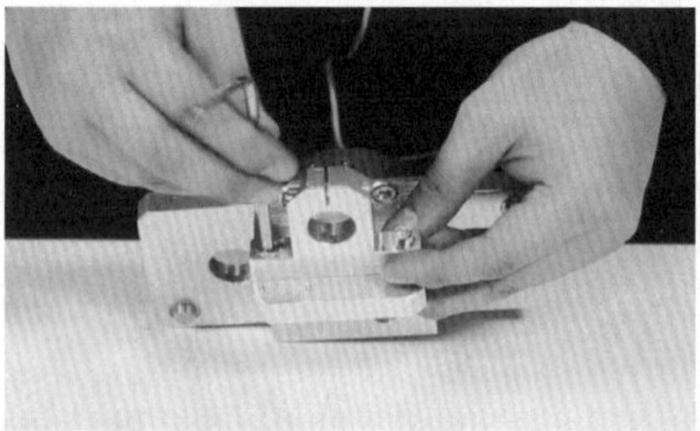

图7-2-7　步骤(5)

(6)将焊枪插入到焊枪固定座的安装孔中,使焊枪伸出合适长度,将紧固螺栓拧紧(图7-2-8)。

(7)将支架固定在连接轴的下端(图7-2-9)。

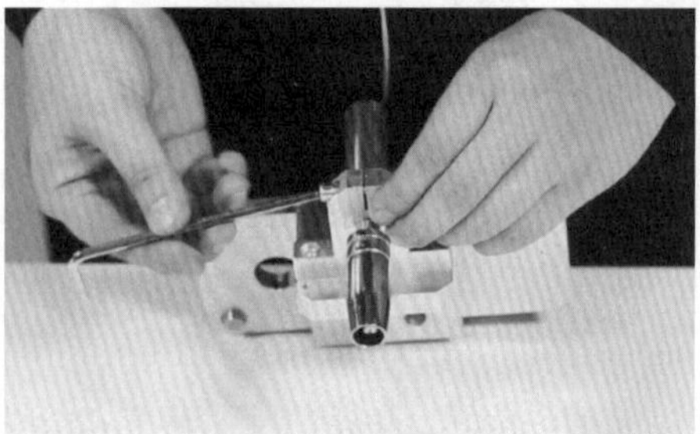

图7-2-8　步骤(6)

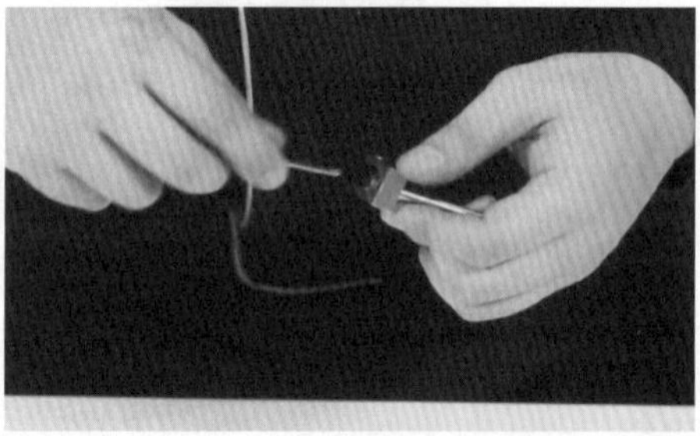

图7-2-9　步骤(7)

(8)将调整臂的另外一端放入到支架的安装缺口中,对准安装孔,插入连接销,拧紧调整臂上的紧固螺栓,使调整臂与连接销固定(图7-2-10)。

(9)将连接轴上端插入到喷嘴固定座的安装孔中,使连接轴向下伸出合适长度;转动连接轴,调整支架的方向,使支架长度方向与焊枪长度方向相交在同一平面中。(图7-2-11)。

(10)最后将喷嘴固定座上的固定螺栓拧紧,固定连接轴的位置(图7-2-12)。

(11)将送风喷嘴接头和输气管接头安装到调整臂两端各自的螺纹孔中,接头装入之前,在螺纹处缠绕适当厚度的密封胶带(图7-2-13)。

(12)用2个螺栓将喷嘴固定座安装在直角安装板侧板的平面上;然后转动调整臂(连接销随着一同转动),调整喷嘴角度,最后拧紧连接销螺母,将调整臂和支架固定(图7-2-14)。

(13)完成焊接夹具的安装(图7-2-15)。

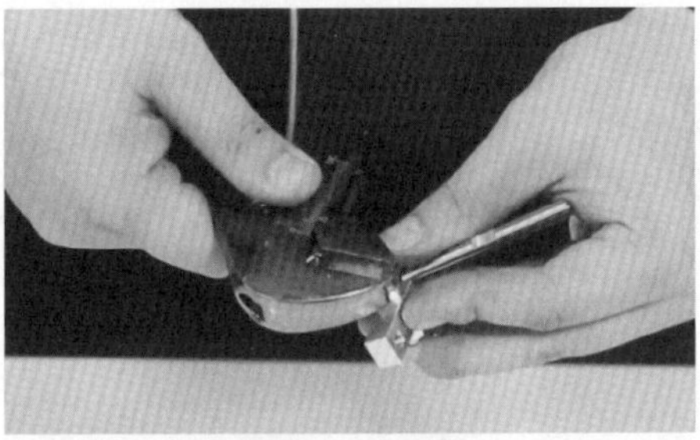
图 7-2-10 步骤(8)

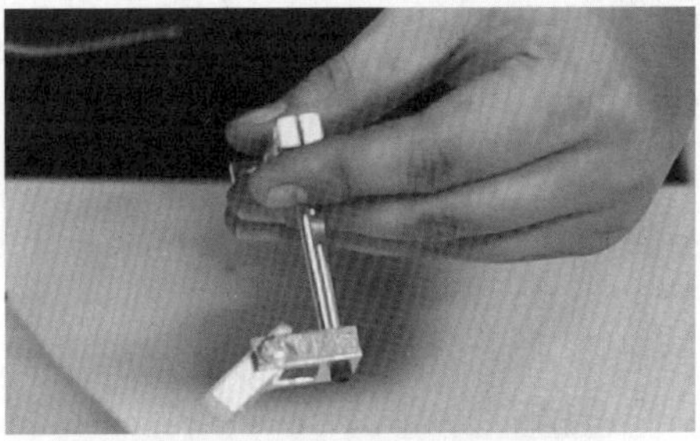
图 7-2-11 步骤(9)

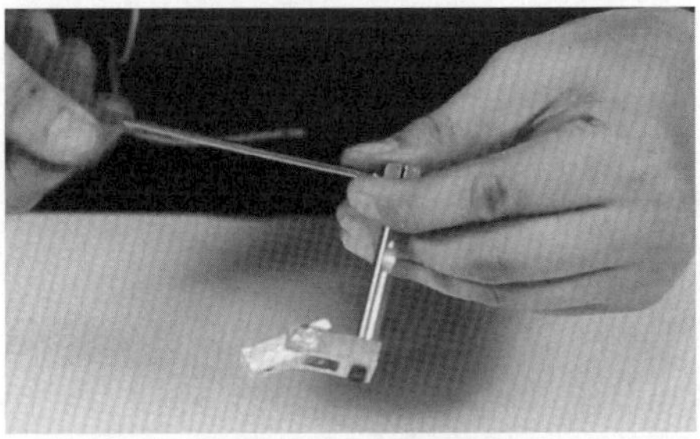
图 7-2-12 步骤(10)

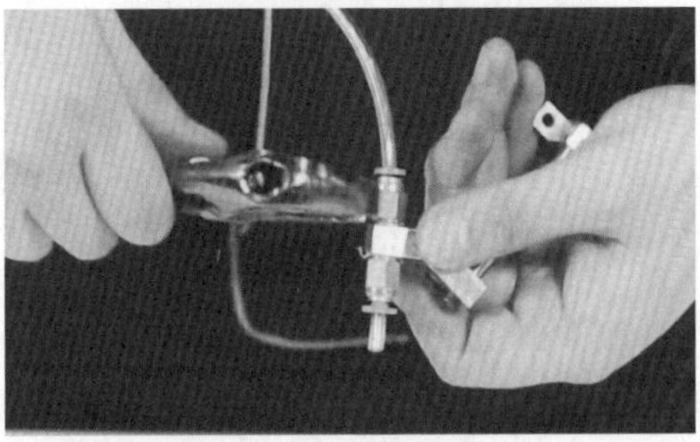
图 7-2-13 步骤(11)

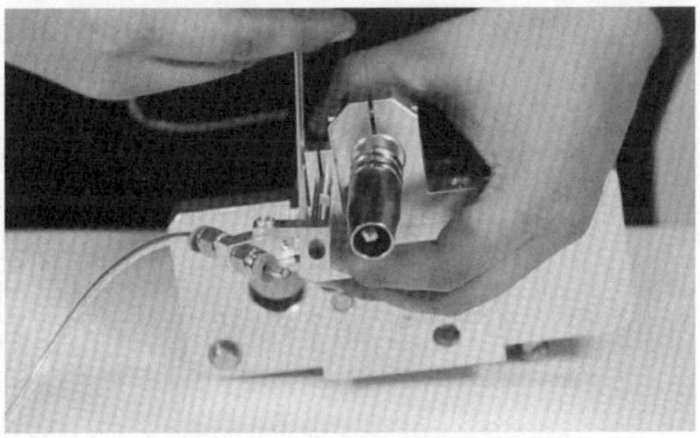
图 7-2-14 步骤(12)

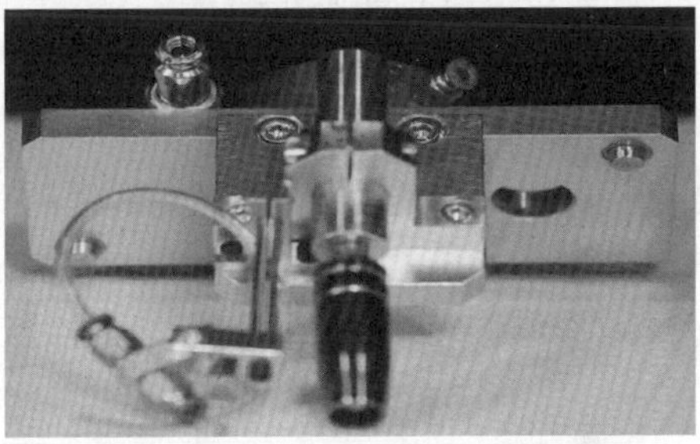
图 7-2-15 步骤(13)

任务三 专用式夹具的调试

学习目标

1. 知识目标

了解机器人焊接程序的结构和基本焊接指令的用法。在实际调试过程中，掌握三轴机器人坐标系中，各坐标轴的方向，软件虚拟示教器的使用方法，用三轴机器人及焊接工具进行焊接路径调试的步骤和方法。

2. 学习重点

了解机器人焊接程序的结构和基本焊接指令的用法。

知识准备

机器人焊接程序的基本结构如图 7-3-1 所示。

各点位置说明：

P[1]——待机点；

P[2]——起始点上方点(接近点)；

P[3]——焊接起始点；

P[4]——焊接终止点；

P[5]——焊接终止点上方点(离去点)。

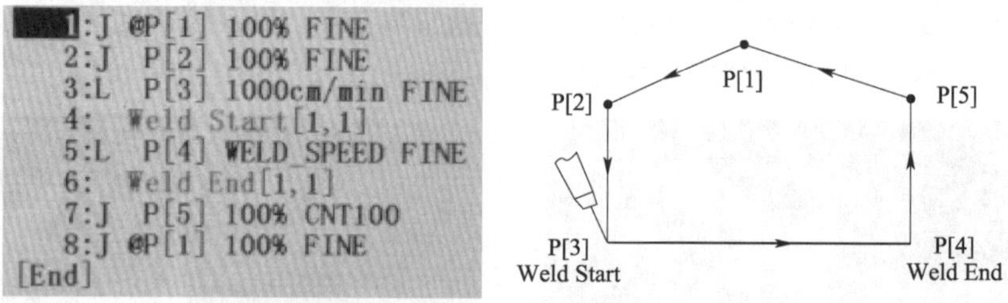

图 7-3-1　机器人焊接基本程序

其中,Weld Start[1,1]是焊接开始指令,Weld End[1,1]是焊接结束指令,[1,1]是焊接工艺文件的编号,工艺文件内容包括焊接电流、焊接电压、焊接速度(WELD_SPEED)等。

在开始实施焊接前,必须进行焊接路径的编程与测试,只有当焊接路径和焊枪姿态完全正确之后,才可以进行实际焊接。

任务实施

(1)打开工作台的柜门,可以看到柜门里的电气元件,将左上方的电源开关打开(图 7-3-2)。

(2)工作站右上方的触摸屏变亮,处于打开状态,按下“开始”按钮(图 7-3-3)。

图 7-3-2　步骤(1)

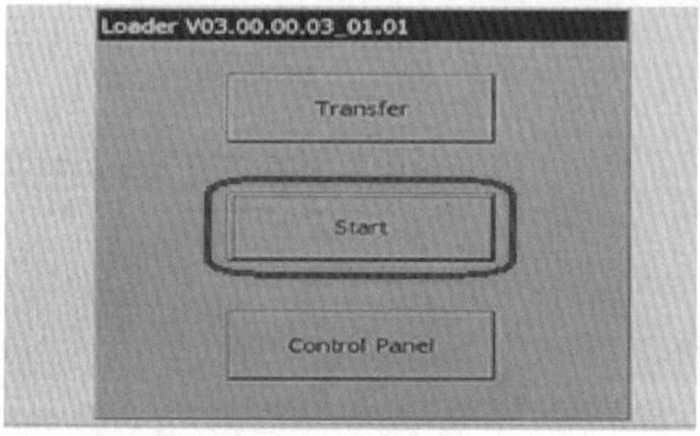

图 7-3-3　步骤(2)

(3)打开空压机上的电源开关,压力表上的指针将会顺时针旋转,表示气压上升;将出气阀打开。

图 7-3-4 中开关及阀均处于开启位置。

(4)将调压阀上的气源开关打开(图 7-3-5)。

(5)操作触摸屏,点击“工具盘”右侧“锁紧/松开”按钮(图 7-3-6)。

(6)检查凸缘盘的钢珠有无锁紧、松开动作。以检查气源是否正常打开(图 7-3-7)。

注意:如果没有锁紧、松开动作,检查气路阀是否打开或电磁阀是否正常。排除故障后才可以进行后续操作。

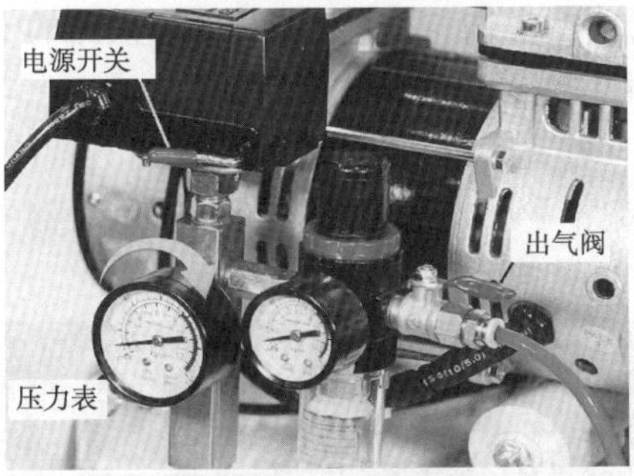

图 7-3-4　步骤(3)

图 7-3-5　步骤(4)

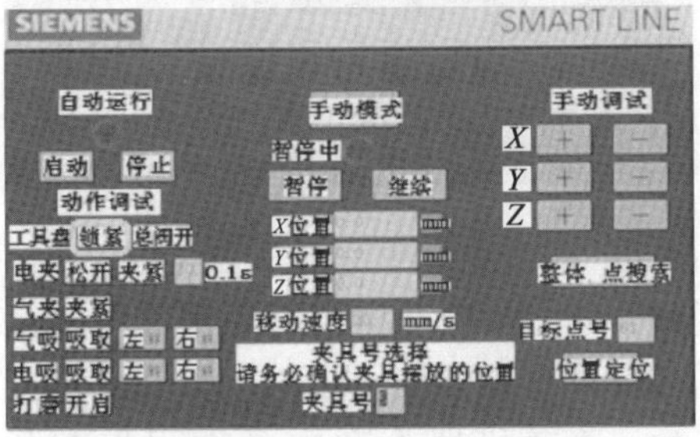

图 7-3-6　步骤(5)

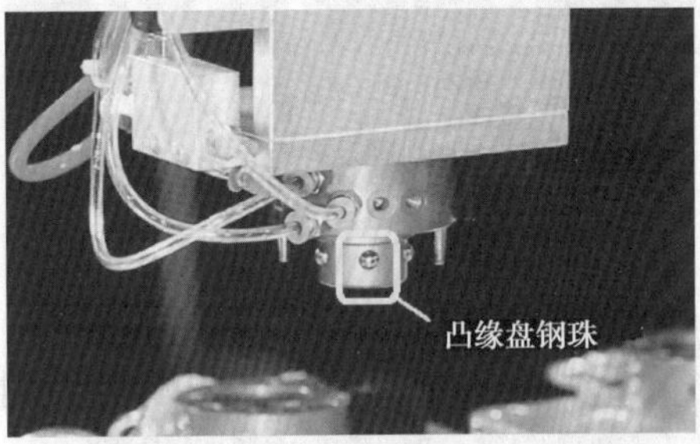

图 7-3-7　步骤(6)

(7)打开工业机器人夹具教学实训软件:在电脑中找到工业机器人夹具教学实训软件的图标,双击打开,进入工业机器人夹具教学实训软件(图 7-3-8)。

(8)在实训软件中,点击实训项目四,专用式夹具(图 7-3-9)。

图 7-3-8　步骤(7)

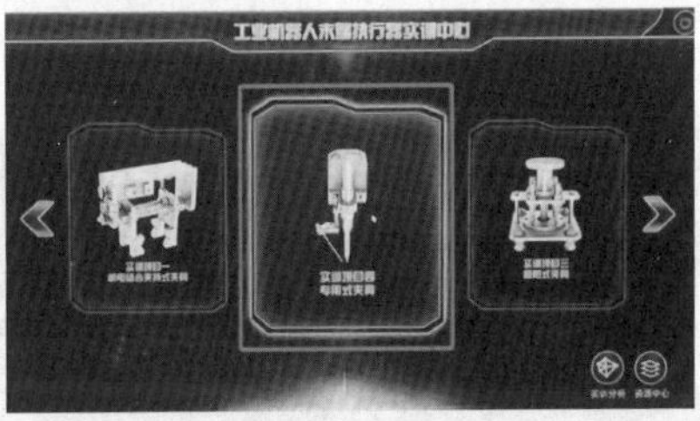

图 7-3-9　步骤(8)

(9)选择专用焊接式夹具,点击开始实训(图 7-3-10)。

(10)实训步骤一是否完成专用焊接式夹具的设计,选择是,已经完成专用焊接式夹具的设计(图 7-3-11)。

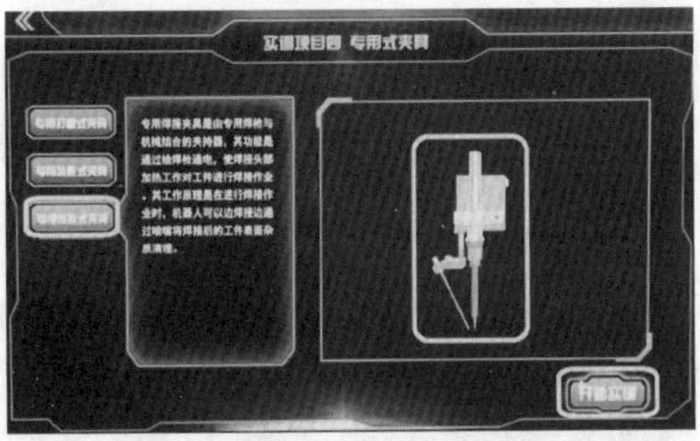

图 7-3-10　步骤(9)

图 7-3-11　步骤(10)

(11)实训步骤二,进行专用式焊接夹具的安装,在实训步骤的右框中,将正确的专用焊接式夹具拖拽至三轴直角坐标机器人处,完成软件中的专用焊接式夹具安装。

然后将实物中对应的专用焊接式夹具安装到三轴直角坐标机器人处。(图 7-3-12)。

(12)实训步骤三,进行专用焊接式夹具的焊接路径调试工作,在软件虚拟示教器中通过点击 *XYZ* 按钮进行调试(图 7-3-13)。

图 7-3-12 步骤(11)

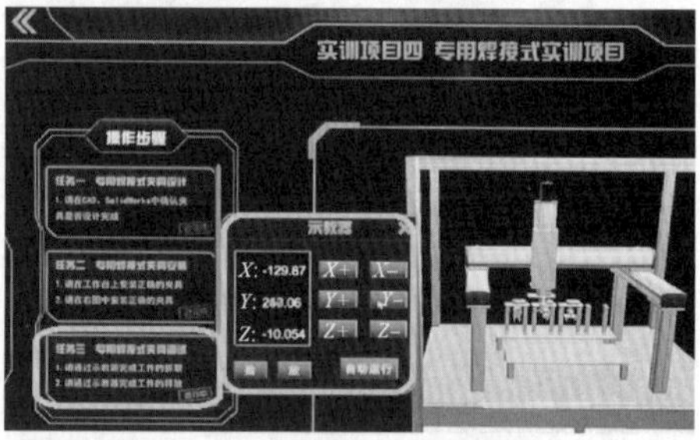

图 7-3-13 步骤(12)

图 7-3-14 步骤(13)

(13)移动机器人和夹具至焊接起始位置的上方位置(图 7-3-14)。

(14)移动机器人和夹具至焊接起始位置(图 7-3-15)。

(15)移动机器人和夹具至焊接结束位置(图 7-3-16)。

(16)移动机器人和夹具至焊接结束位置的上方(图 7-3-17)。

图 7-3-15 步骤(14)

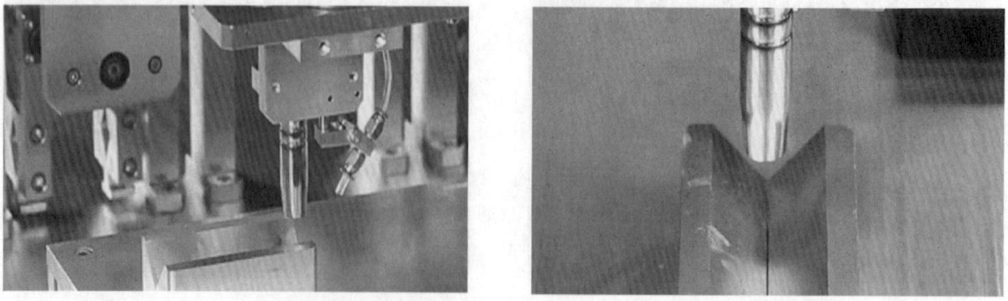

图 7-3-16 步骤(15)

图 7-3-17　步骤(16)

任务四　专用式夹具的应用

学习目标

1. 知识目标

了解机器人专用工具的特点和应用领域,学习通过实训软件控制三轴直角坐标机器人及专用式夹具完成焊接作业的步骤和方法。

2. 学习重点

学习通过实训软件控制三轴直角坐标机器人及专用式夹具完成焊接作业的步骤和方法。

知识准备

机器人焊接(图 7-4-1)与人工焊接相比较具有如下特点:

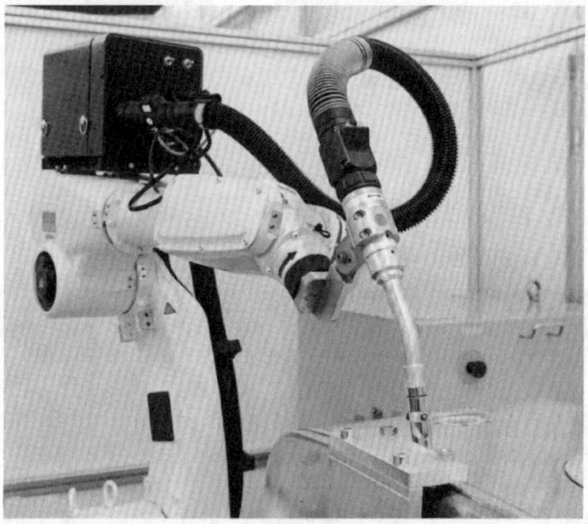

图 7-4-1　机器人焊接

(1)稳定和提高焊接质量。采用机器人焊接时,每条焊缝的焊接参数都是恒定的,焊缝质量受人的因素影响较小,降低了对工人操作技术的要求,因此焊接质量更加稳定。

(2)改善了工人的劳动条件。采用机器人焊接,工人只是进行装夹和拆卸工件,远离了焊接弧光、烟雾、飞溅等恶劣工作环境。

(3)提高劳动生产率。机器人没有疲劳,可 24H 连续生产,另外随着高速高效焊接技术的应用，使用机器人焊接，焊接效率更加明显。

(4)产品生产周期明确，容易控制产量。机器人的生产节拍是固定的，生产过程不受外界因素干扰，因此安排生产计划和进度非常确定。

任务实施

(1)设备的工作台有4个工具座，对应放置9种夹具。夹具的位置在程序中固定，不能随意互换(图7-4-2)。

(2)工具座与夹具号的对应关系分别是：一号工具座对应放置机电外夹式夹具(1号夹具)或机电内撑式夹具(5号夹具)，如图7-4-3所示。

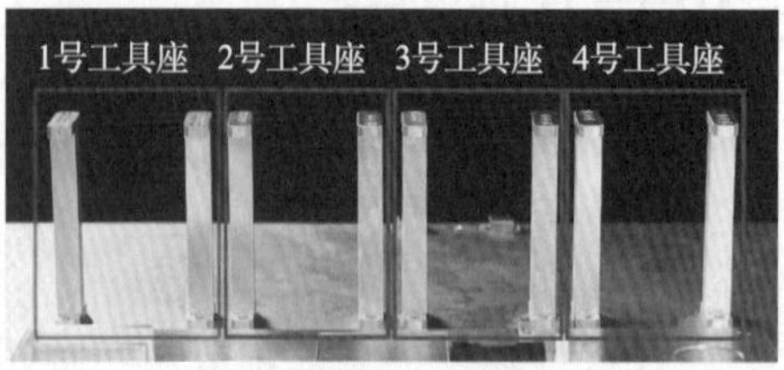

图7-4-2 步骤(1)

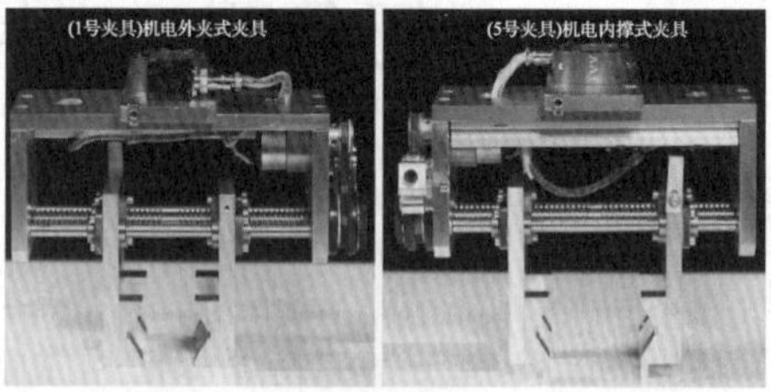

图7-4-3 步骤(2)

(3)二号工具座对应放置气压外夹式夹具(2号夹具)或气压内撑式夹具(6号夹具)，如图7-4-4所示。

(4)三号工具座对应放置真空吸附式夹具(3号夹具)或电磁吸附式夹具(7号夹具)，如图7-4-5所示。

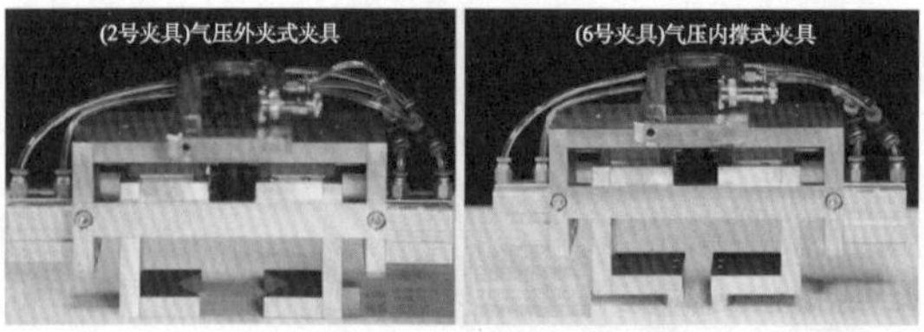

图7-4-4 步骤(3)

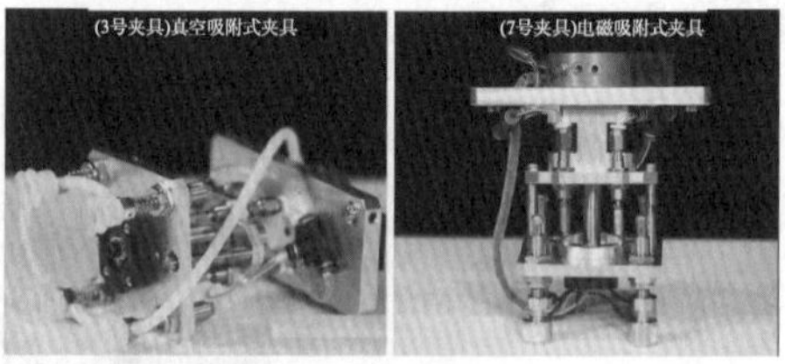

图7-4-5 步骤(4)

(5)四号工具座对应放置专用打磨式夹具(4号夹具)或专用焊接式夹具(8号夹具)或专用喷涂式夹具(9号夹具)，如图7-4-6所示。

图7-4-6 步骤(5)

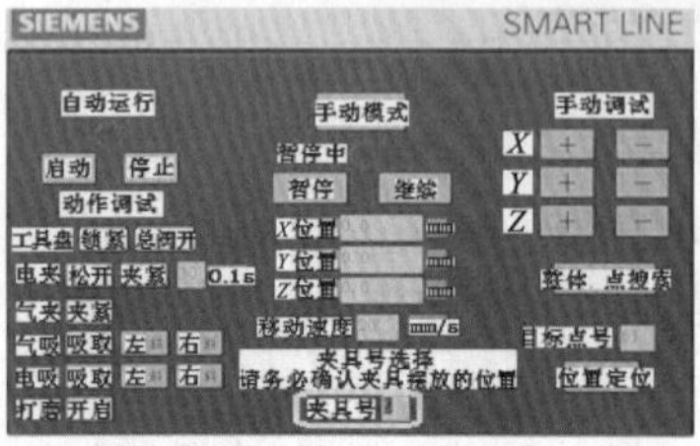

图7-4-7 步骤(6)

(6)选择对应的夹具号：在工作站右上方的触摸屏中，找到夹具号的输入框，点击输入框(图7-4-7)。

(7)输入数字8，选择焊接式夹具，点击确定键(图7-4-8)。

(8)回原点：设备进行自动操作前，需先进行回原点，在触摸屏中，找到回原点键，点击按钮(图7-4-9)。

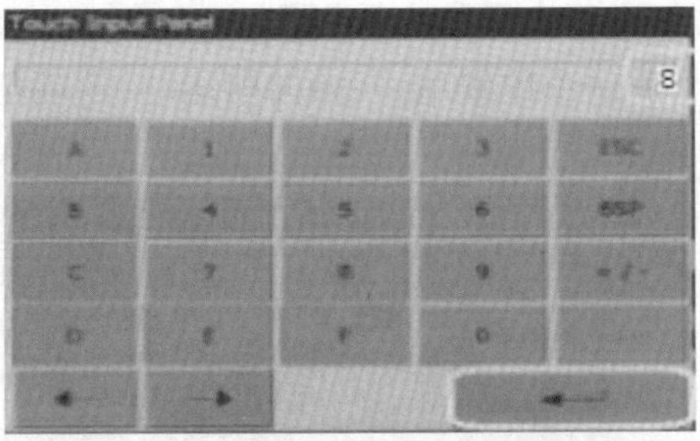

图 7-4-8　步骤(7)

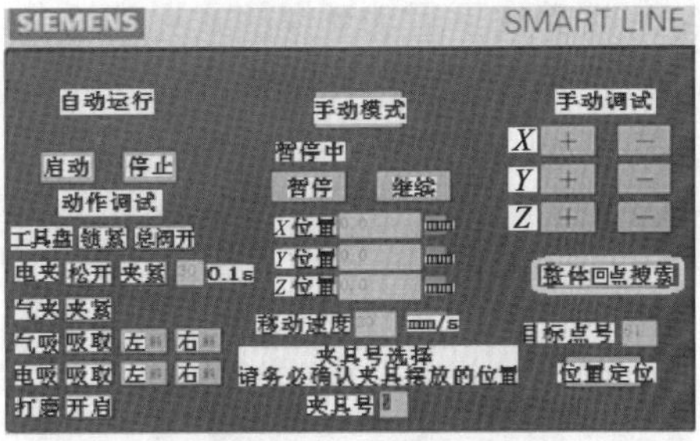

图 7-4-9　步骤(8)

(9)使机器人回到原点位置(图 7-4-10)。

(10)在触摸屏中,找到运行模式键,点击进行切换,切换运行模式为自动模式(图 7-4-11)。

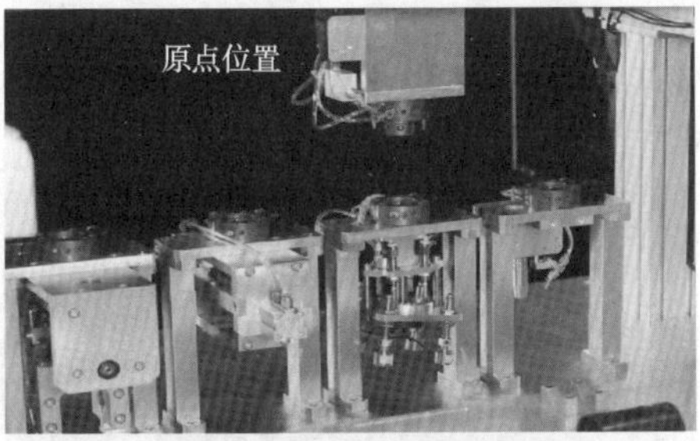

图 7-4-10　步骤(9)

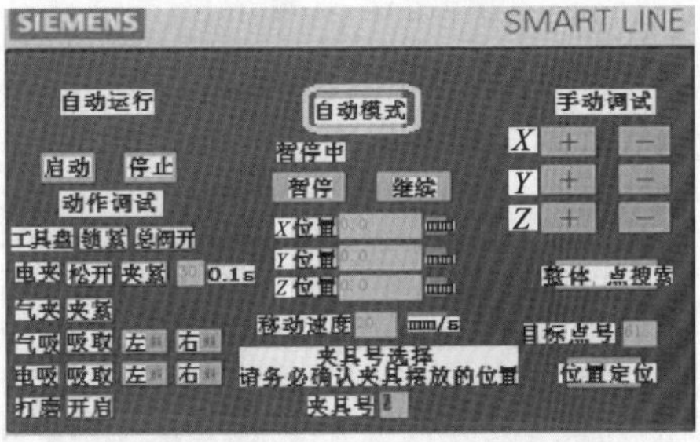

图 7-4-11　步骤(10)

(11)在触摸屏中,找到移动速度的输入框,点击输入框(图 7-4-12)。

(12)输入数字 20,点击确定键(图 7-4-13)。

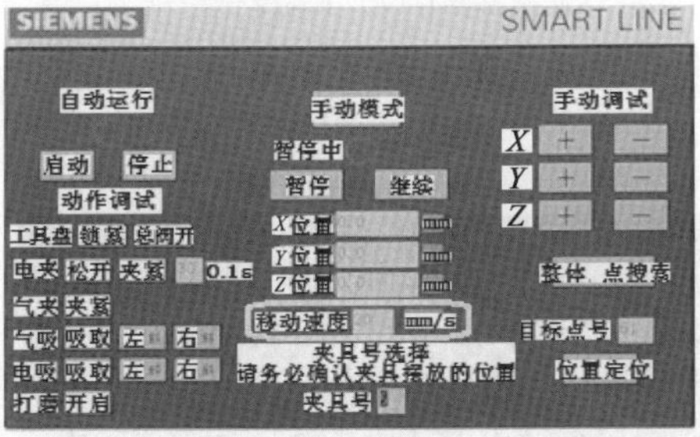

图 7-4-12　步骤(11)

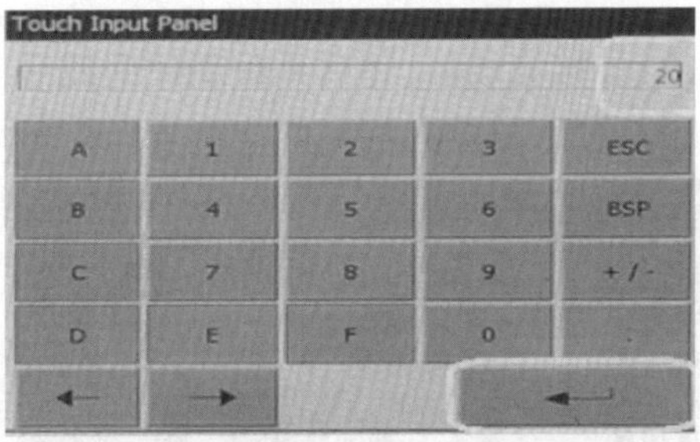

图 7-4-13　步骤(12)

(13)点击启动键,三轴直角坐标机器人开始运作(图 7-4-14)。

(14)先是运动到四号工具座的上方位置(图 7-4-15)。

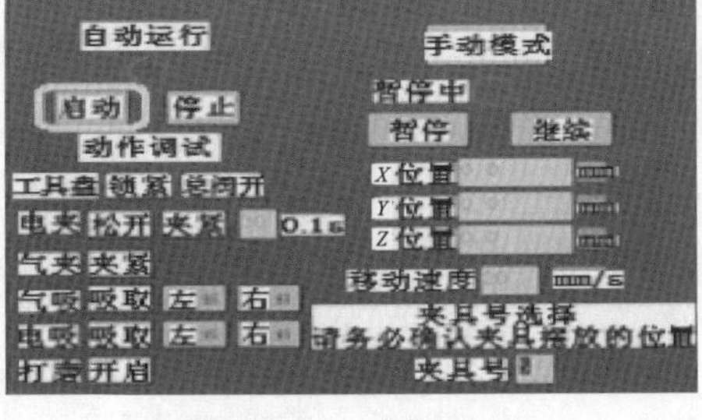

图 7-4-14　步骤(13)

图 7-4-15　步骤(14)

(15)接着向下运动至焊接式夹具的夹持位置,进行夹具的夹持(图7-4-16)。

(16)将焊接式夹具夹持后,向上运动,运动至前一个位置后,开始向前运动,运动至工件焊接起始位置的上方(图7-4-17)。

图7-4-16 步骤(15)

图7-4-17 步骤(16)

(17)接着向下运动,运动至工件焊接起始位置(图7-4-18)。

(18)运动至工件的焊接结束位置(图7-4-19)。

图7-4-18 步骤(17)

图7-4-19 步骤(18)

(19)焊接完成后,将夹具重新放回四号工具座(图7-4-20)。

(20)最后,机器人回到原点位置(图7-4-21)。

图7-4-20 步骤(19)

图7-4-21 步骤(20)

项目小结

本项目内容主要讲述了专用式末端执行器的设计以及在夹具工作站中的实训操作,在本项目的学习中,学生主要要掌握专用式末端执行器的设计思路,组合安装以及调试应用。

参 考 文 献

[1] 成大先. 机械设计手册(第1卷)[M]. 北京:化学工业出版社,2016.

[2] 李慧,马正先,逄波. 工业机器人及零部件结构设计[M]. 北京:化学工业出版社,2016.

[3] 王东署、朱训林. 工业机器人技术与应用[M]. 北京:中国电力出版社,2016.

[4] 闻邦椿. 机械设计手册(第5卷)[M]. 北京:机械工业出版社,2010.

[5] 朱耀祥、浦林祥. 现代夹具设计手册[M]. 北京:机械工业出版社,2009.

[6] Neil Sclater. 机械设计实用机构与装置图册[M]. 邹平,译. 北京:机械工业出版社,2014.

[7] 朱宏兴. 基于 SolidWorks 的机械式工业机器人末端执行装置的设计与实现[J]. 河南科技,2018,NO. 647(14):57-59.

[8] 刘宝红,基于初步建模仿真的双臂 SCARA 机器人设计分析方法[J]. 计量与测试技术.

[9] 赵博闻,程瑞敏,陈娇,等. 多功能机器人工具快换系统的设计[J]. 自动化应用,2018(06):79-80.

[10] 王文运,傅卫平,魏明明,等. 自主操作机器人末端执行器的行为动力学运动规划[J]. 西安理工大学学报,2016,32(4):468-474.